环境工程实用技术丛书

餐厨垃圾处理与资源化技术

CANCHU LAJI
CHULI YU
ZIYUANHUA
JISHU

徐芙清 孙 然 主编

化学工业出版社

·北 京·

内容简介

本书采用问答的形式，从实用的角度着手，介绍了餐厨垃圾处理和资源化利用的各项技术内容，具体包括：基本知识，餐厨垃圾的收集和运输，常见的餐厨垃圾的处理和资源化利用技术，如填埋、焚烧、堆肥、厌氧发酵等，探索和发展中的餐厨垃圾处理和资源化利用技术，如昆虫养殖、发酵生产高值化学品、热解等，最后介绍了餐厨垃圾处理过程中产生的废气和废水的性质及其处理方法，以及其他国家在餐厨垃圾处理方面的经验和方法。

本书内容丰富，资料翔实，可供从事餐厨垃圾处理的各企事业单位的基层环保技术人员、管理人员阅读，也适合在校学生、在职人员培训时参考，还可供环保业余爱好者、宣传工作者参考。

图书在版编目（CIP）数据

餐厨垃圾处理与资源化技术／徐芙清，孙然主编．
北京：化学工业出版社，2025.3. --（环境工程实用技术丛书）. -- ISBN 978-7-122-47438-4

Ⅰ. X799.305

中国国家版本馆 CIP 数据核字第 2025T4S546 号

责任编辑：左晨燕 　　　　装帧设计：史利平
责任校对：宋　夏

出版发行：化学工业出版社
　　　　　（北京市东城区青年湖南街 13 号　邮政编码 100011）
印　　装：北京天宇星印刷厂
787mm×1092mm　1/16　印张 12½　字数 270 千字
2025 年 3 月北京第 1 版第 1 次印刷

购书咨询：010-64518888　　售后服务：010-64518899
网　　址：http://www.cip.com.cn
凡购买本书，如有缺损质量问题，本社销售中心负责调换。

定　　价：98.00 元　　　　版权所有　违者必究

前　言

　　餐厨垃圾，作为城市生活垃圾的重要组成部分，其处理和资源化利用问题日益受到人们的关注。随着城市化进程的加速和人民生活水平的提高，餐厨垃圾的产生量也在逐年增加，给城市环境带来了巨大的压力。因此，探讨和实施餐厨垃圾资源化利用技术，对于保护环境、节约资源、促进可持续发展具有重要意义。

　　餐厨垃圾是指在餐饮服务活动中产生的固体废弃物，主要包括厨房剩余物（如残羹剩饭、果皮菜叶等）、废弃食用油脂以及食物加工过程中产生的废弃物（如食品包装材料、食品容器等）。这些废弃物来源广泛，成分复杂，具有高水分含量、高有机质含量和易腐烂等特点。若不进行妥善处理，将对环境造成严重污染，影响生态系统和人类健康。

　　传统的餐厨垃圾处理方式主要包括填埋、焚烧、堆肥等，但这些方式在实际应用中都存在一些问题。填埋占用大量土地资源，并可能造成土壤和地下水污染等问题；焚烧虽然可以减少垃圾体积，但容易产生有害气体，对环境造成二次污染；堆肥虽然可以将餐厨垃圾转化为有机肥料，但其经济性较差，过程中产生的异味和病菌等问题也需要引起重视。

　　因此，我们需要寻找更为高效、环保的餐厨垃圾处理和资源化利用技术。近年来，厌氧消化技术、饲料化技术和一些高价值化利用技术等资源化利用技术得到了广泛的研究。这些技术可以将餐厨垃圾中的有机物质转化为沼气、饲料、高价值产品等，实现垃圾的减量化、无害化和资源化。

　　本书以问答的方式详细介绍了餐厨垃圾处理和资源化利用过程中的常见问题及常用技术和方法，并分析其特点和应用场景。同时，探讨了餐厨垃圾处理的原则和策略，以及未来技术发展的趋势。我们希望通过本书的出版，为读者提供一份全面、系统的餐厨垃圾处理和资源化利用技术指南，为推动城市可持续发展和资源循环利用作出贡献。

　　最后，感谢所有在餐厨垃圾处理和资源化利用领域作出贡献的研究者和实践者。他们的努力和成果为我们提供了宝贵的经验和启示。我们也期待未来有更多的研究者加入这一领域，共同推动餐厨垃圾处理和资源化利用技术的发展和创新。

编者

2024.10

目　录

三、常见的餐厨垃圾处理和资源化利用方法 —————— 32

四、探索和发展中的餐厨垃圾处理和资源化利用技术 —— 108

六、餐厨垃圾废液处理 ———————————— 147

基本知识

1 ▸ 什么是餐厨垃圾?

餐厨垃圾,又称泔脚、泔水、潲水,指人们在生活消费、食品加工、餐饮服务、集中供餐等过程中形成的废物,包括浪费的剩菜剩饭和不可食用的菜叶、果皮、蛋壳、骨头等,其特点是含水率高、油脂盐分高、易腐烂发臭、滋生蚊虫鼠蚁、传播细菌和病毒。但是餐厨垃圾中蕴含丰富的营养物质和能量,如果能将其回收,不仅能获得显著的经济效益,也是社会可持续发展的必然要求。在《生活垃圾分类标志》(GB/T 19095—2019)中,"餐厨垃圾、易腐垃圾、湿垃圾"等被统称为"餐厨垃圾"。

2 ▸ 餐厨垃圾的来源有哪些?

餐厨垃圾主要来源于食品加工、饮食服务、单位供餐等活动,具体包括以下几个方面。

① 餐馆、食堂等餐饮场所:这些地方产生的剩余食物,如未吃完的菜肴、米饭、面条等,是餐厨垃圾的主要来源之一。

② 家庭厨房:居民在日常烹调中废弃的下脚料和少量的残羹剩饭,也是餐厨垃圾的重要来源。

③ 食品加工企业:在食品加工过程中产生的其他废弃物,如豆制品加工后的豆渣、米面粗粮加工中的碎屑等,也属于餐厨垃圾的范畴。

④ 农贸市场和农产品批发市场:这些场所产生的蔬菜、水果等废弃物,同样属于餐厨垃圾。

3 ▸ 我国每年餐厨垃圾的产量及变化趋势是什么? 在生活垃圾中占比多少?

中国城市环境卫生协会的资料显示,全国有 512 个城市的餐厨垃圾日均产量超过了 50t,其中餐饮业发达的城市(如上海、北京、深圳、广州等)产量更大,上海市每天平均餐厨垃圾产生量可达 $1000 \sim 1200t$。据统计，中国主要城市每年产生的餐厨垃圾总量不低于 $6 \times 10^7 t$。2023 年，全中国餐厨垃圾产量为 1.3 亿吨，同比增长 2.4%。

随着经济的飞速发展和城市化进程的加快，餐厨垃圾的产量将继续呈现上升趋势。特别是在经济发达城市或生活品质较高的地区，餐厨垃圾的产生量尤为巨大，推动了厨余垃圾处理需求的增长。

统计显示，我国城市生活垃圾中，餐厨垃圾占比大致为 $37\% \sim 62\%$，位居第一。排名第二的是塑料垃圾，约为 12.1%，其中以塑料包装袋等废弃物为主。纸类垃圾紧随其后，占比约为 9.1%。因此，与发达国家相比，我国生活垃圾的特点是餐厨垃圾占比高、平均热值低。我国垃圾分类标准见图 1-1。

图 1-1 我国垃圾分类标准

4 不同国家和地域的餐厨垃圾各有哪些特点?

联合国粮农组织报道，全球每年产生的食物废弃物高达 $16 \times 10^8 t$ 左右。发达国家与发展中国家在食物浪费总量上不相上下。不同的是：发达国家主要是在食用过程中发生食物浪费问题，而发展中国家技术相对落后，食物常在生产、加工、运输、储藏等过程中大量损失或变质。由此可见，如何有效管理、处置餐厨垃圾已经成为世界范围内的难题。如今，美国、韩国、日本、欧盟等国家及地区已率先形成了一条完整、成熟的餐厨垃圾资源化处理产业链。然而，国家、文化、国情不同，人们生活方式和饮食习惯也有所差异，因此在餐厨垃圾的处理方式上不可照搬国外模式。我国在餐厨垃圾的处理上，虽然起步较晚，但经过近几年不断探索已初见成效。

5 我国餐厨垃圾的地域特点是什么？

在我国一些典型城市中，餐厨垃圾在城市垃圾中所占比例为北京 37%、天津 54%、上海 59%、沈阳 62%、深圳 57%、广州 57%、济南 41%。不同地域不同的饮食习惯造成了餐厨垃圾组分差异较大，总体而言我国南方饮食清淡，北方油盐较重，其中四川、重庆餐厨垃圾油脂含量高，沿海城市餐厨垃圾中则含有较多亚硝酸盐成分。饮食习惯是一个地域长期的气候、文化等方面的集中体现，在短期内变化很小，因此在未来相当长的时间里，餐厨垃圾性质、组分不会发生根本性改变。

6 餐厨垃圾的成分组成如何？

餐厨垃圾来源广，通常情况下其主要的物理组成有米、面等淀粉类食物残余，以及蔬菜、鱼骨、贝类、动植物油脂等，并混有少量牙签、废餐具、纸巾、塑料等废弃物。其化学成分可分为淀粉、纤维素、蛋白质、脂类和无机盐等，元素组成包括 C、H、O、N、P、K、Ca、Mg、Fe 等和各种微量元素。典型的中国餐厨垃圾组分如表 1-1 所示。与其他类型的垃圾相比，餐厨垃圾的营养元素也十分丰富，因此回收利用价值很高。

表 1-1 典型的中国餐厨垃圾特性

项目	平均含水率	平均含固率	有机干物质	含油率	粗蛋白	盐分	总含碳量	碳氮比 C/N	有机酸
指标	87%	13%	93% TS	17%	15g/100g	0.2%~1.0%	360g/kg	15	1500mg/L

注：TS 为总固体。

我国南北、东西在经济、气候、饮食习惯及垃圾分类、存放、收运体系上差异巨大，餐厨垃圾的组分、性质、产量也随之不同。相关学者对福州市不同类型餐饮垃圾（餐馆饭店、超市、食堂、西餐、星级酒店 5 种类型大样本）的主要成分与资源化利用可行性进行了分析，结果表明，福州市餐饮垃圾呈弱酸性，pH 值为 3.24~5.81；有机质含量较高，碳氮比介于 11~23 之间；盐分含量为 0.56%~2.31%；蛋白质含量为12.41%~27.39%，营养物质丰富。同处南方的江苏省，经济发达，其中某市的餐厨垃圾平均含水率达到 79.5%，干基成分中含有大量骨头、贝类，总油脂高，营养物丰富。而甘肃省天水市餐厨垃圾干基成分主要为米饭和面食，平均含量占 90.34%，COD、含油指标较高。我国餐厨垃圾主要成分示意图见图 1-2。

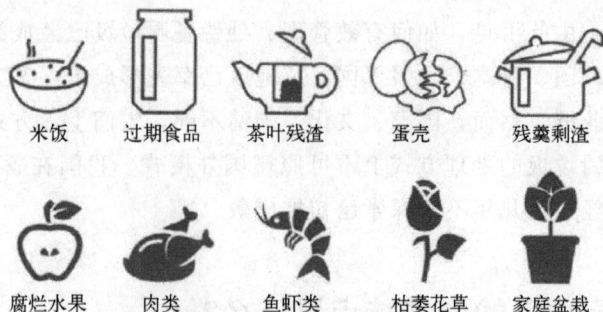

| 米饭 | 过期食品 | 茶叶残渣 | 蛋壳 | 残羹剩渣 |

| 腐烂水果 | 肉类 | 鱼虾类 | 枯萎花草 | 家庭盆栽 |

图 1-2　餐厨垃圾（厨余垃圾）主要成分

7 餐厨垃圾具有哪些特征？

餐厨垃圾具有显著的危害性和资源性的二重性，其主要特征如下。

① 含水率高：餐厨垃圾的含水率通常可达 65%～95%，这使得餐厨垃圾易于腐烂变质，并可能滋生蚊蝇等害虫。

② 有机物含量高：（VS/TS＞85%）餐厨垃圾中富含淀粉、纤维素、蛋白质、脂类等有机物，这些有机物在微生物的作用下容易分解，产生恶臭和有害气体。

③ 盐分含量高：部分地区的餐厨垃圾中盐分含量较高，如不经处理而制成肥料直接使用，会对土壤产生副作用，长期使用更可能导致土地沙漠化。

④ 富含氮、磷、钾、钙等元素：餐厨垃圾中富含氮、磷、钾等植物生长所需的营养元素，因此具有潜在的肥料价值。

⑤ 存在病原菌和病原微生物：餐厨垃圾中可能携带病毒、致病菌和病原微生物，如不经处理而直接利用，会造成病菌的传播和感染。

⑥ 易腐烂变质：由于餐厨垃圾含有较高的有机质和水分，容易受到微生物的作用而发生腐烂变质现象。废弃放置时间越久，腐败变质现象就越严重。

8 餐厨垃圾有哪些危害？

餐厨垃圾的主要危害如下。

（1）威胁食品安全

餐厨垃圾中含有很多有害物质，如果没有严格的监管或妥善处理可能通过食物链重新回到人体，危害人类身体健康。例如：感染了人畜共患病症的猪牛羊等家畜肉品，通过非法途径出售给消费者可传播疾病；长期食用地沟油也可导致肠癌、胃癌、肝癌等致命疾病。

（2）污染环境

餐厨垃圾的生物可降解性很强，在运输、存储及加工过程中，容易腐烂变质，因此要格外注意密封，并采取无害化措施。否则，餐厨垃圾产生的恶臭气体会污染周边空气，影响人们身心健康；渗滤液一旦泄漏会直接污染土壤、水体等环境。另外，餐厨垃圾容易滋生蚊蝇鼠虫，传播疾病。

（3）影响市容市貌和人体健康

餐厨垃圾含水量大，易腐烂发臭，如果没有统一的收集、运输、贮存、处置等管理体系，会使周边环境肮脏不堪，主要体现在垃圾收集点存放的垃圾不能及时收运，滋生蚊蝇鼠虫，传播疾病；垃圾在初步分拣过程中，存在乱扔乱弃的现象；运输过程中使用的车辆及容器存在跑、冒、滴、漏等现象，所经之处散播气味、渗滤液，这些都严重地影响了市容市貌，危害周边居民的身心健康。

9 餐厨垃圾处置的难点和解决方法是什么？

餐厨垃圾处置过程中的难点主要集中在：难存留，易腐败；难收集，易堵塞；难清理，易散味；难转运，易生虫等。

针对以上难点问题，可以在餐厨垃圾的处理上，从投放、收集、运输、处理每个环节都采取分门别类的方法，建立环环相扣、高效顺畅的处理系统。

① 投放阶段：倡导居民节约粮食，减少餐厨垃圾产量；实行垃圾分类，从源头上实现分类收集和分类计费，因此需要进一步普及垃圾分类知识，同时推行激励政策，提高居民垃圾分类的积极性。

② 收运阶段：高效流畅的收集转运系统是保证餐厨垃圾不存留、不堆积的必要条件，因此需要建立快速、便捷、智慧的收运体系，避免餐厨垃圾的污染。

③ 处理阶段：我国餐厨垃圾处理行业起步较晚，政策仍在变更，很多技术尚不成熟，项目的建设和运营成本较高，也给市场化带来一定困难。因此需要进一步探索餐厨垃圾处理技术、完善餐厨垃圾资源化的规范体系。

10 国内餐厨垃圾管理和利用现状如何？

2010年以来，我国为了强化餐厨垃圾的全过程规范化管理，有关部门陆续推出了一系列政策法规，已经在全国一、二、三线城市相继成立了超过100个餐厨垃圾试点。不同城市因地制宜，探索适合各自的餐厨垃圾处理机制，通过对餐厨垃圾的规范化管理，实现减量化、资源化处理目标。据统计，"十二五"和"十三五"期间，已建成和正在推进的餐饮垃圾处理项目（包括试点项目和非试点项目）就超过了360个，其中超过150个项目已经投入运行或试运行，日处理能力超过2.8万吨，在建或筹建的餐饮垃圾处理项目超过210个，日处理能力超过3.6万吨。据测算，这360个餐饮垃圾处理项目合计日处理能力超过6.4万吨，占城市餐饮垃圾总量的40%左右。

尽管各地在餐厨垃圾的处理上已初见成效，但还存在管理上欠缺政策、技术上工艺单一、运营模式上不成熟等问题，这些都导致了该行业发展缓慢，盈利模式模糊，产业化进程很难快速推行。目前处理餐厨垃圾流行的主流工艺路线有四种，分别是：生产饲料、好氧堆肥、厌氧消化和制备生物柴油。其中，应用和研究较多的是厌氧消化技术，同时也可能是未来餐厨垃圾处理的主流工艺。为了进一步提高餐厨垃圾资源化程度，需要大力开发新型的餐厨垃圾综合处理技术。

11 餐厨垃圾的处置分哪几种类型？

餐厨垃圾的处置主要分为以下几种类型。

（1）粉碎直排处理

粉碎直排是指餐厨垃圾经粉碎后从市政管网排出，通常是家用餐厨垃圾处理的一种方式，在美国家庭应用比较广泛，而在我国尚不普及。目前我国家电市场上已经出现了类似设备。然而，我们必须认真考量我国的现实国情，由于我国多油脂的饮食结构和烹饪方式，这种粉碎餐厨废弃物的处理方式将消耗大量的清洁水资源，产生的大量废弃油脂，既容易堵塞我国相对狭窄的市政管网和下水管道，同时还会增加污水的处理工作量和处理难度，增加疾病的传播等，因此并不完全适合我国国情。

（2）填埋处理

现阶段在我国很多地区，餐厨垃圾仍然与普通废弃物混合进行填埋处理。如前文所述，餐厨垃圾有机物含量高，易生物降解，加上填埋方式操作简单，对环境影响较小，因此成为大多数国家生活垃圾无害化处理的首选。但这样做的隐患是：餐厨垃圾含水量高，填埋过程中会产生大量渗滤液，一旦渗漏，则会严重污染地表水和地下水；城市土地面积不断减少也限制了填埋土地的选择。同时，填埋处理不能有效利用餐厨垃圾中丰富的资源，与垃圾资源化原则不符。因此无论在欧美、日本还是中国，餐厨垃圾的填埋率都在逐渐下降，甚至有国家已经严格禁止对餐厨垃圾进行填埋处理。

（3）肥料化处理

餐厨垃圾的肥料化处理方法主要有两种。

① 好氧堆肥：指好氧微生物在有氧条件下将餐厨垃圾中的固体成分分解为可溶性有机物，用于微生物的生长代谢，从而实现堆肥过程。

② 厌氧消化：指厌氧条件下，特定微生物将餐厨垃圾中的有机物分解，其中的碳、氢、氧被转化为以甲烷和二氧化碳为主的沼气；残留物中氮、磷、钾等元素被转化为易于动植物吸收利用的形式。

餐厨垃圾堆肥的优点是最大限度地回收利用了垃圾中的营养物质，但好氧堆肥过程占地大，周期长，堆肥效率受多重因素制约，还可能对环境造成二次污染。而厌氧消化的成本也较高，一次性投入较大，同时餐厨垃圾盐分含量高、组成变化大，也会影响肥料产出的品质。这些也都在一定程度上限制了堆肥化的推广。

（4）饲料化处理

餐厨垃圾饲料化是指：餐厨垃圾在经过脱水、加热、除盐、杀菌等环节，达到卫生标准后，被制作成合格的蛋白饲料。这样做可以充分保留餐厨垃圾中的营养物质，极大提高了餐厨垃圾的使用价值。我国在餐厨垃圾饲料化的研究中，主要采取生物方法和物理方法。

① 生物处理：将培养好的菌种接种到餐厨垃圾中密封贮藏，依靠微生物的自主繁殖杀死病原菌制成饲料。

② 物理处理：通常在高温条件下，杀除病毒，粉碎后加工成蛋白饲料。目前，制粒技术、挤压膨化和干燥等技术的综合利用比较成熟。但是由于其具有潜在的食物链短路风险，而受国家《食品安全法》等政策限制。

（5）能源化处理

目前，餐厨废弃物能源化处理常用手段有焚烧法、发酵法、热分解法。

① 焚烧法：餐厨垃圾经过处理后在特定的容器焚烧，转化成热能、蒸汽能或电能。但由于餐厨垃圾含水量高、热值低，因此热能转化效率低下，焚烧过程中需要添加辅助燃料，因此投资较大。另外，焚烧过程中产生大量尾气也会对环境造成二次污染。

② 发酵法：利用微生物的生理特性，将餐厨垃圾中的有机成分转化为甲烷等能源，但是会造成餐厨垃圾中的蛋白质资源浪费，因此需要进一步改进工艺。

③ 热分解法：在高温下，餐厨垃圾进行热分解，转化为燃气、油和炭等形式，现阶段针对该技术的研究较少，应用上并不成熟，因此存在较大限制。

餐厨垃圾处理方式比较见表 1-2。

表 1-2　餐厨垃圾处理方式比较

处理技术	粉碎直排	填埋	肥料化	饲料化	能源化
危害程度	中	高	低	低	低
资源利用度	低	低	高	高	中
技术可靠性	高	高	高	高	低
投资成本	中	低	高	高	高
产品质量	低	低	高	高	高
技术应用	低	广	广	一般	广

12　我国餐厨垃圾的管理有哪些要求？

我国餐厨垃圾在收集过程、运输过程、处理过程中的管理要求如下。

（1）收集过程

如果通过非法渠道收集和回收利用餐厨垃圾会严重威胁环境和居民健康。因此要求对餐厨垃圾单独收集，最大程度减少有机物进入填埋场，从而避免臭气传播、渗滤液排放，消除高含水量对垃圾的焚烧处理造成不利影响，避免设备腐蚀等问题。

（2）运输过程

收运餐厨垃圾的车辆要有明显标识，采取有效措施保证运输过程中完全封闭，防止渗滤液跑冒滴漏、臭气逸散。只有具备政府主管部门核发的准运证件的车辆，才能从事垃圾运输工作。

（3）处理过程

由具备专业资格的单位对餐厨垃圾进行处理，严禁将加工后的废弃食用油脂（包括地沟油）作为食用油出售给消费者，未经严格无害化处理的餐厨垃圾禁止用作畜禽、鱼类的饲料或肥料。

13　其他国家的餐厨垃圾处理有哪些分类和管理要求？

其他国家餐厨垃圾处理的分类和管理要求如下。

（1）瑞典

在瑞典，家庭或产生餐厨垃圾的其他场所，用一种专门的棕色垃圾纸袋收集餐厨垃圾，装满后投放到棕色垃圾桶或专用的餐厨垃圾收集点。垃圾处理公司将其回收利用，有的转化成生物油用作汽车等交通工具的燃料，有的制作成有机肥为农作物提供养料。据估算，每 5kg 餐厨垃圾生产的燃料可供一台私家车行驶长达 10km 的距离，而 1200人产生的餐厨垃圾生产成燃料就可供一辆垃圾车行驶一整年。由此可见，餐厨垃圾中蕴含着可观的能量。

（2）英国

在英国，餐厨垃圾经过设备处理后生产出有机肥料，可以在市面出售，实现餐厨垃圾资源化的同时还可以增加人们的二次收入。英国修建了专门利用剩菜剩饭等厨余垃圾的发电厂，为垃圾发电开辟了新的思路。这些发电厂基于厌氧消化技术，将有机废弃物转化为能源。厨余垃圾被输送到巨大的发酵罐中，与水混合形成流体状。发酵罐中的微生物主要是甲烷细菌，会分解厨余垃圾中的有机物，并排放出可以燃烧的甲烷气体，即沼气。这些沼气热值大、可燃性好，可以直接用于燃烧发电或输送给其他工厂作为燃气。英国还投建了全球首个全封闭式餐厨垃圾发电厂，该厂日均处理垃圾达 12 万吨，发电量达 150 万千瓦时，可供应数万户家庭 24h 持续用电。

（3）法国

在法国，餐饮行业的餐厨垃圾跟居民生活垃圾被严格区分、分开处理。法国政府强制规定餐饮业将餐厨垃圾分为无害、中性、危险 3 个级别，并进一步细分成 20 个小的门类，在此基础上进一步确定具体的处理方法。通常有回收、深埋、焚烧等处理方法以供选择。比如法国垃圾处理法明确规定，餐厨废油不得与其他餐厨垃圾混合丢弃，餐厅不得把餐厨废油直接倒入下水管道，或视同普通垃圾丢弃。如果因废油处置不当造成下水管道堵塞等问题，餐厅会被处以高额罚款，甚至被勒令停业。多次违规的餐厅经营者，还将被追究刑事责任。据统计，法国每年超过 40% 的餐厨废油得到回收利用，在未来会有越来越多的餐厨废油被资源化利用。

（4）美国

美国每年产生的餐厨垃圾数量庞大，并呈逐年递增之势。整体而言，在餐厨垃圾的处理上美国落后于欧洲国家和加拿大，填埋仍然是美国在处理餐厨垃圾时采取的主要措施。据统计，过去有 97% 的餐厨垃圾被填埋处理，近年来随着环保意识的提高，美国政府和民间积极推动餐厨垃圾的回收利用，各州也建立了符合当地情况的餐厨垃圾回收体系。以旧金山市东湾区为例，其每周利用餐厨垃圾的发电量可以满足 1300 户居民日常生活用电。而宾夕法尼亚州的州立学院开展了路边收集餐厨垃圾用于生产堆肥的活动，每年生产大约 3000 立方码（合 2000 多立方米）的肥料。餐厨垃圾生产量较大的场所会配备餐厨垃圾粉碎机和油脂分离装置，前者粉碎垃圾，排入下水道，进入污水处理厂进行再生循环处理；后者将分离出来的油脂送往相关加工厂加以利用。

（5）新加坡

根据国际环境机构的调查，新加坡食物垃圾数量目前占全国垃圾总量的 10%。在新加坡处理餐厨垃圾的途径主要有减量、分离、回收三种。减量过程中，在消费者层面上，新加坡着重培养人们健康的消费习惯，避免食物浪费；企业层面上，通过劝导，避免食物的过度生产，从源头上减少食物浪费。同时政府倡导捐赠过度生产的食品，使之得到最大化利用。回收过程中，新加坡的餐厨垃圾一般分为民众生活区的餐厨垃圾和小贩中心（大众食阁）的餐厨垃圾两大类。小贩中心（大众食阁）是新加坡餐厨垃圾的主要来源，因此政府采取了一系列严格措施对大众食阁进行统一管理：由专人收取并集中清洗顾客用完的碗筷刀叉；专人收集餐厨垃圾并放到指定的垃圾桶后由专人统一运送、焚烧、压缩、填埋，这与一般家庭生活垃圾的处理大致相同。但是，对于各个食品摊位的废弃油脂，政府禁止与其他餐厨垃圾混在一起，必须专门存放，然后由政府指定的专业公司定期上门收取，统一回收生产生物柴油或者其他用品。一旦查获违反规定的商家，政府将处以高额罚款，甚至取缔经营资格，绝无特赦。

（6）韩国

韩国政府十分注重餐厨垃圾的资源化利用。韩国生活垃圾回收率为 61%，餐厨回收率 94.2%，并且稳步持续地增长，在世界范围内名列前茅。韩国饮食文化独特，高盐分是韩国餐厨垃圾的一大特点，堆肥处理法受到一定限制，因此近年来，除了采取堆肥化处理，韩国还致力于餐厨垃圾厌氧消化-生物气回收、生物反应器浆状好氧处理、饲料化处理等研究。韩国对餐厨垃圾的高回收率值得我国学习。

韩国对餐厨垃圾实行统一的收费制度——"从量制"收费模式，以此鼓励居民从源头上对垃圾进行减量化处理。目前首尔市政府提出了三种计费方式：

① 政府统一制作餐厨垃圾收集袋，垃圾袋使用越多则付费越高，这种计费方式与普通生活垃圾一致。

② 各小区配备智能餐厨垃圾收集桶。居民刷卡后垃圾桶自动开启，垃圾倒入时自动测定重量并按重量计费。

③ 电子标签方式。居民在统一规定的餐厨垃圾收集容器上粘贴政府出售的电子标签，政府在收取垃圾的同时回收电子标签。各区政府选择适应本地实际情况的计费制度。为了普及餐厨垃圾"从量制"，政府在全市居民区推广使用"餐厨垃圾压缩机"，该机器可通过发酵、粉碎、干燥等程序将垃圾减量 80%。市政府计划每年对每台压缩机提供 250 万韩元的补贴。据预测，实施"从量制"后，餐厨垃圾每天可减少约 670t。

14 其他国家有哪些餐厨垃圾处理政策？

各国有不同的餐厨垃圾处理政策，值得我们借鉴和学习。

（1）日本

根据日本可持续发展协会统计，日本每年产生 2000 万吨左右的食物垃圾。其中 52％来自家庭。相当于日本家庭每年产生超过 1000 万吨的食品垃圾，约等于日本人一年的食物需求量。日本作为一个岛国，资源有限，因此要求人们尽可能地节约资源、减少浪费，每个地区都会发行《垃圾分类手册》，呼吁居民减少食品浪费，这作为环保课程中的重要内容也纳入了日本小学生必修课范畴。横滨市政府的官网上还专门介绍了"零食物残渣"的菜品，并附有食谱和制作链接，鼓励人们进行环保烹饪。

在日本的垃圾分类规则中，餐厨垃圾属于"可燃垃圾"。在日本大多数地区，居民要对餐厨垃圾采取滤水晾干等除水措施，然后将它们和其他可燃垃圾放到指定地点统一回收，作为生物质进行焚烧处理。在日本，有些新式住户会购置家用餐厨垃圾处理器。将其安装在厨房水槽下方，上方和水槽出水口连接。使用时人们将餐厨垃圾塞进处理器，盖上盖子，打开按钮，机器自动将垃圾搅拌、粉碎。尽管对于排水系统强大的小区来说，可以将打碎后的餐厨垃圾直接通过下水管路排出，但政府并不鼓励这种方式，甚至在东京等部分地区已被禁用。也有在整栋公寓楼上安置生物式处理器及家庭用的机械式处理器。机械式的餐厨垃圾处理器通过热空气将碎垃圾烘干成粉末，最终得到的垃圾体积只有原来的 1/7，这种方式操作简单，人们只需定期清理粉末盒即可。而且这些粉末在简单的发酵处理后，可以用作家里花草的肥料，也是日本家庭的一种环保选择。

政策规定，家庭烹饪中的废弃油脂不能直接倒入下水道，需要用凝固剂将液态油脂凝成固体，用报纸包好。餐后餐具上残留的油污也要用纸巾拭去后再进行清洗。这些废弃纸巾和包装好的固态油脂同属于可燃垃圾。

日本政府采取了很多政策提高餐厨垃圾处置企业投资的积极性，达到降低餐厨垃圾处理难度的目的，常见的有"减免餐厨垃圾收运处理费用""免费捐赠餐厨垃圾分类排放设备"等。2000 年，日本颁布了《食品循环资源再生利用促进法》及食品垃圾回收和再利用的相关规定，在全国范围内杜绝食品浪费现象。《食品循环资源再生利用促进法》中规定，年排放超过 100t 食品废弃物的企业，必须如实上报食品废弃物排放量和可循环资源的再生利用数据；企业必须在相关部门登记废弃物的循环再利用情况。获得再生利用许可后，按照相关规定严格执行。只有获得再生利用许可资质的企业方可从事食品行业的肥料加工和饲料生产等项目。政府对相关研发和事业化企业发放 50％的资金补助。此外，对食品行业的各个细分行业的废弃物排放设有严格的目标限值，并且逐年对排放量较高的细分行业进行追加。日本修订后的《食品循环资源再生利用促进法》，对食品废弃物的处理提出了源头抑制、循环利用、减量处理等规定，要求餐厨垃圾再生利用率达到 40％。此外，农林水产省、经济产业省、环境省等部门联合发布了《食品循环资源再生利用促进基本方针》，进一步量化了食品加工制造业、食品批发业、食品零售业、餐饮企业四类食品相关行业的再生利用目标。

（2）美国

美国经济发达，城市垃圾的产生量也逐年上升，其中仅食物浪费一项就高达 310 亿美元。在美国，食物在填埋场废弃物中的占比约为 24％。2015 年，美国环境保护署

（EPA）和美国农业部制定了到 2030 年减少 50％食物损失和浪费的目标。美国现任政府将继续推动该目标的实现。为此，美国政府发起了诸如"12 篮"工程、"二次收货"工程、"食物储藏网络"工程等多项举措，将餐馆、企业、学校等多余的食物发放至各个州的食物贮存点，通过捐助的手段减少食品浪费。同时美国颁布了《固体废弃物污染防治法》，要求针对餐厨垃圾回收、运输中可能存在的一切问题制定应急措施方案。

美国允许家庭使用"厨房废弃物粉碎机"将不含油脂的餐厨垃圾打碎后直接排放至下水道。但针对油脂含量较高的餐厨垃圾，要求居民将其密封后送往社区回收站的指定垃圾箱，减轻垃圾分类负担。除此之外，也有专业企业回收并循环利用其他含油脂的餐厨垃圾。美国有相对健全的餐厨垃圾管理制度及明确的奖惩方法。废弃油脂收集公司获取政府发行的许可证后，可从事商业活动。这些企业每年都会收到政府补贴，这也极大激励了企业对废弃油脂的回收加工，缓解了废弃油脂的处置难题。私自出售废弃油脂的公司将受到罚款、停业等严厉惩罚。同时美国环保部门也会对餐厨垃圾排放企业收取高昂的排污费，并由专业机构跟踪监测企业废水成分，从而督促相关企业、单位收集废弃油脂的积极性，避免无人管理餐厨垃圾的问题。

（3）英国

英国在餐厨垃圾的处理上已经有了非常成熟的体系，尤其是在源头处理、规范分类、政企结合等方面探索出了一系列行之有效的措施。在垃圾规范分类方面，居民所用垃圾箱都在政府统一规定下对其颜色进行了分类，并有专门的回收点，以此确保餐厨垃圾能及时收集、处理。餐后的废弃油脂在密封后投放到由政府设立的废油脂回收点，专业企业定期收集处理。餐饮企业不得私自出售废弃油脂，一经查出，将被处以巨额罚款。英国采取了很多措施鼓励餐厨资源的回收再利用。其全球首座全封闭式餐厨垃圾发电厂日处理能力达 12 万吨餐厨垃圾。预计未来还将新建约 100 座垃圾发电厂。

（4）德国

德国对餐厨垃圾的监管有一套完整的制度：餐饮行业全流程的监控由政府负责。餐饮行业相关企业需要事先向政府报备废弃油脂回收单位、餐厨垃圾回收处理方式等事项，一旦出现问题，政府可以及时落实到相关责任人。同时对食用油的生产也有严格的标准，政府对未能达标的相关生产厂家处以高昂罚款。餐饮企业必须按规定安装油水分离设备，处理后的餐厨垃圾才被允许卖给具有政府许可资质的公司进行回收处理。德国家庭使用颜色不同的垃圾分类桶，环卫公司定时、分类收取垃圾。家庭餐厨垃圾和花园垃圾同属生物垃圾桶。每年居民都会用一张"垃圾清理日程表"记录清理垃圾的时间、类别等信息。居民按照垃圾桶容积和清运频率缴纳垃圾处理费。在德国，有上百家不同的垃圾处理公司，负责收集、处理不同区域的垃圾。

（5）其他欧洲国家

荷兰的《环境管理法》要求政府每周至少收集一次其管辖范围内私人厨房产生的垃圾。瑞典的《清洁卫生法》《健康环境保护法》《环境保护条例》明确规定餐饮业等单位应实行清洁生产，禁止随意丢弃废弃油脂污染环境。另有《废弃物收集与处置法》要求由政府指定的企业使用特定的运输工具收运餐厨垃圾，不得随意买卖。新西兰法规规定餐厨垃圾饲料化饲养家畜前必须经过严格的消毒处理。

15 我国有哪些餐厨垃圾处理相关的政策？

2008年12月，国家发展和改革委员会、住房城乡建设部和商务部在浙江省宁波市召开"全国城市餐厨垃圾资源化利用现场交流暨研讨会"。会议明确了我国餐厨垃圾处理行业面临的问题，为各部委下一步工作提供了思路。

紧接着在2010年5月，国家发改委等公布了第一批实行城市餐厨废弃物资源化利用和无害化处理试点城市。

2019年6月6日，住房和城乡建设部等9部门联合发布《关于在全国地级及以上城市全面开展生活废弃物分类工作的通知》（简称《通知》），全面启动生活废弃物分类工作。《通知》要求，加快推进政府推动、全民参与、因地制宜的生活废弃物分类制度，加快建立分类投放、收集、运输、处理的生活废弃物处理系统，扩大生活废弃物分类覆盖面。建立"不分类，不收运"的倒逼机制，对未实行废弃物分类或分类不符合要求的单位且多次违规拒不整改的，移交执法部门处罚。垃圾分类政策将在全国严格推行，并要求将餐厨垃圾独立收集、转运、处理。《通知》要求，到2020年底，先行先试的46个重点城市，要基本建成垃圾分类处理系统；2025年前，全国地级及以上城市要基本建成垃圾分类处理系统。

"十二五"期间国家开始增加餐厨垃圾处理设施，"十三五"规划中要求进一步加大投资力度，力争新增餐厨垃圾日处理能力达到3.44万吨。有关资料显示，到"十四五"时期（2020—2025），餐厨垃圾处理市场投资规模将达3500亿元人民币。十九届五中全会通过的《中共中央关于制定国民经济和社会发展第十四个五年规划和二〇三五年远景目标的建议》中明确指出，到2035年，全面形成绿色生产生活方式，碳排放达峰后稳中有降，生态环境得到根本性好转，基本实现美丽中国的建设目标。

16 餐厨垃圾处理产业链及产业面临的问题有哪些？

餐厨垃圾的收集和处理技术的研发是餐厨垃圾处理产业链上重要的一环，也是上游产业的主要任务。当前，我国还没有形成标准的流程化管理体系，尤其在餐厨垃圾的分类、收集和运输的管理上还存在很大漏洞。中、小城市居民还没有养成垃圾分类习惯，这也无形中增加了餐厨垃圾收运的工作量。

对餐厨垃圾规模化生产和处理是中游产业的主要内容，而我国缺乏专业强、规模大的餐厨垃圾处理企业，再加上我国的餐厨垃圾油脂高、盐分大、组成复杂且差异巨大，因此对处理技术要求更高，导致投资巨大，这也在一定程度上制约了我国餐厨垃圾处理企业的数量和规模。由于缺乏研发资金，我国在研发技术上滞后于发达国家、地区，导致了我国在餐厨垃圾处理的技术研发上缺少创新性的先进技术，大多是依靠原有经验。但随着我国对于生态建设和餐厨垃圾处理越来越重视，国内很多大、中型的环保企业开始注重餐厨垃圾处理领域，行业内已逐步形成了多元化的发展体系。

经处理的餐厨垃圾资源化利用是餐厨垃圾处理产业链上下游产业的主要工作内容。目前，我国餐厨垃圾资源化利用水平相对较低，理想状态下，如果能将餐厨垃圾中的废弃油脂加工成生物柴油等产品，将极大提高其环保、实用性能，也能在产业上迅速应用。但受制于当前处理技术和工艺条件，我国餐厨垃圾处理的终端产品仍以附加值较低的有机肥和沼气为主，收益较低，很难调动起相关企业扩大规模和提高研发水平的积极性。

我国在餐厨垃圾处理领域起步晚，没能形成规模化发展。目前我国餐厨垃圾处理产业面临的主要问题如下。

① 政企协同能力差。近几年政府不断对垃圾分类进行引导和宣传，但餐厨垃圾点对点递送处理能力较弱，仍然缺乏完善的管理流程和机制。

② 市场化准备不足。整个餐厨垃圾处理产业链上都缺乏成熟的运营模式，大部分依靠政府财政扶持，企业参与度低，未能形成良好的竞争格局，缺乏行业龙头企业。

③ 技术落后、开发难度大。餐厨垃圾成分复杂且所需的处理技术难度非常大，与其他生活垃圾相比，可利用价值也相对低，亟须创新的处理技术予以减容减害。

④ 餐厨垃圾资源化利用水平、经济效益缺乏吸引力。餐厨垃圾处理厂区在建设和设备投入上成本偏高，终端产品价值低，销售困难，很多企业基本上只能依赖政府的资金补贴。

⑤ 监管水平低。尽管经过多次修正补充，国家已形成较为健全的餐厨垃圾处理制度，但各地区、各部门在执行过程中依然存在不规范现象。行政部门必须加强监督检查，才能避免使餐厨垃圾处理工作流于形式。

17 国内外餐厨垃圾处理技术发展现状如何？

国内外餐厨垃圾处理技术的发展现状如下。

（1）中国

我国餐厨垃圾有机物含量高（约占干物质质量的80%以上）、含水率高（80%～90%）、油脂高、盐分高。同时具有高度的资源化特征。如果将我国一年的餐厨垃圾全部利用，相当于节约3000万亩（1亩$=666.67m^2$）玉米的产出量和600万吨生物柴油。目前有四种主流的餐厨垃圾处理工艺：饲料化、好氧堆肥、厌氧消化和制备生物柴油。其中，厌氧消化是目前应用和研究较为广泛的技术，其原理是在无氧条件下，微生物利用自身新陈代谢将大分子有机物分解为小分子有机物和无机物，这也是未来餐厨垃圾处理的主流技术。但是仍需开发新型处理技术用于提高餐厨垃圾的资源化程度。

（2）英国

英国是城市化程度非常高的国家，全国约90%的城市人口，因此餐厨垃圾的处理任务繁重。经过几十年的摸索，英国在餐厨垃圾的源头处理、规范分类、政企结合等方面早已走在了世界前列。在英国，政府统一协调垃圾处理运营商、垃圾收集运营商和相关商业群体，实行"餐厨垃圾循环利用行动计划"。英国的这种在源头上处理餐厨垃圾的经验值得我国家庭、餐饮企业借鉴。英国垃圾资源行动纲要（Waste and Resources Action Program，WRAP）显示，英国每年产生餐厨垃圾约 1500 万吨 [234kg/（人·年）]，每年通过厌氧消化和好氧堆肥处理后可减少二氧化碳的排放达 2000 万吨。英国建立的全球首个全封闭式餐厨垃圾发电厂，平均每天可处理 12 万吨垃圾，可供应数万家庭的日常用电，这一技术也引起了众多投资的热切关注。英国计划到 2025 年将餐厨垃圾循环利用率提高到 70%，这对英国餐厨垃圾处理具有重要的意义。

（3）美国

美国餐厨垃圾产量不高，平均只有 3000 万吨/年左右，但从 1927 年政府就开始推广使用垃圾处理机，超过 95% 的美国城市允许使用餐厨垃圾处理机，超过 50% 的美国家庭安装了餐厨垃圾处理机，安装率居全球首位。在美国家庭，餐厨垃圾通过粉碎机粉碎后排入下水道，废弃油脂则送到工厂加以回收利用。在政府的鼓励下，餐厨垃圾经加工后作为饲料、土壤改良剂、堆肥以及用于生产生物柴油和沼气等，对于难以利用的成分再进行填埋或焚烧。目前堆肥是美国家庭中较为普遍的处理方式，CSI 堆肥、密封式堆肥是当前餐厨垃圾处理方式的主流。当前美国利用餐厨垃圾制沼气技术尚不普遍，可能随着寻找新的能源替代品的呼声不断上涨，该技术会得到进一步推广。美国各州对餐厨垃圾的处理采用因地制宜的方式，分别建立了各自等级化的餐厨垃圾处理体系，按照优先顺序分为源头减量、食物捐赠、喂食动物、工业应用、堆肥、焚烧或填埋 6 个等级进行处理处置。这种因地制宜的处理方式值得我国学习。

（4）德国

德国模式是单独收集餐厨垃圾并进行微生物处理。德国是一个非常注重生态平衡的国家，其工业技术水平也走在世界前列。虽然整个德国的生物垃圾量仅有 700 万吨/年左右，但却是最早开展垃圾分类的国家。在德国，有上百家不同的垃圾处理公司，它们分别负责不同地区的垃圾收集和处理工作，其中包括餐厨垃圾在内的生活垃圾回收。每个公司的人员、设备及管理制度都是独立的。20 世纪 60 年代德国就开始使用厌氧技术处理餐厨垃圾，90 年代厌氧技术工程开始在德国及欧洲大规模使用。如今堆肥和厌氧处理是德国餐厨垃圾主要的处理方式，其中高达 83% 的餐厨垃圾采用堆肥处理，其余采用厌氧消化。德国沼气协会统计：德国境内总共有近 9000 个沼气工程运行使用，占欧洲全部沼气工程的 80% 以上，沼气发电机功率 4018MW，可满足约 800 万家庭的用电需求，目前德国沼气发电量已占全国用电量的 4.5% 以上。2020 年，新能源发电量占到德国全年总发电量的 43%，进一步替代了传统核能在能源供应体系中的位置。

我国应充分借鉴德国沼气产业发展的经验，加大对沼气利用等后端产品的补贴力度，根据全国各地资源和环境特点的不同因地制宜，推动沼气产业市场化进程。

18 ▶ 餐厨垃圾填埋及综合处置过程中会产生哪些污染物排放和碳排放？

餐厨垃圾填埋及综合处置过程中产生的污染物和碳排放情况如下。

（1）填埋处置

餐厨垃圾填埋后，微生物通过新陈代谢作用将固体垃圾中可降解有机物分解为填埋气（沼气），其余部分被转化为腐殖质，同时产生渗滤液。甲烷（CH_4）和二氧化碳（CO_2）分别占填埋气总体积的 $50\% \sim 65\%$ 和 $30\% \sim 40\%$。填埋气产量、成分主要受餐厨垃圾特性、填埋方式等因素的影响。其中，CH_4 和 CO_2 都是典型的温室气体，若任其自然排放，将对大气环境产生不利影响。餐厨垃圾填埋处置的碳排放量因处置方式不同而不同。一般而言，填埋＋填埋气发电、填埋＋填埋气燃烧、好氧预处理＋填埋、厌氧填埋四种工艺在碳排放量上依次增大。

CH_4 是一种高热值的可再生能源。通过对填埋场的有效管理，可以实现 CH_4 的高效利用（如燃烧发电），降低碳排放量。然而目前，为了居家丢弃与市政转运的方便，餐厨垃圾与其他垃圾混合填埋处理较为广泛，会造成填埋气产量低下，这是我国大多数填埋场不愿收集填埋气的原因。

餐厨垃圾与其他垃圾混合填埋处置在城市化进程中不可避免，但会对环境造成诸多不利影响。餐厨垃圾在填埋过程中会产生大量高浓度有机渗滤液，一旦发生泄漏将导致地下水、地表水二次污染。随意排放的填埋气也会增加碳排放量。更为严重的是填埋过程中释放的挥发性有机化合物（VFAs）不仅污染大气环境，还会直接威胁人体健康。

（2）综合处置

综合处置指利用破碎、分拣、筛选、搅拌等机械手段以及后续生物处理技术（如厌氧消化）、填埋等方式对餐厨垃圾进行分类处置。这样做可以有效回收原垃圾中的金属、玻璃等可循环利用物，同时从原垃圾中分拣出难以生化降解的有机固体垃圾后再进行填埋，既减少了填埋负荷量，减少温室气体排放，又能实现餐厨垃圾资源化、能源化回收利用。

目前我国垃圾分类回收体系尚不完善，餐厨垃圾里常混有金属、玻璃瓶、废餐具和纸巾等杂物。对垃圾分类普及度不高的地区，采用综合处置方式处理餐厨垃圾虽然可以提高餐厨垃圾资源化、能源化效率，但这种末端分类工艺较为繁杂、受机械处理水平影响较大，分拣误差率大，可能会遗失部分微生物可降解有机质，影响后续生物处理效果。

综上，填埋处置操作简便，但会浪费有机能源，温室气体排放量大，不适用于有机成分相对较高的餐厨垃圾处置。综合处置作为末端处理工艺，流程烦琐，运行成本高，只对未实行垃圾分类的地区有临时性处置意义。

19 如何进行餐厨垃圾的污染控制？

餐厨垃圾在卸料、整理、输送、分选以及处理过程中会产生各种废水、废气、废渣，需进一步污染控制。

（1）水污染控制方面

厂区排水采用雨、污分流制，卸料、前处理区场地用水、设备冲洗废水，喷淋除臭塔排水等不得外排，而是排入液肥生产区的液肥前置槽内，用于制作液肥。废水最终经城市污水处理厂处理达标后排放。此时污染物会大幅削减，对地表水影响较小。

（2）大气污染控制方面

生产区释放的臭气等废气经过喷洒除臭液、喷淋除臭塔、生物滤床等生物除臭措施处理；锅炉采用清洁能源轻质柴油等措施处理，废气中各种污染物达标后排放，最大程度减轻对大气环境的影响。

（3）噪声控制方面

采用隔声、减振、消声等降噪措施后，将噪声对环境的影响降至最低。

（4）固体废弃物控制方面

一般固体废弃物可以经过固态有机肥发酵系统制作成有机肥原料；废弃包装材料、废铁、废塑料、废玻璃、纸张等可利用固体废物集中存放，并由物资回收公司定期回收；废骨头、织物等不可利用杂质与生活垃圾一并由当地环卫部门统一处置；废弃活性炭等危险废物临时贮存在厂区的临时危废库，由活性炭提供厂家定期回收处置。经过这些处理后将最大程度消除固体废弃物对环境的影响。

20 如何推进餐厨垃圾的"三化"？

餐厨垃圾的"三化"是指减量化、资源化和无害化。推进餐厨垃圾的"三化"，需要注意以下几个方面。

（1）联合使用多种工艺，加强创新力度

由于各地饮食习惯千差万别，餐厨垃圾成分复杂、差异较大，因此在预处理阶段对餐厨垃圾进行除杂和油脂回收是十分必要的。目前我国的垃圾分类尚处于起步阶段，存在操作不规范、管理不严格等问题，因此收集到的餐厨垃圾中仍含有大量杂质，不仅混有金属、玻璃、陶瓷等无机杂质，还有很多废纸、废塑料、废餐盒、筷子等非营养性有机物，利用合理的预处理技术可以有效去除餐厨垃圾中的杂质，为后续处理环节创造有利条件。在技术的制定上，应该根据餐厨垃圾成分和主体工艺要求设计出针对性强、预处理效果佳、后续资源化工艺运行稳定的系统。

餐厨垃圾成分的复杂性决定了只用单一的处理技术不可能实现高效高产值的处理目标，因此，对餐厨垃圾进行多组分分离、综合运用多种处理技术是最佳的处理方式。实际中通常使用的手段有：初步去除餐厨垃圾中的杂物后，再通过离心或压榨等手段得到有机质干渣和油水混合物，有机质干渣可用于微生物好氧发酵生产有机肥；油水混合物经过再次分离，油脂可用于生产生物柴油，剩余水分含有丰富的有机质，可通过厌氧发酵生产能源气体，作为高品质热源循环用于发酵装备，沼渣可送入好氧系统进一步发酵。通过工艺融合与技术创新，可以有效避免好氧发酵过程中液相有机质浪费的现象，也解决了厌氧发酵沼渣处理难度大的问题，达到固液两相充分利用、物质能量全面回收的目的，这样做弥补了单一处理技术存在的短板，增加了餐厨垃圾资源化产品的多样性，实现了投资收益最大化，这将是未来餐厨垃圾处理技术发展的必然趋势。

（2）大力推行垃圾分类，做到源头减量

餐厨垃圾分类收集不仅可以实现源头减量，提高垃圾收集的数量及质量，还可以减少预处理成本，提升后续资源化产品质量。目前我国餐厨垃圾分类发展相对落后，居民垃圾分类意识较弱，因此应加大宣传教育，大力开展餐厨垃圾源头减量和分类活动，增强居民环保意识，倡导勤俭节约、物尽其用、避免浪费的良好习惯，争取在源头上做到减量和资源回收。对餐厨垃圾分类单独收集可使生活垃圾总量减少50%以上，同时极大提高生活垃圾热值，如果后续采用填埋处理，则可以提高填埋场使用年限，减少渗滤液处理负荷。如果采用焚烧处理则可降低焚烧过程的烟气污染。垃圾在源头上分类，可以回收可循环利用物质，减少资源浪费，改善粗放的垃圾混合收运方式，缓解垃圾处理后续环节的压力，降低垃圾处理成本及土地资源消耗，如果做好餐厨垃圾分类工作，就能产生可观的经济、生态及社会三重效益。未来我们希望，餐厨垃圾可以做到分类收集、分类运输和分类资源化，进一步提高餐厨垃圾处理水平，在确保餐厨垃圾得到无害化、减量化处理的基础上，尽可能做到资源最大化。

（3）完善餐厨垃圾管理体制和政策

美国、欧洲等发达国家及地区建立了完善的餐厨垃圾管理体系，源头上，在食品生产加工环节采取成品或半成品等净菜进城措施，削减餐厨垃圾的产量；存放上，餐饮部门将餐厨垃圾投放至政府指定的回收点，实行分类收集，方便回收；运输和处理上，全过程严格控制管理，采取强制资源化利用的措施。我国规范化、标准化管理餐厨垃圾工作起步较晚，在收运、处理、资源化等方面缺乏成熟先进的政策法规和标准。因此，餐厨垃圾的处理须从产生源头管理、分类存放方法、收运模式、处理设施建设、第三方监管等重点环节入手，构建"因地制宜、技术合理、环保达标"的餐厨垃圾处理体系。未来通过餐厨垃圾处理及资源化利用监控体系与信息管理平台，实现餐厨垃圾处理系统的统筹监管与信息化高效运行，是提升餐厨垃圾资源化利用系统整体安全和信息化水平的有效途径。

21 ▶ 餐厨垃圾处置对碳中和有哪些影响？

餐厨垃圾处置对碳中和的影响如下。

（1）强化餐厨垃圾厌氧发酵技术，构建餐厨垃圾零碳能源生态链

联合国政府间气候变化专门委员会定义：碳中和即"二氧化碳净零排放"，是指一定时期内二氧化碳的人为移除量在全球范围内与二氧化碳人为排放量相抵消。为实现绿色低碳发展，达到碳中和目标，不仅需要减少使用煤、石油等传统化石能源，还要大力发展生物质能等清洁可再生能源，而餐厨垃圾中蕴含丰富的却往往被人们忽视、丢弃的能源，如果能将其利用，也将在极大程度上缓解人们对传统能源的依赖程度，常见的做法是通过厌氧发酵生产生物天然气。湿热处理是提高餐厨垃圾油脂回收率和厌氧效率的重要技术，在不同湿热处理温度下，对餐厨垃圾厌氧发酵过程进行研究，人们基于二维红外光谱的物料微观结构性质和微生物群落多样性分析，发现湿热处理温度进一步提高

至 120～140℃可以促进蛋白质水解和纤维素类氢键断裂，因此细菌迅速生长，体系产甲烷效率进一步提高，该结果对优化当前餐厨垃圾厌氧处理工艺具有重要指导意义和科学价值。

另外，研究发现餐厨垃圾中含有一定体量的抗生素抗性基因。抗生素抗性基因是一种新兴污染物，严重威胁环境健康和人体健康。在餐厨垃圾厌氧发酵系统中添加纳米零价铁在提高甲烷产量的同时，还可以降低抗生素抗性基因的丰度，高温下降解率高达86.64%，其中四环素类抗性基因降解程度最高。这些成果都为餐厨垃圾厌氧技术的改进提供了坚实的理论基础和技术支撑。

（2）攻克餐厨垃圾生产生物塑料技术，助力塑料产业碳减排

通过生物技术将餐厨垃圾等有机固废转化成环境友好材料，可积极响应国家"十四五"环境规划，是极具发展潜力的"负碳技术"。利用厌氧发酵处理餐厨有机垃圾，生产高价值的挥发性脂肪酸（VFAs），VFAs 可以作为微生物的碳源制取生物可降解塑料的原料，如 3-羟基丁酸酯（PHB），3-羟基戊酸酯的共聚物（PHBV）等。目前我国的科学研究已经揭示了城镇固废有机质组分的高值定向转化机制，提高了餐厨垃圾转化为固体化学品的效率，为城镇湿垃圾制备高值固体化学品奠定了理论基础。

（3）探索低碳肥料，致力土壤碳中和

由于长期过度使用化肥，全国 18 亿亩耕地中有 60%～70%的土壤受到不同程度的破坏，需要改良，通过联合使用有机肥和土壤修复改良剂，增加土壤中的腐殖质，可以维护粮食和土壤生态安全。以餐厨废液作为微生物培养基，可以扩培农作物生长不可缺少的土壤有益菌，如固氮菌、解磷菌和解钾菌。同时，菌肥产品可用作叶面肥，或进行根施灌溉，在农田、大棚、绿化和山地、荒地的改良上具有重大意义。适量施用菌肥，冬小麦土壤中有效磷含量、速效氮含量与空白土样相比，最高增幅分别为 81.12%、84.88%；水稻土壤中有效磷含量、速效氮含量与空白土样相比，最高增幅分别为137.22%、127.07%。餐厨垃圾也可制备土壤调理剂，有效增强了土壤结构稳定性和抗侵蚀性。

但厨余垃圾的肥料化利用也需要注意其可能带来的环境问题。在污泥堆肥的磷矿山修复的相关研究中，研究人员发现，在模拟酸雨的酸性淋滤条件下，污泥堆肥不同程度上增加了土壤重金属的释放，其淋溶规律主要受土壤中铁、铝氧化物和有机质影响。综上，用有机肥替代化肥作为植物的肥料，发展低碳农业，可以提高农作物的产量和品质；增加土壤有机质，减少使用化肥农药，减少化肥农药制造过程产生的碳排放。

22 ▶ 餐厨垃圾利用对循环经济有什么作用？

循环经济模式，遵循"减量化（reduce）、再利用（reuse）、再循环（recycle）"（称为"3R"原则）的基本原则，是一种可持续生产和消费的模式。循环经济以源头上避免产生废物为优先目标，以"3R"原则作为灵魂。发展循环经济的根本目的是：高效、循环利用资源，保护生态环境，实现污染的低排放甚至零排放，以及社会经济与环

境的可持续发展。循环经济以可循环资源为来源，以环境友好的方式，把清洁生产、资源综合利用、生态设计和可持续消费等融为一体，最终利用生态学规律指导人类社会的经济活动。

餐厨垃圾在资源化利用链条中与生态环境系统之间的深层次循环流动实际上体现了餐厨垃圾在循环经济中减量化、再利用、无害化的基本原则。餐厨垃圾资源化利用链条作为子系统与生态环境系统协调共生。这种方式有效地将餐厨垃圾转化为可再生利用的资源，有效减少了人类社会对自然资源的索取，形成了"资源—产品—再生资源—再生品"的物质流动闭合回路，最终可以顺畅进入生态环境系统。餐厨垃圾资源化可以打造良好的生态环境，减轻生态环境负担，为生态的自我恢复提供时间、空间。

23 如何从食品-能源-水资源关联体系的角度看待餐厨垃圾的资源化利用?

食品-能源-水资源关联体系（food-energy-water nexus），也称 FEW nexus，是近年来研究较多的一个概念。资源依存视角下的城市 FEW nexus 关联关系主要强调三者内部的相互依赖，即 FEW 中任意一方的提取、生产、加工、运输和消费等过程都有赖其余两方的支持，如生产粮食需要能源和水；开采能源过程中发电需要水，秸秆和食物也可作为生物质能源；提取、处理和分配水资源的过程也离不开能源。在这种视角下，城市 FEW nexus 关联关系很大程度上反映了相关部门的技术水平和资源使用效率。

资源供给视角下的城市 FEW nexus 主要强调三者与外部环境之间的关系，即 FEW nexus 资源的组合方式（或比例关系）和供应稳定性与城市生态、社会和经济系统的相互作用。如城市系统中的住宿餐饮业的正常运行需要食物、能源和水资源的同时投入。从资源供给出发，可通过建立多区域投入产出模型衡量城市 FEW nexus 关联关系，一方面厘清不同生产技术和不同供给途径下，FEW nexus 资源在支撑各行业部门发展过程中的比例关系；另一方面，揭示不同时期 FEW nexus 资源在城市与其他区域贸易往来过程中的变化规律，为建立城市与区域资源共同体、确保城市 FEW nexus 资源供给安全提供科学依据，有助于提高城市系统在面对不确定性因素干扰和未知风险时的抵御、适应和恢复能力。需要结合上述两种视角，对 FEW nexus 资源实现多要素、多系统、多区域集成的系统管理。其目的是优化城市 FEW nexus 关联关系，增加城市系统的弹性，促进城市生态系统可持续发展。在制定集成管理城市系统的方案时，首先要考虑 FEW nexus 三者内在的客观联系，其次要保证任意一种资源都具备良好的可获得性、经济可行性、社会公平性以及满足生态系统承载力的要求，尤其是要考虑污水处理、单位国内生产总值的碳排放、固体垃圾处理等环境条件的要求。最后要兼顾 FEW nexus 与城市、区域生态、经济这些外部环境之间的关系，使城市以外更大范围的 FEW nexus 均可满足可持续发展要求。

二、

餐厨垃圾的收集和运输 →»

24 城市垃圾的收运过程由哪些阶段构成?

城市垃圾的收运一般包括以下三个阶段。

第一阶段为垃圾的搬运和贮存。这一阶段环卫工人或产生垃圾者,将垃圾从产生地运送到集装点或储存容器。如居民从家中将垃圾投放至小区的垃圾集中收集点,或菜场的收集工人将垃圾从单个摊位运送至菜场的垃圾集中收集点。

第二阶段为垃圾的收集与清除。容器或其他设施中储存的垃圾被清运车辆收集并清除,最终运往垃圾转运站或就近运至处置场、垃圾处理厂等,属于近距离运输。

第三阶段为垃圾的转运与运输。转运站的垃圾被转移至更大容量的运输工具中,并运送至较远的处置场、垃圾处理厂等,属于远距离运输。

三个阶段中,每个阶段又可分为对垃圾产生单位餐厨垃圾的集中收集、收运车辆往返运输以及卸料三阶段。该过程的设计需要考虑处置设施的位置、垃圾收集的密度、附近交通情况,并且要求在满足环境卫生要求的前提下,费用最低。目前常用的垃圾收运模式为只收集垃圾而不带走容器,即固定容器系统。其流程如图 2-1 所示。

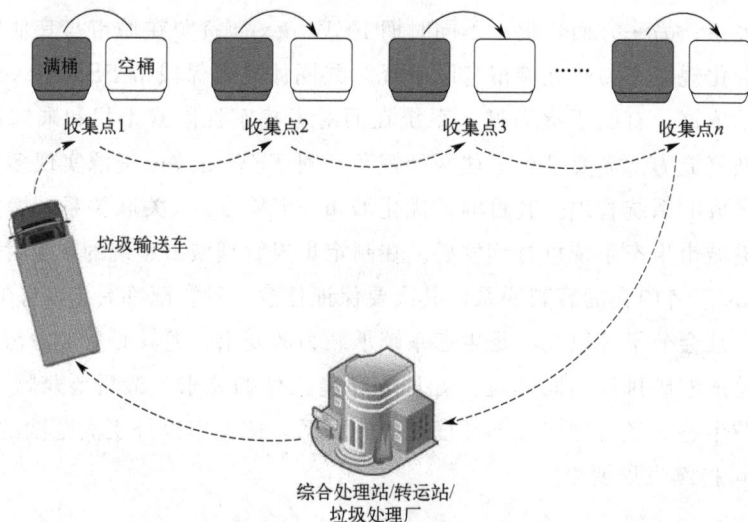

图 2-1　固定容器系统流程

25 ▶ 餐厨垃圾的收集主要包括哪些方法?

餐厨垃圾的收集方法主要有以下四种。

(1) 开放式收集

餐饮产业内部收集时若采用泔水桶或垃圾箱，则属于开放式收集，长期储存会散发异味、滋生害虫等。

(2) 封闭式收集

个人及家庭若使用塑料袋、纸袋等打包餐厨垃圾，或餐饮企业产生的餐厨垃圾由产生单位清扫后集中打包，再由相关人员、作业单位或环卫部门定期采用人力封闭收集车收集，运送至小型综合处理站，或直接采用标准的封闭收集车运送至转运站和处理厂，则属于封闭式收集。这种收集方式避免了收运过程中垃圾洒漏、异味挥发等问题。从收集周期角度来看，这种方式属于定期收集。

(3) 混合收集

在垃圾分类普及前，对于以家庭为单位产生的厨余垃圾，通常直接投递至小区垃圾桶或垃圾箱内，与生活垃圾一起运输处理，属于混合收集。但混合收集方式增加了后期垃圾分拣的工作量，不利于实现减量化、资源化、无害化处理。

(4) 分类收集

美国、英国、日本等国家已经形成了相对健全的垃圾分类体系：将家庭产生的餐厨垃圾与其他生物质废物（花、草、树干等）作为单独一类进行收运和处理。以日本为例：日本垃圾分类以"3R"原则（reduce、reuse、recycle）为基础，重点关注减少原料（reduce）和重新利用（reuse），提倡减少不必要的产品包装以节约资源和循环利用，努力提高垃圾发电率与余热利用率。

我国目前已有北京、天津、上海等 46 个重点城市开始实行垃圾分类。在进行分类后，家庭产生的餐厨垃圾收集方式则转变为分类收集。

26 ▶ 餐厨垃圾的包装容器有哪些要求?

餐厨垃圾产生单位的包装容器要求为:

① 不会被餐厨垃圾腐蚀;

② 有一定的强度;

③ 密封性能好，不会发生洒漏，不会释放异味。

餐厨垃圾收集单位，如环卫部门或作业单位，采用的容器应当符合标准化、配套化，并且可以和运输车辆装载机构配合，实现机械化装车。目前餐厨垃圾收集容器多采用两轮移动式厨余垃圾桶（见图 2-2），容积以 10L、40L 两种规格为主，颜色为绿色，以区分可回收垃圾（蓝色）、其他垃圾（灰色）、有害垃圾（红色）。

两轮移动式垃圾桶还需具备以下性质:

图 2-2 两轮移动式垃圾桶

① 密闭性好，容器带盖且严密填充，便于开合，最好有脚踩踏板；

② 可以相互套叠，节省空间、便于运输；

③ 具有一定的耐冲击力，抗热防冻，耐腐蚀；

④ 各单位根据垃圾日产量配备相应数量与规格的容器，保证当天产生、当天收运。

最终进入餐厨垃圾处理厂的包装容器要求：

① 易撕裂，可以让收集的餐厨垃圾正常倒出，不影响后续的预处理过程；

② 和处理方式相互适应。如果最终采用焚烧法处置，可以选用纤维、纸板制容器，便于一同燃烧处理。

27 居民小区内的餐厨垃圾如何收集？

居民生活垃圾可以采用定时收集和定点收集两种方式。

定时收集指垃圾收运车在固定时间、按照固定路线前往居民区收集路旁居民的垃圾，而不在居民区内设置固定的垃圾收集点。

定点收集指在居民区内设有固定收集点，居民在一天中的大多时间或全部时间都可以使用，这是目前最普遍的垃圾收集方式。

28 菜场内的餐厨垃圾如何收集？

随着菜市场的规范化管理，大多数菜市场都有负责集中收集垃圾的工作人员，每日一次或多次向各商贩收集残余菜叶或轻加工食品，并在当天打烊之后进行集中的清扫。

菜场收集的垃圾多由三轮车近距离运输，在打包等作业单位或环卫部门的集中收集后，再被转运处理。菜场垃圾的收集、堆放、清运情况见图 2-3。

(a) 蔬菜摊位垃圾堆放处　　　　　(b) 地面垃圾、巡逻打扫

(c) 垃圾处理点及垃圾堆放状况　　　(d) 菜场垃圾清运车

图 2-3　菜场垃圾的收集、堆放、清运

29 ▶ 大型餐饮中心的餐厨垃圾如何收集？

相比不集中的小型餐饮点，大型餐饮中心通常设有餐厨垃圾收集管道，在内部完成收集后等待收集车集中收运。

此外，根据《餐厨垃圾处理技术规范》（CJJ 184—2012）中的相关要求，煎炸废油需要单独收集和运输，不宜与其他餐厨垃圾混合收集。

30 ▶ 餐厨垃圾的收运过程应满足什么管理要求？

根据《餐厨垃圾处理技术规范》（CJJ 184—2012）等相关规定：

① 餐厨垃圾的产生者应对产生的餐厨垃圾进行单独存放和收集，餐厨垃圾的收运者应对餐厨垃圾实施单独收运，收运中不得混入有害垃圾和其他垃圾；

② 餐厨垃圾不得随意倾倒、堆放，不得排入雨水管道、污水排水管道、河道、公共厕所或生活垃圾收集设施中；

③ 煎炸废油应单独收集和运输，不宜与餐厨垃圾混合；

④ 餐厨垃圾应做到日产日清；

⑤ 餐厨垃圾应采用密闭、防腐的专用容器盛装，采用专用的密闭式收集车进行收集，专用收集车的装载机构应与餐厨垃圾盛装容器相匹配；

⑥ 在任何路面条件下，餐厨垃圾运输车辆均不得泄漏和遗洒；

⑦ 餐厨垃圾宜直接从收集点运输至处理厂，产生量大、集中处理且运距较远时，可设餐厨垃圾转运站，转运站应采用非暴露式转运工艺；

⑧ 运输路线应避开交通拥挤路段，运输时间应避开交通高峰时段；

⑨ 在寒冷地区使用的餐厨垃圾运输车，应采取防止餐厨垃圾发生冰冻的措施；

⑩ 餐厨垃圾运输中，车装、卸料宜为机械操作；

⑪ 从事餐厨垃圾收集的企业需要向当地政府部门备案；

⑫ 餐饮企业、食堂等餐厨垃圾产生单位需要根据近年餐厨垃圾产生情况，向监管部门报备当年的产生量、种类等基本参数。在发生较大变化时，及时重新申报；

⑬ 收运过程中应如实登记收运联单，产生单位、收运单位、处理单位、区级管理部门、市级管理部门各自妥善保管。

31 餐厨垃圾收运的流程如何？

以深圳市为例，深圳市是全国 46 个垃圾分类试点城市之一，对餐厨垃圾的处理以"减量化、资源化、无害化"为原则，致力实现垃圾资源循环再生利用。

① 各小区内设置垃圾分类桶，并设有小区督导员一岗，负责引导居民定时、定点地分类投放生活垃圾；

② 有餐厨垃圾收运处理资质的企业对接街道，负责每天为小区更换干净的垃圾桶，随后将收运的餐厨垃圾统一拉往垃圾处理站，交由站点的操作人员进行资源化处理；

③ 在处理站内，收运得到的餐厨垃圾经液压提升后进入分选平台，挑出饮料瓶、塑料袋、抹布、卫生纸、铁质餐具、瓷碗等不可处理的无机物后，被送入破碎脱水机。破碎机排放废水进入油水分离器处理，随后排入市政管道；废弃油脂被单独收集，并由油脂处理厂制作为工业用油，实现资源化处理。破碎机内剩余的餐厨垃圾固态残渣进入有机制肥机中，与微生物菌种混合、搅拌、发酵。待分解转化为可利用的有机肥料后再送往各农场。

32 我国可用于收集餐厨垃圾的收集车有哪几种类型？

国内经常使用的几种主要的垃圾收集车类型如图 2-4 所示。

（1）简易自卸式收集车

分为密封式自卸车与罩盖式自卸收集车两种。密封式自卸车通常将车厢设置为带有盖子的整体容器，同时顶部设有多个垃圾投放口；罩盖式自卸收集车通常在敞口货车上增加一框架式玻璃钢罩或盖防水帆布盖，以有效防止运输过程中垃圾飞散。简易自卸式

(a) 简易自卸式收集车　　　　　　　(b) 活动斗式收集车

(c) 侧装式密封收集车　　　　　　　(d) 后装式压缩收集车

图 2-4　不同种类垃圾清运车

收集车最为常见，载重范围 3～5t，适用于固定容器收集法。为方便在车厢上方机械装车，通常配有铲车和叉车。

（2）活动斗式收集车

又称多功能车，车厢较大且贴近地面，适用于贮存或装载大件垃圾。活动斗式收集车的车厢可以用作贮存容器，可活动，适用于移动容器收集。

（3）侧装式密封收集车

车辆内侧装有液压驱动提升装置，且提升架悬臂长、旋转角度大，可直接将配套圆形垃圾桶从地面提升至车箱顶部，随后垃圾桶倾倒并在车辆的上部倒入，再放回地面，倒入口关闭。侧装式密封收集车机械化程度较高，悬臂设计使其抓取范围广，因此垃圾桶不必对准车辆。

（4）后装式压缩收集车

车辆配备压缩推板装置，便于收集大体积、小密度的垃圾；车辆后部设有垃圾投放口，位置较低，方便各年龄段人群投放垃圾。后装式压缩收集车在降低环卫工人的工作强度和工作时间的同时，提高了垃圾收集效率，并减少了二次污染。

33　餐厨垃圾的收集与中转应该注意哪些问题？

垃圾中转站应保证建设和作业投资最小化，此外其所在位置在选择方面有以下要求：

① 尽量避免对周边居民与环境产生危害；

② 位于垃圾收集中心或多产量位置；

③ 周围交通便利；

④ 周边具有废物回收及能源利用厂区。

34 餐厨垃圾的主要运输方式有哪些？

餐厨垃圾根据运输过程可分为直接收运和间接收运。

① 直接收运。运输车直接将餐厨垃圾从收集单位运送到垃圾处理厂。

② 间接收运。运输车只负责将餐厨垃圾从收集单位运送到中转站，之后再由更大型的运输车将垃圾运输至处理厂。

根据运输路径，可分为公路运输、铁路运输、水运或航空运输。

35 如何进行餐厨垃圾的收集和运输路线的设计？

餐厨垃圾的收集和运输可经历 0 个、1 个或多个中转站。进入中转站后，即从收集阶段进入运输阶段。餐厨垃圾集中在收集站后，会通过大型运输工具运输至大型中转站，最终远距离运输到垃圾处理厂进行最终处置及利用。餐厨垃圾的收集、转运和运输形成"逆向物流"网络结构，如图 2-5。

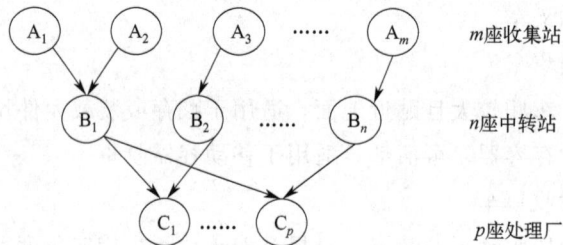

图 2-5 "逆向物流"网络结构

餐厨垃圾的收集方式、清运车辆类型、工作量和收集的时间、频率是设计收集路线的关键元素，设计多采用反复试算的方式。路线设计过程中，要保证空载行驶距离与总行驶距离尽可能小。

目前多采用系统工程模拟法，本书以拖曳容器系统为例简单介绍路线设计的步骤。

① 根据住宅区、商业区、工业区中每个垃圾桶的位置、数量和收集频率，再结合区域面积，划分多个长方形的地块。

② 统计每周相同收集频率的收集点数量，并计算每日所需提供的空桶数量。

③ 每日收集路线从垃圾车的停车场或调度站开始设计，设计过程中需要考虑：

a. 收集地点与频率要符合法律法规；

b. 工作人员人数要与车辆类型、数量或其他条件匹配；

c. 运输过程中要尽可能利用自然边界、地形设计路线边界，且临近主干道；

d. 陡峭地区收集时，要以倾斜端作起点，采用下坡收集方式；

e. 优先收集拥挤道路与大产量地区的餐厨垃圾；

f. 路线终点设在离垃圾场最近的收集点；

g. 同一天或同一线路收集产量小且收集频率相同的收集点垃圾。

④ 路线设计初步完成后，计算每日各收集点间的平均距离，保证每日收集车行驶的总距离基本一致，否则需要重新设计。

36 ▶ 餐厨垃圾的收运现状及存在的问题有哪些？应如何解决？

目前餐厨垃圾的收运工作中存在的主要问题如下。

① 垃圾分类政策的推广及执行力度不够。在未强制实行垃圾分类的地区，居民及餐饮机构工作人员垃圾分类意识不强，垃圾划分标准不明确，往往使收集的餐厨垃圾中残留塑料袋、卫生纸等可回收垃圾或其他垃圾。导致后期分拣、处理工作更复杂，增大了餐厨垃圾收运的成本。

② 餐厨垃圾资源化利用价值科普力度不大，导致部分城市的市政部门、环保部门将餐厨垃圾看作纯粹的污染物，从而对产生单位收取较高的收运费用。

③ 小型垃圾综合处理站、转运站数量较少，且布局不合理，常采用露天作业，使得异味扩散、蝇虫滋生，影响附近居民正常生活。

④ 运输体系不完善，缺乏数字化管理，导致垃圾运输车亏载、大型垃圾运输车无法作业等问题。

⑤ 餐厨垃圾产生单位的责任意识不强，相关部门监管工作脱节。部分餐厨垃圾未得到规范化处理，反而产生者受利益驱动将餐厨垃圾售卖给私人收运，用以喂养"泔水猪"或回收制成"地沟油"。这种私人产业链引起了严重的食品安全问题，也违背了垃圾"谁产生、谁负责"的原则。

面对上述问题，餐厨垃圾收运引起了社会的广泛关注。部分城市开始采用 PPP 模式（政府和社会资本合作），即在政府的带头作用下，企业筹集资金、引入社会资本，建设垃圾收运、处理项目，缓解了政府的财政压力，加快了环卫基础建设的升级，同时避免了重复建设的问题。

同时，随着互联网、GIS、GPS 等技术的发展，餐厨垃圾的收运方式也向智能化方向发展。部分大型处理单位或处理厂采用了线上 APP 的方式，与合作的大型餐饮行业、农场、养殖场等企业绑定。在产生单位餐厨垃圾达到一定产量后，通过 APP 下单，处理单位再派出输送车收集。整个过程可以利用 GPS 实时掌握输送车的位置与预计到达时间，并利用 GIS 技术为车辆进行合理的路线规划等。

37 ▶ 如何计算垃圾收集耗用的时间？

垃圾收集时间的长短直接影响其效率和成本，垃圾收运的费用一般要占整个处理系统费用的 60%～80%，因此对垃圾收集时间的精准计算是非常重要的。

为了便于分析，通常将收集系统分解成四个单元来计算所耗用的时间：

① 拾取时间，即拾取垃圾所耗用的时间，具体计算方法与收集类型相关；

② 运输时间，即将垃圾运输到垃圾处置场所耗费的时间，具体计算方法也与收集类型有关；

③ 处置场花费的时间，包括在处置场等待卸车以及倒空垃圾的时间；

④ 非生产性时间，如报到、登记、分配、检查工作，以及交通拥挤或设备维修等，收集过程中必不可少或极有可能发生的环节，采用 W（非生产时间因子）表示，一般 $0.1 \leqslant W \leqslant 0.5$，经验值为 0.15。

38 如何估算或测定餐厨垃圾的产生量？

通常垃圾产生量的测定和计算有以下 3 种方法。

（1）一般计算法

$$厨余垃圾产生量 = \frac{各类别厨余垃圾}{统计人口} \tag{2-1}$$

日均厨余垃圾产生量如果有确切数值，可以用于统计某区域内的厨余垃圾产生总量，并用于对今后的年产量进行估测。

（2）载重实测法

$$每日厨余垃圾清运量 = 清运车运载量 + 单位自清运量 + 街道清扫量 \tag{2-2}$$

该方法适用于计算城市厨余垃圾的运输总量。通常每日厨余垃圾清运量通常小于当日厨余垃圾产生量，若日产日清，清运量可反映服务范围内的产生量。

（3）载重计算法

$$厨余垃圾清运总量（一定时间内） = \frac{清运车数量 \times 平均载重量}{统计人口 \times 时间} \tag{2-3}$$

厨余垃圾清运总量通常以 kg/（人·d）为单位。

39 如何测定餐厨垃圾的组成和质量特性？

餐厨垃圾作为城市生活垃圾的重要组成部分，对其组成和质量特性的测定可以参考城市生活垃圾，具体分为以下步骤。

（1）样品的选择

可应用统计学原理对餐厨垃圾进行抽样分析，通过对少量样品的分析获得完整准确的总体资料。由于家庭厨余垃圾和餐饮行业的餐饮垃圾组成与产量差异较大，因此分别取样、测定更为合理。

取样时需要保证样品的代表性。常用取样方法有蛇形法、梅花点法、棋盘法、四分法等多种形式，同时可采用点面结合的采样方法。

需要同时选择采样点和采样面。

① 采样点的选择：a. 测定厨余垃圾时，在市区选择能够代表居民饮食结构和生活水平的生活区，通常设置 3 个；b. 测定餐饮垃圾时，在餐厅或餐饮中心采样，通常设置 3 个。

② 采样面选择：垃圾中转站或小型综合处理中心，通常选择 1 个或几个，定期采样。

（2）组分测定

餐厨垃圾的组分测定在人工分选后进行，主要关注的指标有含水率、含油率和有机物含量。各参数测定方法见表 2-1。

表 2-1　餐厨垃圾组分参数测定方法

参数	方法
含水率	烘干法
含油率	恒重法
有机质浓度	恒重法
溶解性化学需氧量(SCOD)	《水质　化学需氧量的测定　重铬酸盐法》(HJ 828—2017)
游离氨基酸	茚三酮比色法
还原糖与总糖	3,5-二硝基水杨酸法
粗脂肪	《食品安全国家标准　食品中脂肪的测定》(GB 5009.6—2016)

容重分析时，设运输车辆容积为 V（m^3），垃圾载重为 W（kg），则容重值 D（kg/m^3）可表示为 $D=W/V$。一般餐厨垃圾为 $500kg/m^3$，杂物为 $150kg/m^3$ 左右。

元素分析时，取得有代表性的餐厨垃圾样品后，可采用元素分析仪测定其中的 C、H、O、N、S 等主要元素的组成。此数据有以下用处：

① 可用来估算餐厨垃圾的发热值，为选择焚烧处理法或热解法提供依据；

② 可用于计算餐厨垃圾好氧堆肥的理论耗氧量，进而确定合适的空气用量；

③ 可通过测定餐厨垃圾的碳氮比与营养元素，判断餐厨垃圾堆肥性能、产品肥效的质量；

④ 可用于厌氧消化的物料配比设计。

40 餐厨垃圾被运送至垃圾处理站后需要经历哪些预处理？

餐厨垃圾进入垃圾处理站后需要先进行预处理，之后才可送入最终处理设施。处理后的部分产物可作为回收资源再次利用。分选、输送、破碎是餐厨垃圾预处理阶段不可少的流程，但根据物料特性、最终处理方式的不同，在设备的选择、处理后的要求以及预处理系统的其余工艺选择上都有所差别。餐厨垃圾整体预处理流程如图 2-6 所示。

（1）适用于厌氧消化的预处理系统

厌氧消化的预处理系统通常将精分选、破碎和制浆合并，直接设置精分制浆设备，

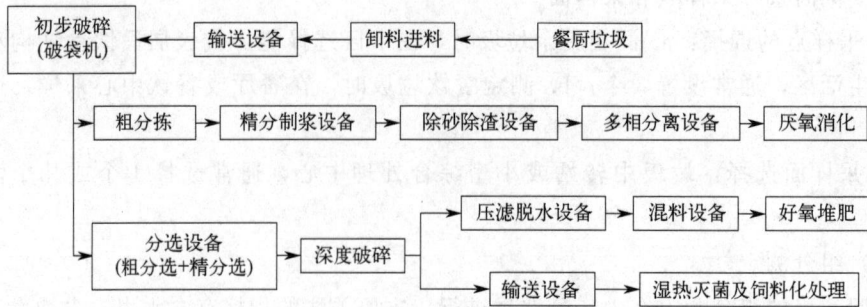

图 2-6　餐厨垃圾预处理流程

去除杂物的同时，将大块的有机物质破碎为粒径 5～8mm 以下的浆状物质；除砂除渣设备用以去除粒径≥10mm 的沙粒、砂石等重物，防止对设备造成摩擦损耗，同时去除碎塑料片、辣椒籽等难消化物质，以防降低消化效率；最后再输送至多相分离设备，离心分离出水相、固态渣和油水混合物。油水混合物收集后回收，部分水回用至喷淋系统，其余部分和固态渣一同进入厌氧消化系统进一步处理。

（2）适用于好氧堆肥的预处理系统

好氧堆肥的效果受原料含水量、碳氮比等因素的影响。餐厨垃圾中含水过多，容易使后续堆肥发生局部厌氧，因此设置压滤脱水装置调节含水量至最佳值；在混料设备中，可以加入禽畜粪便、秸秆等调整餐厨垃圾中碳、氮含量的比例，加快腐熟过程。

（3）适用于饲料化的预处理系统

饲料化处理中，需要对餐厨垃圾进行湿热灭菌处理，去除有害细菌。因此在深度破碎之后，还需要设置输送设备将物料输送至灭菌系统中进一步处理。

41　餐厨垃圾的分选要求有哪些?

餐厨垃圾分选的主要目的是去除不可利用的无机组分，防止对后续设备造成堵塞和损坏，同时回收垃圾渗滤液和油脂。

分选方式有人工分选和机械分选两种。在小型处理中心或针对混有大量生活垃圾的餐厨垃圾进行分选时，当前仍使用人工分选。工人利用专业分拣工具作业，若采用带式输送机，移动速度设置在 1～3m/s 为宜。

机械化程度较高的大型处理厂，通常采用机械分选进行逐级分离，依次分离大物质、重物质、轻物质。各阶段流程与要求如图 2-7 所示。

结合餐厨垃圾的实际组成情况，分选系统还应具备以下条件：

① 最终分选后的餐厨垃圾中，不可降解杂质的含量需小于 5%；

② 具有一定的耐腐蚀性，实际应用中分选系统制作时多采用 304 不锈钢材质；

③ 具有分选准确性，在保留有机物的同时，最大程度筛除无机物；

④ 考虑餐厨垃圾的多样性，确保机器运行不会受到硬质惰性物质、缠绕物（塑料袋、绳子等）的干扰；

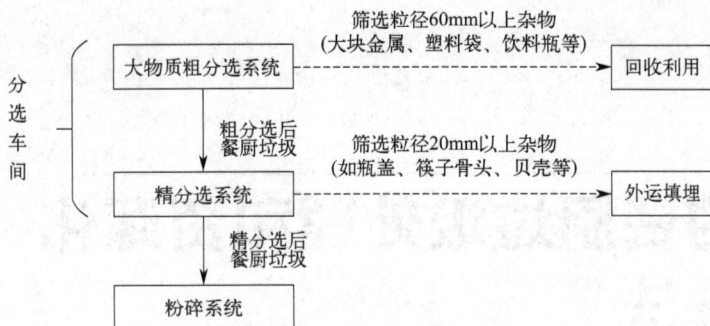

图 2-7　机械分选流程及要求

⑤ 尽可能减少人工干预，减少车间劳动力，以免对工作人员产生职业危害。

42 ▶ 餐厨垃圾的破碎应符合哪些规定?

餐厨垃圾的破碎处理分为两个阶段。一是破袋，设置在分选之前，采用破袋机，撕破塑料袋、编织袋等，使垃圾散落出来，也可进行初步剪切；二是破碎，设置在分选之后，主要目的是减小垃圾颗粒尺寸，增大比表面积，减少体积，便于压缩与运贮，使后续处理更容易进行。餐厨垃圾有机物含量高、含水量高，有机物质在吸收水分后体积变大，不利于运输，且造成一定的成本浪费，因此需要进行充分的破碎。具体应符合以下要求：

① 破碎后的粒径应当视后续处理工艺而定。若采用湿式厌氧消化等，可破碎至较小粒径，提高微生物的利用效率和物料流动性，加快反应；若采用好氧堆肥等方法，则不要求破碎成过小粒径。该过程需要氧气参与，故物料需要保持一定的松散，粒径过小反而会导致集运成本增加。

② 破碎设备需要设置防卡功能且便于清洗，以避免坚硬粗大的物质破坏设备，并在设备停止运转后可以及时清洗。

③ 根据物料特性选择合适的破碎机，如锤式破碎机、辊式破碎机适用于处理骨头、竹筷子等硬性、脆性物质含量多的餐厨垃圾；剪切式破碎机适用于处理纤维组分较多的餐厨垃圾。

三、

常见的餐厨垃圾处理和资源化利用方法

43 餐厨垃圾资源化的意义是什么？

餐厨垃圾有机物含量高，干物质占比超 95％。高含量的有机物易招致虫蝇、滋生细菌真菌，影响人们生活，难以直接利用，需要合理处置。餐厨垃圾中的油脂可用于制作生物柴油等化工产品，此外通过厌氧消化、好氧堆肥等方法，可使厨余垃圾中的有机物转化为饲料、微生物燃料电池、绿色有机肥等再生能源。

餐厨垃圾环境污染属性高，成分多样复杂，且不同地区厨余垃圾成分有差异，需要妥善且及时处理，以减少对环境及人体健康带来的负面影响。这些厨余垃圾经资源化利用后，一方面可减少环境污染，另一方面可以转化为再生能源，产生经济效益。

44 餐厨垃圾的资源化利用有哪些方法？

餐厨垃圾的资源化利用主要有以下 4 种方法。

（1）微生物饲料

我国饲料蛋白质缺乏，需大量进口，饲料的蛋白质缺乏影响了我国畜牧业的发展，急需解决。餐厨垃圾蛋白质含量高，可采用高温消毒法或好氧发酵法制成饲料。在制作微生物饲料过程中，需要将粉碎的厨余垃圾高温消毒，与专用微生物以及其他物质混合后制成肥料。专用微生物分解有机物的同时，也能防止饲料变质。此外，还有一些微生物饲料，是通过微生物分泌的胞外酶来改变饲料适口性，或通过分泌代谢物对原料生物解毒。在饲料生产过程中，微生物大量繁殖，菌体本身也富含蛋白质，可提高营养价值。

（2）发酵堆肥

发酵堆肥法可通过微生物的分解代谢活动，将厨余垃圾中的有机物分解产生腐殖质。发酵堆肥主要包括好氧堆肥和厌氧堆肥。

① 好氧堆肥主要依赖好氧微生物的分解代谢作用。在氧气充足的条件下，好氧微生物会逐步将部分有机物氧化分解成为无机物，该过程会释放能量，一部分供微生物生

长繁殖，另一部分作为热能释放。释放的热能会使好氧堆肥的堆温保持较高的水平（55～60℃为宜）。堆肥的高温能够杀灭大部分病原菌，缩短堆肥周期，减少臭气产生，是最常见的堆肥化方法。

② 厌氧堆肥常见有干法堆肥和湿法堆肥。干法堆肥常选择氧气稀少的室内进行，用塑料膜覆盖堆体以尽可能地隔绝氧气。缺氧条件能加强厌氧菌的发酵作用，提高堆肥效率。干法厌氧堆肥周期较长，通常需要 2～3 周。湿法堆肥是基于餐厨垃圾高含水量进行的，湿法堆肥过程需要将餐厨垃圾粉碎后置入排水系统，经过厌氧微生物的发酵作用，在短期内形成淤泥状的肥料。湿法堆肥的优势是能够加快厌氧反应，缩短周期，提升效率。该方法的缺点是易造成水体污染，且无法大规模生产。因此在选择餐厨垃圾的处理方法时，需针对不同的环境及需求进行选择。

（3）微生物燃料电池

餐厨废水是餐厨垃圾的重要组成部分，且餐厨废水排放量逐年上升，如何用环保的手段实现餐厨废水排放及资源化是一个重要问题。微生物燃料电池是微生物分解废水有机质产电的装置。原理如下：阳极室中微生物分解消耗有机物产生电子，电子从阳极电机传递至阴极，进入阴极室后，电子被电子受体消耗，此时电能完成传输。微生物燃料电池不会产生环境有害物，只产生 CO_2，且电池工作条件温和，维护成本低，废水处理率高达90%。但美中不足的是，微生物燃料电池产电量小，无法规模产业化，还需进一步发展。

（4）生物降解型塑料

生产生物降解型塑料，也是一种利用微生物达成的餐厨垃圾处理技术。利用餐厨垃圾产生生物降解型塑料的过程是：先将餐厨垃圾废弃物粉碎处理后，倒入排水系统，通过固液分离累积固体物质，乳酸菌会利用固体物质进行发酵，产生乳酸。随后通过乳酸分离、纯化、聚合可得聚乳酸（PLA，一种常见的生物降解型塑料）。该方法无二次污染产生，对环境友好，但目前我国尚无法大规模应用。

45 餐厨垃圾的生物处理技术分为哪几类，各有什么特点？

餐厨垃圾的生物处理技术包括三类，具体如下。

（1）好氧堆肥

好氧堆肥是指在富氧条件下，餐厨垃圾通过微生物分解代谢作用，转化为高肥力腐殖质的过程。餐厨垃圾营养物质丰富，便于微生物利用，适于堆肥处理。好氧堆肥种类多样，但我国餐厨垃圾具有高盐分、高油分等特点，不利于餐厨垃圾堆肥化处理技术的推广应用。

（2）制备生化腐殖酸

制备生化腐殖酸，需要通过微生物技术和精准调控，在生化处理设备中，使餐厨垃圾有机物快速降解并转化为生物腐殖酸肥料，该过程经历高温生化反应，转化速率较高。腐殖酸肥料可以提高土壤质量，引入有机源，相较于施用化肥具有更小的负面影响，有助于实现农业绿色可持续发展。该技术优点显著，产品产出速率高、利用率高、一致性强，便于工业生产销售。该技术的缺点在于，工艺液相会造成污水负荷增大。

（3）厌氧发酵

厌氧发酵是指通过兼性及厌氧微生物将餐厨废弃有机物在厌氧条件下分解产生甲烷、氢气、有机酸和醇类等能源物质的过程。餐厨垃圾厌氧发酵产沼气可用于发电或作为燃气使用，而沼渣则可以作为有机肥还田。常见厌氧发酵沼气中甲烷含量有60%～75%。净化后的沼气能够作为燃气供居民使用。我国餐厨垃圾的高盐高油特性会阻碍厌氧发酵，因此根据我国餐厨垃圾特点调整厌氧处理工艺，维持厌氧发酵系统稳定，降低运营成本，是需要解决的关键技术问题。

46 家用餐厨垃圾处理有哪些设备？

家用餐厨垃圾处理设备主要有餐厨垃圾处理器、家用食物垃圾处理机和家用食物垃圾生物处理机。

（1）餐厨垃圾处理器

其本质类似研磨机，可将即将倒入下水道的餐厨垃圾磨碎，随后排出。该处理器的处理效率高、速度快，但我国餐厨垃圾产量大，下水道体系不完善，处理后的水油混合物颗粒易堵塞下水道，且为污水处理厂带来较大负担。

（2）家用食物垃圾处理机

家用食物垃圾处理机类似于烘干机，通常家用食物垃圾处理机会先通过食物废物处理机对垃圾进行磨碎，随后高温加热产出有机物质。该处理机产有机肥量大，有益于种植作物，但功耗大，不适于我国城市居民。

（3）家用食物垃圾生物处理机

家用食物垃圾生物处理机的原理是微生物发酵分解作用。在使用时，需先向生物处理机中投入菌剂，一段时间后再加入厨余垃圾供微生物分解发酵。家用食物垃圾生物处理机会产出少量有机肥。该处理机耗能少、无臭气、有机肥产量不高，适于花草种植，但该处理机的工作时间长，产品不够成熟，且依赖于菌剂的添加。

47 国外家用餐厨垃圾处理机有哪些种类？

国外家用餐厨垃圾处理发展时间较长，也有很多品牌和型号，以下举例说明几种较为成熟的产品。

（1）厌氧消化型餐厨垃圾处理器（英国普莱克斯公司）

该处理器可制造70℃的高温，在此温度下，餐厨垃圾中的病原体及寄生虫易被杀灭，且该处理器无噪声、臭气及渗滤液产出，十分环保。

（2）甲烷化处理工艺（法国瓦拉格公司）

该公司开发的工艺，可在三个星期内转化餐厨废弃物为沼气和肥料。该工艺优势在于能够促进餐厨垃圾在厌氧环境下的降解。

（3）新型家用餐厨垃圾处理机（韩国）

该处理机能够高温烘干餐厨垃圾，随后研磨形成有机肥，类似于前期所述的家用食物垃圾处理机。

48 ▶ 国内家用餐厨垃圾处理机有哪些种类？

国内家用餐厨垃圾处理机尚处于发展阶段，主要有以下几种。

① 万家型餐厨垃圾处理器（万家电器集团有限公司）是一款适合置于家庭中的餐厨垃圾处理器，它能够通过湿法厌氧发酵，破碎餐厨废弃物于排水系统中，这些经过粉碎的物质可发酵为淤泥状肥料。

② 波西米亚餐厨垃圾处理器相较于其他餐厨垃圾处理器，能够通过二次粉碎，将废弃物粉碎为更小的颗粒，便于排出，且其附带高速旋转及水流冲击，可以冲刷油脂并避免堵塞下水道。

此外，还有几款家用高温烘干式餐厨垃圾处理机（泉州振威电器有限公司）、食物生物处理机（浙江永尔佳环保科技有限公司）以及生物垃圾处理器（苏州三易全方电子有限公司）等。

49 ▶ 城市餐厨垃圾处理设备有哪些？

城市餐厨垃圾处理设备主要分为小型设备和大型设备。

新鲜餐厨垃圾的就地处理适用小型设备，其特点是处理量小、处理环节少、运输成本低，且小型设备运营成本低、占地面积小，便于操作。发达国家最先进行了小型餐厨垃圾处理设备的研发及应用，经过设备处理可使餐厨垃圾堆肥化，便于花草绿化；日本松下公司的小型餐厨垃圾处理机，可压缩餐厨垃圾体积，节省占地，销量较高。我国尚处于小型餐厨垃圾处理设备的研发起步阶段，普及度低，且性能不稳定，无法处理组分复杂的废弃物。

目前小型设备是大型餐厨垃圾处理的简化产品，虽具有一定优势，但其除油工艺和微生物调节能力不足，也难以实现后续加工的产业链化。

大型餐厨垃圾处理设备多用于餐厨垃圾的大量处理，属于流水线操作及产业化生产，规模大、成本高，难以控制污染情况。我国研发起步晚，但发展快，如今与发达国家技术相当。大型餐厨垃圾处理系统的工艺段全面、产出稳定、自动化程度高、连续性强，且产品多样。如北京环卫集团南宫餐厨垃圾处理厂，是餐厨垃圾大型处理体系典型案例。此外，各地方政府还发展了"西宁模式""宁波模式"等与自身情况相符合的餐厨垃圾处理模式。

50 ▶ 城市餐厨垃圾处理设备发展趋势是什么？

城市餐厨垃圾处理设备的发展趋势如下。

① 小型餐厨垃圾处理设备的序批式、一体化研发,使其处理体系更加完善。

② 考虑设备立体化,改进工艺,缩小占地面积。

③ 提高处理设备的自动化、智能化,节省人工劳动力,提高处理效率,增加经济收益。

51 餐厨垃圾资源化利用项目的环境监理分析需要注意什么?

餐厨垃圾资源化利用项目的环境监理分析需要注意以下问题。

① 时刻注意加强与各个单位的沟通。维持与参建单位领导的沟通,利于加深单位对环境监理的理解,有利于参建单位采纳并落实整改要求及建议。

② 确保监理资料完整性。监理工作留痕可以为后续项目竣工的环保验收提供详细基础资料。

③ 协助建设单位进行竣工环保验收。环境监理后期,应提前告知建设单位进行项目竣工环保验收等,以确保项目顺利投产。

52 针对城乡混合有机垃圾快速稳定化及资源化利用有哪些研发需求?

针对城乡混合有机垃圾快速稳定化及资源化利用的研发需求如下。

① 城乡混合有机垃圾在进行好氧发酵过程中的微生物代谢网络定向调控原理;

② 多源有机物预处理过程中快速稳定化的技术及装备;

③ 好氧发酵多组分协同定向腐殖酸化技术与装备;

④ 好氧发酵副产物风险控制及可持续利用技术与装备;

⑤ 资源化产物高质利用技术与装备。

53 餐厨垃圾处理市场化的必要性是什么?其市场化的主要模式是什么?

餐厨垃圾处理市场化的必要性是,市场化可引入市场竞争机制,提高经济效益、社会效益、资源效益等综合效益。目前常见的三种餐厨垃圾市场化模式如下。

(1) C2E模式,即消费者与企业对接的模式

餐厨处理企业与生产垃圾的消费者对接。消费者在产生垃圾后,通过"使用者付费"方式,购买企业服务,符合"谁产生,谁负责"的原则,但该模式缺少必要的政府监督。政府监督能够提供政策支持,比如企业税收减免,同时政府监督也可通过奖励提高居民处理餐厨垃圾的积极性。

(2) G2E模式,即政府与企业对接的模式

该模式中政府是中心,企业和消费者根据合同协议,需要向政府支付相关费用,政

府是餐厨垃圾合同当事人。政府与企业对接模式包括政府同一个有资质的企业签订合同，该企业全程处理餐厨垃圾；政府通过特许经营设立或者同多个企业签订不同的合同，提高企业间的设备和技术革新竞争，提高垃圾处理效率。

（3）PPP 模式，也称公私合作模式

这是政府与社会资本建立的长期合作关系。其优势在于实现政府职能转变、打破行业限制、推进政企分离等。PPP 模式包括：O&M（委托运营）、MC（管理合同）、BOT（建设-运营-移交）、BOO（建设-拥有-运营）、TOT（转让-运营-移交）、ROT（改建-运营-移交）、BOOT（建设-拥有-经营-转让）、BTO（建设-移交-运营）等。

54 餐厨垃圾资源化的综合效益如何？

餐厨垃圾资源化的综合效益主要体现在环境效益、社会效益和经济效益三个方面。

（1）环境效益

餐厨垃圾资源化利用避免了能源浪费，还减少了废弃垃圾对环境的污染，提高了人类生活质量。餐厨垃圾及时处理，可减少二次污染风险，改善环境微生物，保障食品安全与人身健康。

（2）社会效益

餐厨垃圾能源化可节约能源，提高生物质利用率，带动经济循环发展。餐厨垃圾的资源化处理可降低"地沟油"风险，且餐厨垃圾处理产物——有机肥相较于化肥，可以改善土壤质量，提高土壤有机质含量和作物产量。餐厨垃圾厌氧发酵可产生甲烷等清洁能源，可代替煤炭石油。

（3）经济效益

资源化产物包括沼气、沼渣以及腐殖质，这些产物可用于发电、堆肥、回收油脂、制备有机肥，以上产物均能产生经济价值。如兰州市的餐厨垃圾处理项目投资11296.19 万元，产生能源发电 1500 万千瓦时，累计效益 375.6 万元；年生产有机肥4200t，累计效益 210 万元；年回收油脂 300t，累计效益 21.04 万元；此外，收取的餐厨垃圾处理费 1481 万元/年，年实现利税 222.77 万元，年利润 675.08 万元。

55 餐厨垃圾资源化处理有哪些理论依据和理念支撑？

（1）生物质资源

餐厨垃圾处理属于生物质资源合理利用。常见生物质有农作物、植物残体、畜禽粪便等。生物质资源化是将这些废弃物中的有机物质，通过加工处理转化成具有经济价值的产品和能源，如生物柴油、乙醇和发电用沼气等。

（2）循环经济

餐厨垃圾资源化可在减少环境污染的同时创造经济收益。餐厨垃圾资源化利用遵循

"3R"原则〔减量化（reduce），再利用（reuse）和再循环（recycle）〕中的"再利用"和"再循环"，减少自然资源浪费的同时，推动自然和经济可持续发展。

56 我国目前对于餐厨垃圾资源化的政策是什么？

根据十九届五中全会上通过的《中共中央关于制定国民经济和社会发展第十四个五年规划和二〇三五年远景目标的建议》，2035 年，我国应基本实现生态环境根本好转、碳排放减少等美丽中国建设目标。为进一步实现生态文明建设，政策一小步，产业向前一大步。2021—2026 年，我国城市餐厨垃圾处理行业发展更上一层楼，农村生活垃圾建设工作也进一步完善。我国餐厨垃圾资源化政策见表 3-1。

表 3-1　我国餐厨垃圾资源化政策

地区范围	远景目标
全国	2035 年，广泛形成绿色生产生活方式，碳排放达峰后稳中有降，生态环境根本好转，美丽中国建设目标基本实现
城市	展望 2021—2026 年，我国餐厨垃圾处理行业的发展基于"无废城市"和"垃圾分类"双主线，推行垃圾分类和减量化、资源化，加快构建废旧物资循环利用体系的建议，基调已定
农村	健全农村生活垃圾收运处置体系，推进源头分类减量、资源化处理利用，建设一批有机废弃物综合处置利用设施，健全农村人居环境设施管护机制

57 餐厨垃圾的管理需要哪些部门？

根据《餐厨垃圾管理办法》，餐厨垃圾管理部门包括市环境卫生主管部门、区人民政府、区环境卫生主管部门、街道办事处和规划、发展和改革、财政、食药监（市场监督）、环保、公安、城市管理执法、交通、质监等主管部门。

① 市环境卫生主管部门——行政主管部门，负责日常管理和监督工作；

② 区人民政府——辖区内管理工作的责任主体；

③ 区环境卫生主管部门——收集、运输、处置的监督管理工作；

④ 街道办事处——定点投放和收集日常监管工作；

⑤ 规划、发展和改革、财政、食药监（市场监督）、环保、公安、城市管理执法、交通、质监等主管部门——各司其职，做好餐厨垃圾监督管理工作。

58 什么是餐厨垃圾的生物转化技术？其应用意义是什么？

餐厨垃圾的生物转化技术，指通过多种手段，利用微生物生理活动处理餐厨垃圾，使餐厨垃圾稳定化、无害化和资源化的技术。

生物转化技术应用意义如下：

① 处理消纳餐厨垃圾，能减轻或避免大量堆积的餐厨垃圾对市容造成负面影响，同时可阻断垃圾腐败、滋生恶臭以及疾病传播；

② 可促进餐厨垃圾中的有机物质自然循环，促进绿色可持续发展，例如餐厨垃圾堆肥产生腐殖质，可以还田施用、改造土壤等；

③ 餐厨垃圾处理，可增加可用物质和能源，例如厌氧发酵产沼气、葡萄糖、小分子有机酸等。

餐厨垃圾数量庞大，蕴含巨大潜力，将其中有机物进行合理生物质转换，有利于保护环境的同时，缓解能源紧张，带来经济收益。

59 ▶ 常用的餐厨垃圾生物转化技术主要包括哪几种？

常用的餐厨垃圾生物转化技术包括以下四种。

（1）堆肥化

餐厨垃圾堆肥化，能够将有机废弃物转化为腐殖质，可用作有机肥还田施用，也可作为土壤改良剂，提高肥力，增加作物产量。此外，堆肥化处理可保护环境、节省资源与能源，受到广泛青睐。

（2）沼气化

沼气化，是在厌氧环境中，有机物质在控制水分、温度、酸碱度的条件下，经过厌氧微生物群落代谢分解作用，产生沼气的技术。沼气清洁且热值较高，可做气体燃料。有机废弃物的沼气化对节约能源、产生清洁能源、改善环境卫生有重要作用。

（3）生产单细胞蛋白

单细胞蛋白（SCP）可通过酵母菌、非病原细菌、真菌、单细胞藻类等微生物，利用有机废弃物质，在可调控条件下产生。

（4）生产乙醇

纤维类有机废弃物可作为原料生产乙醇。作为可再生生物能源，乙醇有望替代化石能源。目前，乙醇制备变性燃料可替代汽油，具有廉价、清洁、环保、安全、可再生等优点。

（一）填埋处置

60 ▶ 什么是土地填埋处置技术？其优缺点是什么？

土地填埋处置是最简单，也是最传统的厨余垃圾处理技术。尤其在厨余垃圾未能有效分类之前，土地填埋处置是较为主流的处理技术。土地填埋处置技术是从传统的堆放和土地处置发展起来的一项最终处置技术，它是按照工程理论和土工标准，对固体废物进行有控管理的一种综合性科学工程方法，其全过程包括选址、设计、场地布设、填埋操作、封场和后期管理等。

填埋处置的优点是工艺简单、成本较低，适用于多种类型固体废物的处置，总体来说方法较为成熟，但也面临着许多技术问题，如场地的基础建设、场底的衬层材质与价格、渗滤液的收集控制、填埋场气体的收集和控制，以及后期有效管理等。此外，还存在社会和环境问题，如填埋场用地面积大、征地成本高、当地居民抵触情绪大、处理能力有限、运营后需要新的填埋场、占用额外土地资源等，另外产生的废水需要在排放前进行处理，产生臭气以及大量的温室气体污染了环境。

61 餐厨垃圾进行填埋处置的优缺点有哪些？

餐厨垃圾的填埋处置是一种厌氧消化处理方法，可将其中的有机物分解生成甲烷、二氧化碳等。其优点是工艺相对简单，处理量大，运行费用低，可以和其他固体废弃物一同处理，避免了烦琐的垃圾分类过程。

餐厨垃圾填埋处理的缺点是占用大量土地，餐厨垃圾的渗出液会污染地下水及土壤，垃圾堆放产生严重的臭气，影响空气质量，并且没有实现餐厨垃圾的资源化利用。现在，随着原有垃圾填埋厂的逐渐饱和，土地填埋受到的限制日益增加。在很多国家以及我国的部分城市，餐厨垃圾已经被禁止采用土地填埋法处理。

62 餐厨垃圾填埋会产生哪些污染和危害？其会对填埋场运行产生哪些不利影响？

生活垃圾填埋过程中会产生填埋气、渗滤液、地面沉降等多种生态问题，也造成一定的景观污染。生活垃圾中的餐厨垃圾和其他一些有机可降解废弃物是产生填埋气，并造成渗滤液有机质含量高的主要原因。同时，餐厨垃圾和其他有机垃圾的降解也会造成填埋场的沉降。餐厨垃圾的填埋对垃圾填埋场造成的不利影响主要有以下几个方面。

（1）填埋气

在填埋过程中，填埋场中的各种微生物通过厌氧呼吸将有机废物分解成气态，产生甲烷和二氧化碳，这两种气体是造成温室效应的主要原因，还有一些有毒和有气味的气体，如硫化氢。首先，填埋场气体中的甲烷和二氧化碳加剧了温室效应。硫化氢等有毒气体加剧了空气污染，增加了对人类健康和安全的风险。其次，一些研究报告称，垃圾填埋场气体会影响植被的根系，并破坏填埋场周围的植被。由于填埋场气体影响植被根系附近的氧气，填埋场周围的植被受到很大的不利影响，使其更难或无法生长，并造成其他问题。最后，由于废物中可能含有强烈的挥发性有机污染物，在气体循环过程中或多或少会转移到周围的地下水中，使其受到不同程度的污染。填埋场垃圾每天释放大量的填埋气体，这些气体在场内不断积累，对现场工作人员的健康产生巨大影响，也会导致爆炸、火灾等事故。因此，必须采取有效的收集系统对填埋场所释气体进行及时收集和处理，避免其积累。

（2）渗滤液

垃圾渗滤液一般是各种垃圾自身携带的水分渗出，也包括雨、雪等大气降水，流经覆土层、垃圾层后产生的高浓度废水。厨余垃圾原本就含有大量水分（超过70%），在降解过程又会产生一定的水分及大量有机酸等，因此含有餐厨垃圾的填埋场产生的渗滤液量更大，组分复杂、污染物种类繁多、浓度高、变化范围大、色度大、毒性强，溶解于其中的有害有机化合物和重金属离子等，通过下渗会对地下水造成严重污染。目前，垃圾渗滤液的处理中主要存在两个方面的问题：一方面是渗滤液氨氮浓度高；另一方面是渗滤液生化处理难度大。

（3）地面沉降

填埋垃圾之后，若填埋时未均匀压缩垃圾，那么随着垃圾持续降解，在相对较长的一段时间后，会引起地面沉降。

（4）景观污染

为了降低运输成本，提高垃圾运输的效率，垃圾填埋场通常位于其目标城市附近。随着城市的发展，垃圾填埋场越来越靠近不断扩大的城市，或被其包围。高台状的垃圾填埋场将极大地影响当地环境、地质条件和景观。

63 ▶ 哪些垃圾填埋场可以用于填埋餐厨垃圾？

根据固体废物的类型、特点和水资源保护目标，可以区分出六种类型的垃圾填埋场：

① 一级垃圾填埋场，即惰性废物存放地，是最简单的废物处理方法。这些垃圾主要是建筑垃圾、未受污染的散装自然垃圾或直接埋在地下的固体废物，通常分为浅层和深层垃圾填埋。

② 二级垃圾填埋场，即采矿废物填埋场，主要用于处置被污染的熔融废物以及发电厂的煤灰。

③ 三级垃圾填埋场，用于处置一般危险废物的卫生填埋场，主要是城市垃圾，用于处置一定时期内危害公共健康和环境的废物。

④ 四级垃圾填埋场，用于处置一般工业危险废物的工业垃圾填埋场，如烟气脱硫石膏。

⑤ 五级垃圾填埋场被称为危险废物的安全填埋场，主要用于处置危险废物。

⑥ 六级垃圾填埋场也称为特殊废物深地质处置库，或深井灌注。主要用于处置特殊废物，如需封闭处理的液体、易燃废气、爆炸性废物、中级和高级放射性废物，这些废物由于其危险性，不能在填埋场处理，必须封闭处置。

厨余垃圾是人们在日常生活中以及在食品加工、餐饮和服务活动中产生的废物。主要来源是家庭厨房、餐馆、酒店、食堂、市场和其他食品加工行业，可通过三级填埋场即城市垃圾卫生填埋场进行填埋。

64 ▶ 餐厨垃圾进行填埋处置时应满足什么条件？

餐厨垃圾填埋需要满足的基本要求如下：

① 垃圾填埋场必须有一个安全可靠的封闭系统，使其不会对人类生产和周围的生态环境造成不必要的影响；

② 在填埋场处置的废物中，危险成分的含量应尽可能低，数量应尽可能少，以降低处置成本，确保处置的方便和安全；

③ 处置方法应尽可能简单和经济，以满足当前的经济标准和环境要求，但也应考虑到长期的环境效益；

④ 处置设施的结构应适当，配备必要的环境控制设备，以方便管理和维护。

65 垃圾填埋场如何控制餐厨垃圾填埋过程中的环境污染？

垃圾填埋场的设计和建造必须尽可能地避免原生和有害垃圾的渗滤液以及填埋过程中的灰尘和气体的污染，并考虑到景观恢复的可能性。主体工程主要包括以下部分。

① 地基处理工程。填埋场表面必须平整、压实，并有一定的垂直和水平坡度，满足渗滤液排放的要求。

② 基底防渗层工程。这可以防止渗滤液从填埋场通过地基层向下渗漏，并进而通过下层土壤流向地下水或地表水。

③ 衬层。衬层的安装应符合场地的防渗要求，使填埋场形成一个封闭系统。

④ 渗滤液的排放和处理系统。排水系统通常应使用输送层或盲沟（穿孔管），并应包括一个集水井或废水曝气池。

⑤ 填埋气体的收集和利用工程。填埋气体的处理或利用系统应根据填埋场的规模、废物成分、气体产生率和气体产生量确定。

⑥ 雨水排放系统。填埋场应有独立的雨水排放系统，该系统应适合于当地的降雨和地质条件，并应包括明沟或地下排水管。

⑦ 最后覆盖系统工程。该系统应减少水分渗入填埋场，并对填埋物进行封闭。

⑧ 最终填埋结束后的生态恢复系统。地表植被将确保最终填埋场恢复系统的长期稳定性和正常运作。应在填埋场周围建立隔离林带，不仅要满足填埋场的要求，还要根据场地的自然条件选择合适的植被，改良填埋场土壤的性状，为未来的发展和使用提供方便。

除了主体工程，还应配备适当的配套工程用以保证填埋场全天候正常、安全运作，并对环境不产生污染。配套工程通常包括：

① 可靠的电力供应系统；

② 可靠的供水水源和完善的供水设施；

③ 道路系统；

④ 机器维修系统；

⑤ 微尘沙粒飞扬控制系统；

⑥ 计量系统；

⑦ 监测化验系统；

⑧ 辅助系统（如行政管理、生活福利等辅助建筑物）；

⑨ 其他辅助设备（如垃圾筛分系统、油罐车、药物喷洒车、洒水车、消防车等）。

66 ▷ 接收餐厨垃圾的填埋场衬层系统设计需要注意哪些方面?

现代的卫生填埋场通常都需要在地基层之上铺设衬层,以防垃圾渗滤液从填埋位置通过地基层向下渗漏,继而通过下层土壤侵入地下水或者流入地表水体。当渗滤液的产生量超过填埋场所能承受的能力时,应考虑设置适当的渗滤液处理设施。

根据填埋场渗滤液收集系统、防渗系统和保护层、过滤层的不同组合,衬层系统结构可以分为单层衬层系统、复合衬层系统、双层衬层系统和多层衬层系统等。填埋场防渗层的典型结构如图 3-1 所示。

从降低填埋场建设成本的角度来看,衬层系统应尽可能使用天然材料,如黏土、粉质黏土或膨润土改性的粉质黏土等,这些材料在离填埋场合理的距离内都可以获得。在天然防渗材料不足的情况下,可以使用柔性膜或天然与合成材料作为衬层。衬层材料的选择应与填埋场废物兼容,衬层系统的选择应充分考虑衬层材料与垃圾、渗滤液和气体成分之间的关系,以便在考虑的温度条件下实现完全兼容。衬层系统的设计也应考虑到安装的便利性,在满足环境要求的条件下选择更为经济的衬层系统。

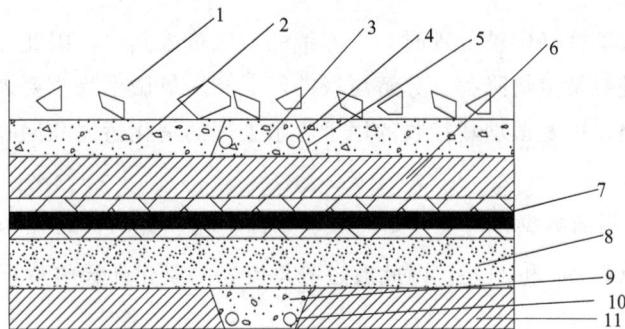

图 3-1 填埋场防渗层

1—垃圾体;2—碎石层;3—渗滤液收集沟;4—HDPE 管;5—土工布;6—黏土层;
7—HDPE 膜;8—砂层;9—地下水收集沟;10—水泥管;11—基础层

67 ▷ 餐厨垃圾是如何转化为填埋气体的?

填埋气是填埋场内的有机物质通过微生物降解、挥发和化学反应而产生的一种混合气体,由 CH_4、CO_2、O_2、N_2、H_2 和多种痕量气体组成。其主要成分是 CH_4 和 CO_2,其中 CH_4 约占 $45\%\sim50\%$,CO_2 约占 $40\%\sim60\%$。垃圾填埋场废气组分分析见表 3-2。

表 3-2 垃圾填埋场废气组分分析一览表

项目	CH_4	CO_2	N_2	O_2	H_2S	NH_3	H_2	CO	微量组分
体积百分比/%	45~50	40~60	2~5	0.1~1.0	0.1~1.0	0~0.1	0~0.2	0~0.2	0.01~0.6

填埋场气体的产生过程主要分为如图 3-2 所示的五个阶段。

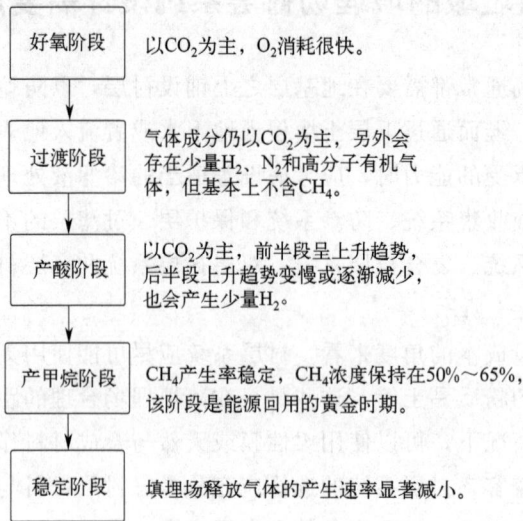

好氧阶段	以CO_2为主，O_2消耗很快。
过渡阶段	气体成分仍以CO_2为主，另外会存在少量H_2、N_2和高分子有机气体，但基本上不含CH_4。
产酸阶段	以CO_2为主，前半段呈上升趋势，后半段上升趋势变慢或逐渐减少，也会产生少量H_2。
产甲烷阶段	CH_4产生率稳定，CH_4浓度保持在50%~65%，该阶段是能源回用的黄金时期。
稳定阶段	填埋场释放气体的产生速率显著减小。

图 3-2　填埋气体产生的阶段

（1）好氧阶段

当餐厨垃圾在填埋场中被处理时，一定量的空气进入其中，因此分解的有机成分首先在有氧条件下进行微生物降解。分解垃圾的好氧和厌氧微生物主要来自日常覆盖层和最后覆盖层的土壤，以及填埋场接收的用于废水处理的消化污泥和回收的渗滤液。

（2）过渡阶段

在此阶段 O_2 逐渐减少，环境开始向厌氧条件转化。此时，可作为电子受体的硝酸盐和硫酸盐被还原为 N_2 和 H_2S，因此通过测量废物的氧化还原电位可监测厌氧条件的突变点。

（3）产酸阶段

在这个阶段，厌氧条件成熟，填埋场中的微生物开始转变为厌氧菌。有关的微生物被统称为非产甲烷菌，主要由兼性厌氧菌和专性厌氧菌组成。在这个阶段，会产生大量的有机酸，产生的气体主要是 CO_2 和少量的 H_2。渗滤液的 pH 值通常低于 5，此时 BOD_5、COD 和电导率明显增加。在这个阶段，一些无机成分（主要是重金属）会溶解到渗滤液中。

（4）产甲烷阶段

在这个阶段，CH_4 和有机酸仍在产生，但有机酸的产生速度要慢得多。产甲烷菌在将前一阶段产生的乙酸和 H_2 转化为 CH_4 和 CO_2 方面发挥主要作用。由于有机酸的减少和 CO_2 的增加，填埋场的 pH 值上升到 6.8~8 的中性范围，BOD_5、COD 及其电导率下降，渗滤液中的重金属浓度也将下降。

（5）稳定阶段

在这个阶段，废物中的可降解有机物几乎完全被转化，而填埋场中剩余有机物的生化降解相对缓慢，导致填埋场气体的产生率大大降低。在这个阶段产生的渗滤液一般含有腐殖酸和富里酸，很难用生化方法进一步处理。

表 3-3 列出了填埋场封闭后产气中 N_2、CO_2、CH_4 三种成分随时间的变化情况，数据表明，随着好氧条件向厌氧的发展，这三种气体占总产气量 90% 以上，其中 CO_2、CH_4 占绝对优势。

表 3-3　典型卫生填埋场单元封闭后 48 个月内产气成分变化表

封闭时间 /月	气体成分平均百分率/%		
	N_2	CO_2	CH_4
0～3	5.2	88	5
3～6	3.8	76	21
6～12	2.4	68	29
12～18	1.1	52	40
18～24	0.4	53	47
24～30	0.2	52	48
30～36	1.3	46	51
36～42	0.9	50	47
42～48	0.4	51	48

68　如何估算餐厨垃圾转化为填埋气的气体产量？

填埋场释放气体产生量的影响因素很复杂，很难被精确计算。现已发展了许多不同的估算垃圾填埋场产气的理论，如经验估算法、化学计算法、化学需氧量法等。

（1）经验估算法

这种方法是根据历史经验和其他类似垃圾填埋场的产气量数据，估算出待测垃圾填埋场的产气量。估算时需要填埋场面积、平均填埋深度、废物成分、分解率、填埋体积和最大填埋容量等有效数据。对于一个典型的垃圾填埋场（含水量 25%，填埋后无变化），估计每年的气体产量为每千克混合垃圾 $0.06m^3$，如果天气条件干旱，垃圾干燥且不加水，则可减少到每千克混合垃圾 $0.03～0.045m^3$。相反，如果填埋湿度很大，则每千克混合垃圾产气量可能达到 $0.15m^3$ 甚至更高。

（2）化学计算法

有机城市垃圾厌氧分解是有机物质和水在细菌的作用下生成可生物降解的有机物质和 CH_4、CO_2 等气体的过程。

化学平衡表明 1mol 有机碳可生物转变为 1mol 填埋气，即在标准状态下，1mol 有机碳可产 22.4L 填埋气。假设餐厨垃圾的化学分子式为 $C_{99}H_{149}O_{59}N$（典型组成），在含水率为 50% 时，含碳量占垃圾湿重的 26%，则根据表 3-3 得出 1kg 湿垃圾在不同阶段潜在的 CH_4 和 CO_2 产量。

（3）化学需氧量法

在标准状态下，1kg COD 可以产生 $0.7m^3$ 填埋气体，因此可以根据单位质量城市垃圾的 COD 和填埋废物总质量来估算填埋场理论产气量（式 3-1）。

$$L_0 = W(1-\omega)\eta_{有机} C_{COD} V_{COD} \tag{3-1}$$

式中，L_0 为填埋废物的理论产气量，m_3；W 为废物总质量，kg；ω 为垃圾的含水率；$\eta_{有机}$ 为垃圾中有机物的质量百分比；C_{COD} 为单位质量废物的 COD，kg/kg，我国垃圾的 C_{COD} 一般为 1.2kg/kg；V_{COD} 为与单位 COD 相当的填埋场产气量，m^3/kg，一般为 $0.7m^3/kg$。

考虑到有机废物的可生化降解比和在填埋场内的损失，实际潜在产气量为：

$$L_{实际} = \beta_{有机物} \xi_{有机物} L_0 \tag{3-2}$$

式中，$L_{实际}$ 为填埋废物的实际产气量，m^3；$\beta_{有机物}$ 为有机废物中可生物降解部分所占比例；$\xi_{有机物}$ 为在填埋场内因随渗滤液等而损失的可溶性有机物所占比例。

填埋废物的实际产气量由于泄漏等原因不可能被完全收集，故可收集到的气体体积还需要在实际产气量的基础上乘以填埋场气体收集系统的集气效率，其值在 30%～80% 之间，一般堆放场最大可达 30%；而密封较好的现代化卫生填埋场可达 80%。

69 > 如何控制垃圾填埋气体？

填埋场气体可以通过对流和扩散向上释放，通过填埋场周围的渗透性地质水平移动，通过远离填埋场的松散土壤释放到大气中，或者通过人造地下管道的裂缝进入各种建筑物，造成危害。二氧化碳的密度是空气的 1.5 倍，因此它可以迁移并积聚在垃圾填埋场的底部。在有天然土壤衬层的垃圾填埋场，二氧化碳可以穿过衬层和其下面的土壤，扩散并溶解到地下水中，形成碳酸，在那里可以发生进一步的反应。

填埋场气体控制系统可以减少释放到大气中和横向迁移到地下的填埋场气体数量，并对其所含的甲烷进行循环利用。主动控制系统可用于控制气体的移动，有控制地从填埋场中抽取填埋气体。对于小型城市垃圾填埋场和非城市垃圾填埋场，由于其废物的体积不大，填埋深度较浅，产生的气体量较少，可以提供高渗透性的流道，依靠填埋场内产生的气体压力将气体向所需方向移动。

三种常见的垃圾填埋场气体回收装置是垂直抽气井、水平收集沟和地表收集器。其中，垂直抽气井是最常用的填埋场气体回收装置（图 3-3）。它们通常用于已经完成封顶的垃圾填埋场或地块，但也可用于正在运行的垃圾填埋场。地表收集器通常安装在地表，以收集逃逸到地表的填埋气体。

70 > 如何进行填埋气体的焚烧？

典型的填埋气体焚烧系统主要包括进气除雾器、风机、燃烧器、点火装置、冷凝液收集贮存罐、冷凝液处理设备、管道等。其中，燃烧器和风机是最重要的设备。对于大多数危险性空气污染物，需要在 815～900℃ 的操作温度和 0.3～0.5s 的停留时间下才能完全燃烧。填埋产气管上还应配备火焰防止装置，以防止火焰回到引风机里。根据所预料的最坏操作条件来确定系统需要的总压力差（最大吸力容积与排放压力），进而选择风机的型式及容量。为避免产气波动，并且考虑到维护方便，风机一般采用一用一备，或采用多个单元。如果风机轴的密封类型不合适或效果不佳，填埋气体会泄漏到空气中引起安全问题，并产生气味。

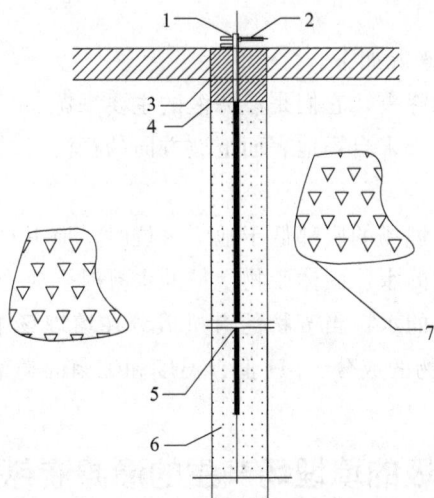

图 3-3　垂直抽气井结构

1—检测取样口；2—输气管接口；3—具有防渗功能的最终覆盖；
4—膨润土或黏土；5—多孔管；6—回填碎石滤料；7—垃圾层

71 什么是填埋场密封系统？其作用是什么？

填埋场密封系统是为防止气体和渗滤液从填埋场泄漏和污染环境，并防止地下水和地表水进入填埋场中的设施。施工过程包括在填埋场底部和周边安装衬层系统，或者利用填埋场周边和基础下方的不透水或弱透水层建造一个垂直密封墙（也称为防渗帷幕）。最后，在垃圾填埋工程完成后，在顶部铺设覆盖层。

填埋场土壤及其周围的压实层的主要功能如下：

① 控制渗滤液，使其尽可能地进入收集系统，而不污染土壤或地下水；

② 控制填埋场气体的运动，使其能够被释放和收集，防止其从填埋场的侧面和土壤中漏出，污染和危害大气；

③ 防止地下水进入填埋场，增加渗滤液的生成。

填埋场覆盖物压实系统的作用是：

① 减少进入填埋场的地表水（包括雨水和融化雪水）；

② 控制填埋场顶部的气体释放；

③ 控制致病菌的生长；

④ 防止径流中有毒物质的污染；

⑤ 防止危险废物的扩散；

⑥ 提供一个可以进行景观美化的表面；

⑦ 便于填埋场再利用。

72 ▶ 填埋场渗滤液的主要来源有哪些？

填埋场渗滤液的主要来源如下。

① 降水：包括降雨和降雪，它们是渗滤液的主要来源。

② 地表径流：主要是指来自场地表面上坡方向的径流形式（包括地表灌溉），对渗滤液的产生有很大影响。

③ 地下水：当垃圾填埋场的底部低于地下水位时，地下水会渗入并产生渗滤液。

④ 废物和覆盖材料中的水：固体废物携带的水有时会成为渗滤液的一个重要来源。

⑤ 与有机物分解有关的水：当废物的有机成分在填埋场中被微生物厌氧分解时会产生水。水的产生量与废物的成分、pH 值、温度和细菌的类型有关。

73 ▶ 接收餐厨垃圾的填埋场产生的渗滤液包括哪些主要成分？

接收生活垃圾的城市垃圾填埋场的垃圾成分受地区的影响较小，所产生的渗滤液的组分也比较接近。接收餐厨垃圾的填埋场渗滤液的主要成分包括以下几类。

① 有机物。常以 TOC、COD 来计量，主要由餐厨垃圾等可降解有机废弃物产生。

② 微生物。餐厨垃圾等有机生活垃圾是各种微生物的食物，这些微生物也会随着垃圾产生的渗滤液进行迁移。

③ 微量金属和离子。如 Mn、Cr、Ni、Pb、Cd、Mg、Fe、Na、NH_3、碳酸根、硫酸根和氯离子等。包括渗入的地表水携带的离子和垃圾分解产生的各种金属和离子。

74 ▶ 餐厨垃圾填埋后应当注意监测哪些项目？

由于餐厨垃圾会产生成分复杂的渗滤液和填埋气，因此填埋场应注意监测以下项目：

① 填埋场内渗滤液水位；

② 排水系统内的水位；

③ 填埋场底部衬层或基础的渗漏情况；

④ 场址周围地下水水质；

⑤ 填埋场及其周围土壤和大气中的填埋气体浓度；

⑥ 渗滤液收集池中的渗滤液水位和水质；

⑦ 最终覆盖的稳定性。

在制定填埋场的监测计划时应注意餐厨垃圾渗滤液的监测仪器和设备的选型、监测仪器的安装位置、监测的频率以及监测的化学物质的成分和种类。

75 含有餐厨垃圾的填埋场封场后需要监测哪些指标？

填埋场封场后，垃圾在长期的稳定化过程会产生大量有毒有害的浸出物，并释放出甲烷气体。同时，可能会出现场地不均匀沉降的现象。因此，填埋场封场后需进行维护，定期监测和处理渗滤液和填埋气体，直至其不再污染环境。对未实施回流的填埋场的监测期一般为 20 年，而对进行回流的填埋场的监测周期大大缩短，主要原因是填埋场渗滤液经回流后处理量将大大降低，甚至可以不经处理。这不仅节省了维护成本，而且还降低了所需的衬层防渗要求。填埋场封场后的监测主要包括以下几个方面。

（1）地表水监测

包括对垃圾填埋场附近的河流流量和地下水进行监测。需要监测的参数有：pH值、溶解氧、化学需氧量、生化需氧量、总氮、氨氮、亚硝态氮、硝态氮、挥发性酚类、总磷、重金属（Hg、Cd、Pb 等）、总细菌数等。

（2）地下水监测

在填埋场运行期间，应定期对设计和钻探的地下水井、污染井和对照井进行监测。监测项目应包括除溶解氧和生化需氧量以外的所有地表水监测参数以及硬度、氯化物和硫酸盐等附加参数。

（3）底层中的垃圾成分演变监测

对不同年份的沉积垃圾的成分进行长期监测，将有助于了解垃圾的理化性质的动态变化。在此基础上，可以开发填埋场废物稳定模型，以估计和推断填埋场达到稳定和改善土地利用所需的年限范围。

76 什么是生物反应器填埋场？其与传统填埋场的区别是什么？

传统的垃圾填埋场的设计是尽量减少水分侵入垃圾填埋场，保持废物干燥，使得废物分解成为一个长期的过程。因此，在这种长期的废物分解过程中，沉降和产气持续时间较长，在封场后还需要长期监测。为了克服这些困难，一种加速废物分解和稳定速度的新型填埋场被开发出来，称为生物反应器填埋场。

生物反应器垃圾填埋场是将垃圾填埋场作为一种受控的反应器，通过向垃圾填埋场注入水分或空气，创造一个有利于微生物降解废物的原位环境来加速有机垃圾的降解。其基本过程是将产生的渗滤液再循环到填埋场，增加填埋场中的湿度，并在垃圾体中形成合适的酸碱环境，从而有效地加快了垃圾降解。回灌能降低渗滤液的处理费用，加快填埋气体的产生和降低长期的污染风险。

生物反应器填埋场根据其运行模式可分为厌氧生物反应器填埋场和好氧（兼氧）生物反应器填埋场。好氧生物反应器填埋场在补充渗滤液的同时，通过向填埋场内部充入空气来保持好氧，从而大大加快了填埋场的稳定化进程，但由于其能耗和成本较高，并且没有利用垃圾中有机成分的生物质能，因此应用和研究相对较少。目前广泛使用的是厌氧生物反应器填埋场，通过有机废物的厌氧消化产生甲烷，可作为能源使用。

因此，相比传统的填埋方式，生物反应器填埋场将有利于垃圾的降解和填埋场的稳定，其优点如下。

① 加速有机物降解：增大填埋气体单位产出率和总量，加快产出速度；加速场地沉降，使沉降大都发生在运行阶段；缩短填埋场土地再利用的等待时间。

② 方便填埋气体的利用：短时间内高产气量提高了气体利用的经济效益；减少了温室气体的排放，并可以代替一部分化石燃料使用。

③ 利于渗滤液处理和处置：降低渗滤液中有机污染物浓度；能固定一定量的重金属和无机盐；减少了需处理渗滤液的总量。

④ 减少封场后的长期监测和维护：快速稳定化减少了污染物和沉降的长期风险，降低了监测和维护费用。

（二）焚烧发电

77 什么是焚烧处理？餐厨垃圾焚烧处理的优缺点有哪些？

焚烧处理从化学角度来说是一种高温下垃圾的分解以及进一步氧化的过程。对于可燃性固体废物（例如餐厨垃圾等）而言，在氧气可以充分供给的条件下，这些垃圾会发生燃烧。燃烧的过程中，可燃性垃圾会通过氧化分解，转化为小分子的气态化合物以及残余的不可燃固体残渣。由此可以达到减容化、低毒化和能源化的目的。

餐厨垃圾和其他垃圾一起焚烧处理具有以下优点：

① 减容量大，在经过焚烧处理之后，垃圾的体积缩减量可以达到80%～95%。此外，其质量也出现了显著下降，这极大地方便了后续的垃圾处理环节。

② 能源的回收，在垃圾焚烧过程中释放出的热量在进一步回收后可应用于取暖、发电等。

③ 卫生，在焚烧中，其高温环境可以使得垃圾中存在的病原体完全死亡。因此，垃圾焚烧后残存的固体残渣是一种化学性质十分稳定的无害化灰烬。

④ 不受天气影响，可以全天候操作。

⑤ 不需要进行前端的垃圾分类，垃圾的收、储、运全过程都比较简单和成熟。

然而，餐厨垃圾进行焚烧处理也有诸多的缺点：

① 垃圾焚烧设备的投资费用高昂，资金回转周期长。

② 焚烧对于固体废物的热值有一定要求，在不额外添加助燃剂的情况下一般要求不低于5000kJ/kg；而在添加助燃剂的情况下，一般要求不低于3300kJ/kg；低于3300kJ/kg的固体废物一般不建议进行焚烧处理。这一点限制了其应用范围，低热值的固体废物焚烧处理的效率较低。餐厨垃圾的含水率高，热值低，因此需增加助燃油投加量以避免炉温低于850℃，大幅提高了焚烧成本。

③ 在焚烧过程中，由于氧气的分布不均匀，不均匀的燃烧过程会导致很多剧毒物质（如二噁英等）的生成。因此，需要投入大量资金和精力对焚烧过程中产生的烟气进行处理和监测。

④ 餐厨垃圾的焚烧意味着设备运维成本的上升，这是由于垃圾通常由于温度降低导致燃烧不充分而产生焦油和颗粒物，从而使得出渣机堵塞次数增加，并且管道疏通费用巨大。此外，由于餐厨垃圾的渗滤液中油脂含量较高，这会使得卸料门、炉排下筛分斗等地方的传输管道堵塞。因此渗滤液的处理还需要配置除油设备。

78 ▶ 餐厨垃圾焚烧处理的应用现状如何？

虽然餐厨垃圾在生活垃圾中所占比例较高，但含水量高，热值低。因此仅占垃圾单位质量发电量的 10.8%。生活垃圾中塑料、纸类和织物等热值较高，尤其是塑料，在生活垃圾中质量占比仅为 12.1%，但贡献了 52.3% 的发电量。由此可见，目前，垃圾种类繁多，回收利用效果不平等，因此垃圾分类变得极为重要。中国大多数城市已开始尝试垃圾分类，并实施干湿垃圾分离政策。厨房垃圾分类收集将减少厨房垃圾在生活垃圾中的比例，提高生活垃圾的发电效率。

由于含水率过高，餐厨垃圾并不适宜单独焚烧处理，因此目前未分类的厨房垃圾通常与城市垃圾一起收集、转移和焚烧。20 世纪 90 年代初，日本城市生活垃圾焚烧处理的比例已经达到 75%，丹麦为 71%，瑞典为 60%，美国也达到了 20% 左右。在日本，政府部门于 20 世纪 60 年代开始建造垃圾焚烧厂，但当时的技术还很落后，大量的污染气体和液体会在焚烧垃圾的过程中产生。直到 20 世纪末，日本开始大举促进垃圾焚烧炉的技术改革。在同一时刻，日本基于自身的岛国现状提出构建回收型社会。2000 年，日本在七年前的《环境基本法》的基本框架下，又推出了《推进形成回收型社会基本法》，并与三十年前的《废弃物处理法》和九年前的《资源有效利用促进法》相辅相成。针对不同种类的垃圾，《家电再回收法》《建筑工程材料再资源化法》《食品回收利用法》等多种法律法规对他们回收和处理作出了详细的规定。自 20 世纪 90 年代年来，日本的垃圾排出量的增加速率显著放缓。其国内居民产生的餐厨垃圾与多种可燃垃圾被一同运往垃圾焚烧厂进行集中处理。首先，焚烧厂中的焚烧炉通过强磁性装置将金属废物从有机物中分离出来，再经过低温等离子波辐射。让其先去除水分，再进入焚烧炉中热分解并碳化，残留的炉渣又经过二次燃烧，生成水和二氧化碳。垃圾燃烧剩下的炉渣经过除铁、筛分、破碎等处理后可以进行综合利用。

截至 2024 年底，全国无害化处理厂达 1407 座，其中垃圾焚烧厂 583 座，我国生活垃圾清洁焚烧领域的项目约有 983 个，运行中的清洁焚烧炉达到 2132 台。截至 2024 年下半年，各集团累计投运的垃圾焚烧发电项目新增处理产能达到 45300t/d，其中，超过 70% 的垃圾焚烧厂建设在东部经济条件好并且人口密度大的地区。例如，广东、浙江、江苏以及四个直辖市的垃圾焚烧厂数量位居全国前四。投资运行管理日益规范，开始形成包括上海环境集团、中国环境保护公司、杭州锦江集团、中科能源环保、光大国际等在内的一批龙头企业。

在全国推行垃圾分类之后，餐饮企业垃圾通常可以从市政垃圾中区分出来，被单独收集、处理。然而居民区内产生的餐厨垃圾由于产量大、分类效果难以保证、后端配套处理设施不完备，因此仍然与其他生活垃圾混合处理。其中，垃圾焚烧仍然占有较大的比例。此外，餐饮企业垃圾单独处理过程中经常会分离出一定量难以制浆的、含有较多杂质（包装纸、塑料、餐具、骨头等）的固体部分，这一部分餐厨垃圾难以进行生化处理，因此一般也通过焚烧或填埋处理。

79 ▷ 垃圾焚烧处理的技术难题是什么？

垃圾焚烧处理有以下几个技术难题。

（1）垃圾热值较低造成的额外能源耗费

通常来说，在保证焚烧发电机稳定运行的情况下，所要焚烧的垃圾热值要高于 3300kJ/kg。对于发达国家而言，其垃圾的热值通常高于这一标准，因此不需要额外的助燃剂。而国内的垃圾热值通常低于这一标准，而且对于餐厨垃圾而言，受其特有的高含水量影响，其热值更远远低于维持焚烧发电机运转所需的最低热值。因此如何低成本降低垃圾的含水量，增加其热值是目前焚烧处理中要解决的首要技术难题。此外，虽然国内焚烧炉目前主要是由江浙沪地区生产，但垃圾焚烧炉制造和设计的核心技术仍然掌握在以日本和德国为首的技术先发型国家手中。

（2）垃圾焚烧过程中产生的二噁英物质的处理问题

二噁英指的是多氯取代的平面芳烃类化合物及其衍生物，包括 75 种多氯代二苯并-对-二噁英和 135 种多氯代二苯并呋喃。这些化合物会严重影响人体的免疫系统、生殖系统，干扰荷尔蒙的分泌。二噁英在自然界很难降解，并且通过食物链传导并最终富集在人体中，除诱发癌症以外还可通过母乳危害婴幼儿的身体健康。当焚烧炉的炉温处于 200～800℃之间时，由于垃圾的不完全燃烧，就会产生大量的二噁英，这也是垃圾焚烧过程中二噁英的主要来源。而餐厨垃圾由于含水率高，它的添加很容易导致炉温过低，并且在开炉和闭炉的过程中也会不可避免地造成炉温降低，导致大量二噁英生成。因此，如何控制炉温或者重新设计炉体以避免二噁英产生是目前的一大技术难题。

当前的国际范围中，包括厨房垃圾在内的湿垃圾的焚烧和处置都面临着二噁英产生的问题，其控制成本较高。二噁英与垃圾的不完全燃烧留下的未燃烧物质有关，因此许多日本焚烧炉会使用能耗较高的高温燃烧的方式来完全燃烧废物，以此来抑制二噁英的产生。此外，一些新建焚烧厂还需要增加更多的二噁英去除工艺，如采用袋式除尘器去除粉尘中的二噁英，通过活性炭吸附烟气中的二噁英，通过催化剂分解二噁英等。

（3）焚烧炉的燃烧灰烬

这些灰烬往往含有危险浓度的铅、铬等重金属元素及其他有毒有害物质。这些粉尘在焚烧过程中会随着空气流动散落至周围环境中，造成严重污染。而且粉尘在焚烧炉中的长期流动也会造成炉体内部的损坏，增加焚烧炉的维护成本。

80 ▶ 餐厨垃圾焚烧前需要哪些预处理？

餐厨垃圾由于含水率高，成分复杂，因此含有餐厨垃圾的固体废弃物在焚烧前需要进行包括收料、堆酵、压榨脱水和油脂提炼等在内的一系列预处理。

（1）收料

由于垃圾在进入焚烧厂前未经过任何分拣归类，导致其体积有大有小，形态各异且毒性未知，并且随地区、时间分布呈现出较大差异。因此，在收料过程中对这些混杂物的输送要尽量保持均匀、连续，并且保证数量可调、可控，以此保证焚烧的充分性并减少炉渣和二噁英的生成。

（2）堆酵

由于餐厨垃圾的含水率高、热值低，因此需要先在垃圾贮存坑中发酵 3～5d，然后送往焚烧炉。这个步骤有助于排放部分水，降解部分有机物，可以提高垃圾的热值和焚烧炉的焚烧效率。

（3）压榨脱水

餐厨垃圾在焚烧过程中由于大量的水分蒸发时会带走很多热量，造成炉温下降，发电效率降低，成本升高。因此，餐厨垃圾可以通过压榨和脱水的方式快速分为干组分和湿组分，从而实现定性分类处理。干组分是经过破碎和脱水后的残余干物质，由垃圾中的高热值组分组成，可直接运输和焚烧，实现能量回收利用。湿组分为压榨脱水的液体部分，呈胶体状，主要由餐厨垃圾中的可降解有机组分构成，含固率约为 10%～15%。

（4）油脂提炼

油脂提炼主要是通过对餐厨垃圾的筛分、粉碎和烹饪后的油分离，并应用于生物柴油的生产。而剩余的固体废物称为脱脂厨房废物，可在干燥后焚烧。

81 ▶ 餐厨垃圾进行焚烧应满足哪些要求？

餐厨垃圾进行焚烧应满足以下要求。

① 餐厨垃圾的热值需处于垃圾焚烧厂所设计的热值范围，以保证厨余垃圾焚烧的最大效率。

② 餐厨垃圾由于来源不一、形态各异，往往呈现出较大的形貌差异。因此在焚烧之前需对餐厨垃圾进行粉碎预处理，使其粒度尽可能的小而均匀。

③ 餐厨垃圾不得与国家规定以外的危险废物、电子废物及其处理处置残余物一起焚烧。

④ 餐厨垃圾在焚烧过程中产生并排放的气体废物需满足《生活垃圾焚烧污染控制标准》（GB 18485）中的相关规定。

82 如何确定餐厨垃圾的热值？

餐厨垃圾的热值，指单位质量的餐厨垃圾完全燃烧所释放出来的热量，以 kJ/kg 作为基本单位。餐厨垃圾在热值达到 3300kJ/kg 以上时可以进行焚烧，但需要根据炉温情况额外添加燃料进行助燃。在热值高于 5000kJ/kg 时，可以直接进行焚烧而不需要助燃。

热值有两种表示方式，即粗热值和净热值。粗热值是指物质在一定温度下达到最终产物时的焓变化值。净热值与粗热值的主要区别在于终产品中水的状态不同。净热值以液态水计算，粗热值以气态水计算。两者的区别在于水的汽化热值。通常使用标准实验（氧弹量热计）测量粗热值，然后使用公式计算净热值。

83 影响餐厨垃圾燃烧的主要因素有哪些？

影响固体废物（包括餐厨垃圾）燃烧的因素主要有以下几个方面。

（1）温度

燃烧温度低会导致燃烧不完全。温度越高，燃烧的时间越短。同时，餐厨垃圾的分解越彻底，不可燃垃圾产生微毒性的可能性越小。然而，另一方面，如果温度过高，则要求炉料和锅炉管道具有较高的耐火性和耐热性，这会增加成本。因此，当燃烧室温度过高时，应进行控制。

（2）停留时间

焚烧炉内燃料完全燃烧所需的停留时间，包括从燃烧室加热到垃圾开始燃烧和烧毁的时间总和。时间与材料进入燃烧室时的颗粒大小和密度有关。停留时间越长，分解越彻底，同时，不可燃废物形成微量有毒有机物的可能性越小。

（3）氧浓度

可用的氧气量是垃圾完全分解和产生的微量有毒有机物量的重要影响因素之一。为了实现固体废物的高速和完全燃烧，必须将过量空气泵入燃烧室，但过量空气会吸收太多热量，使得燃烧室的温度下降。通常而言，焚烧炉的实际供氧量约为理论值的两倍，即可保证整个燃烧过程中氧化反应的顺利进行。

（4）湍流度

湍流度指的是焚烧炉内温度均匀时，废物与空气中氧气结合的速率。当湍流程度较高或混合程度均匀时，空气可以更顺利地进入焚烧炉，垃圾的燃烧和分解也更彻底。

（5）固体的粒度

一般来说，加热时间大约与固体颗粒大小的平方成正比，因此燃烧时间也与固体颗粒尺寸或其平方成正比。垃圾焚烧处理时，需要将其破碎到一定的尺寸，从而加速焚烧，提升焚烧效率。

84 ▶ 餐厨垃圾的焚烧系统主要包括哪几个部分？

餐厨垃圾的焚烧系统通常由以下几个部分构成，如图 3-4 所示。

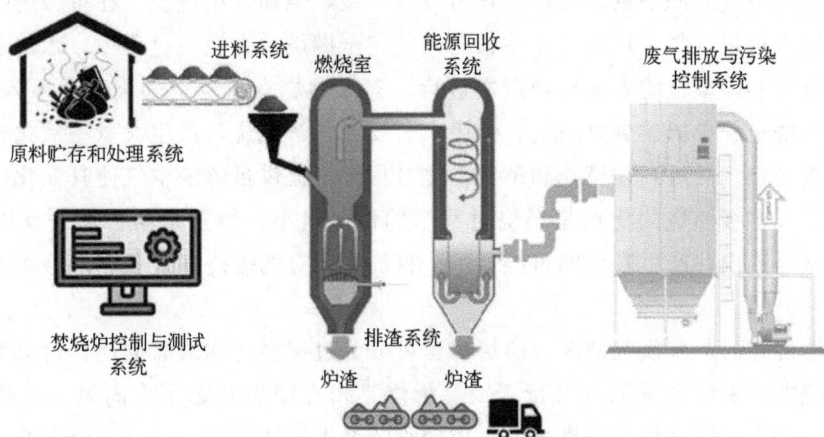

图 3-4　固体废物焚烧系统

（1）原料贮存和处理系统

餐厨垃圾在进入焚烧炉之前需要进行预处理，使不可燃成分减少到 5％左右，水分含量低于 15％，粒径缩小，均匀性提高，有毒有害物质减少。为了确保焚烧系统的连续运行，有必要在焚烧前建立废物贮存场，使设备具有必要的流动性。

（2）进料系统

现代大型焚烧炉采用连续进料方式，因为其容量大，燃烧区温度高，易于控制。在连续进料系统中，垃圾由抓斗起重机从储料仓中提升，并在卸入炉膛之前送入料斗。漏斗始终处于满状态，以确保燃烧室的密封。废物在重力作用下通过倾斜的导管进入燃烧室，以提供连续的垃圾流。

（3）燃烧室

这是固体废物燃烧系统的核心部分，由炉膛、炉排和空气供应系统组成。

（4）能源回收系统

通过回收燃烧过程中所产生的热能进行蒸气转化，以充分回收利用能源。

（5）废气排放与污染控制系统

主要包括烟气通道、废弃净化设施和烟囱，主要控制对象是粉尘和气味。

（6）排渣系统

由移动炉排、通道和履带相连的水槽组成。灰渣在移动炉排上在重力作用下经过通道，落入贮渣室的水槽内，经过水淬冷却后，由传送带传至渣斗运走。

（7）焚烧炉控制与测试系统

包括空气量的控制、炉温控制、压力控制、冷却系统控制、集尘器容量控制、压力与温度指示、流量指示、烟气浓度和报警系统等。

85 餐厨垃圾在焚烧炉内的燃烧过程是怎样的？

根据不同炉体的设计和给予空气方式的不同，餐厨垃圾的燃烧过程也是不同的。

根据燃烧空气的添加量，燃烧过程可分为单级燃烧和多级燃烧。在单级燃烧中，需要一次性泵入过量空气，垃圾可以在长时间内完全燃烧。在燃烧过程中，水的蒸发、挥发物的热分解和碳颗粒的表面燃烧顺次进行。多级燃烧意味着空气被多次泵入。首先，在第一次燃烧过程中提供少量空气，使废水蒸发和热解燃烧，产生大量一氧化碳、烃类气体和细碳颗粒。然后，在第二和第三燃烧过程中，提供足够的空气使其氧化成稳定的气体小分子。多级燃烧的优点是燃烧过程中的供气量小，特别是第一燃烧室的供气量少，底灰不易逸出，产生颗粒的可能性小。目前在所有的燃烧方式中用的最多的是两级燃烧。

根据燃烧室的空气供气情况，燃烧过程可分为过氧燃烧和缺氧燃烧。过氧燃烧是指在第一燃烧室中提供足够的空气量。缺氧燃烧是指在缺氧状态下，向第一燃烧室供应 $70\%\sim80\%$ 的理论空气量，垃圾被分解成较小的烃类气体分子、一氧化碳以及一些细小的碳颗粒。接下来的第二燃烧室有足够的空气将其氧化为稳定气体。由于空气的分阶段供应，燃烧反应相对稳定，产生的污染物相对较少。同时，由于第一燃烧室提供的空气较少，因此产生的颗粒物相对较少。

根据燃烧室的温度和压力情况，改变有机物质形态。通过控制炉内温度和压力，以及调整空气量，使固体废物中的有机物质分解为小分子气体、液体和固体残渣。在热解过程中，为了维持炉内的无氧或缺氧环境，需要严格控制进入炉内的空气量。通常，进入热解炉的空气量约为理论空气量的 $20\%\sim30\%$，以确保热解反应能够顺利进行。热解炉体通过部分燃烧产生的热量进行加热，这些热量来自炉内固体废物分解产生的可燃气体或外部燃料。通过控制燃烧反应和空气量，可以实现对炉体温度的精确控制，加快废物热解反应速率，将其部分转化为可回收的热解油，在烟道气中只有少量灰尘和大量一氧化碳和烃类化合物气体，添加足够的空气使其快速燃烧并释放热量。这种焚烧工艺适用于高热值废物。

然而，在实际的燃烧体系中，氧气和可燃物不能充分混合和充分反应，因此很难在理论空气量下完全燃烧废物。为了使其充分燃烧，必须鼓入比理论空气量更多的空气。废物焚烧所需的空气量由废物燃烧所需的理论空气量和为充分供氧而添加的过量空气量组成。过量空气量将直接影响焚烧的完成程度：过量空气量太低，会导致燃烧不充分，甚至黑烟、有害物质不完全分解；但是，当空气量过高时，燃烧温度会降低，燃烧效率会受到影响，燃烧系统的排气量和热损失会增加。因此，有必要控制过量空气量，使其处于最佳范围。

86 如何计算餐厨垃圾焚烧的通气量？

理论空气量可根据废物组分的氧化反应方程式计算求得，过剩空气量则可根据经验

或实验选取适当的过剩空气系数后求出。如餐厨垃圾中的碳（C）有 50kg，氢（H）为
10kg，氧（O）为 10kg，硫（S）为 1kg，那么根据：

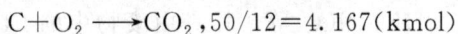

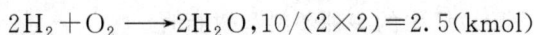

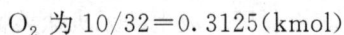

$$C+O_2 \longrightarrow CO_2, 50/12=4.167(kmol)$$
$$2H_2+O_2 \longrightarrow 2H_2O, 10/(2\times2)=2.5(kmol)$$
$$S+O_2 \longrightarrow SO_2, 1/32=0.03125(kmol)$$
$$O_2 \text{ 为 } 10/32=0.3125(kmol)$$

那么理论的需氧量为 $4.167+2.5+0.03125-0.3125=6.3858(kmol)$，再者空气中
的 O_2 占 21%，由此可知要想获得 6.3858kmol 的氧气，理论上实际需要提供的空气量
为 $6.3858\times22.4(m^3/kmol)/0.21=681.15(m^3)$。

过量空气系数（α）是实际风量与理论风量的比值。如果 $\alpha=1.5$，则实际风量=
$1.5\times$理论风量。如果垃圾中含有复杂的有机成分，则很难逐个进行理论计算，需要通
过试验确定。焚烧处理的主要目的是彻底销毁垃圾中的可燃物，过量空气系数一般大于
1.5。根据经验选择过量空气量时，应根据被焚烧垃圾的类型选择不同的数据。当焚烧
对象为废液和废气时，过量空气量一般为理论空气量的 20%~30%；然而，当焚烧固
体废物时，应取较高的值，通常为理论空气量的 50%~90%，α 为 1.5~1.9（有时甚
至大于 2），以实现相对完全的焚烧。

87 ▶ 餐厨垃圾焚烧会产生哪些污染排放？该如何应对？

在焚烧处理过程中，以餐厨垃圾为原料时，污染气中主要的污染物包括粉尘、一氧
化碳、氮氧化物、酸性气体、颗粒污染物、二噁英等。

（1）粉尘

粉尘是焚烧过程中产生的细小颗粒物，它们可能包含未完全燃烧的有机物、无机物
以及重金属等有害物质。这些粉尘颗粒如果直接排放到大气中，会对空气质量造成严重
影响，并可能对人体健康产生危害。为了减少粉尘排放，可以采取以下措施：在焚烧系
统的尾部安装高效的除尘设备，如布袋除尘器或静电除尘器，以捕集和去除烟气中的粉
尘颗粒；通过优化焚烧炉的运行参数和工艺条件，减少粉尘颗粒的产生。为了防止粉尘
的生成，应该在允许范围内以适当方式在合适的位置供给尽量多的氧气，与废物充分混
合，保持高温条件。如果此时仍有粉尘产生，则可能是由于燃烧室热负荷过大，或者混
合气的停留时间过短。

（2）一氧化碳

由于一氧化碳在燃烧过程中的生成所需的活化能较高。当在废气中检测到一氧化碳
时，这意味着燃烧过程不完全，故一氧化碳的含量可以用作燃烧反应是否完全的判断
依据。

（3）氮氧化物

焚烧过程中产生的氮氧化物主要来自高温下炉内空气中氮的氧化。此外，含有氮成
分的废物的燃烧也可能产生 NO_x，即燃料型氮氧化物。通常焚烧炉内的尾气多为 NO，

NO_2 较少，但是 NO 遇到外界阳光、臭氧、烃类等都可能转化为 NO_2。

（4）酸性气体

主要包括 HCl、SO_2、HF、NO_x 等，均是由废物中的 Cl、S、F、N 等元素燃烧产生的，特别在焚烧餐厨垃圾中的多种塑料和树脂时。

（5）颗粒污染物

主要指废物中的不可燃物，由餐厨垃圾中的无机盐类物质受高温氧化以及其他物质的不完全燃烧而生成。

（6）二噁英

焚烧过程中有可能产生剧毒性的有机氯化物，主要为二噁英类化合物。其主要来源为餐厨垃圾中所含的聚氯乙烯在炉内的不完全燃烧以及遇到炉外低温时的再合成。

88 垃圾焚烧烟气的净化工艺和技术有哪些？

烟气净化工艺是否完善，决定了烟气污染物是否可以大幅度减少，从而减少对大气环境的危害。对于垃圾焚烧烟气，相应的净化工艺很多，典型的方法有湿法、半干法、干法三种，每一种工艺也可以组合使用。

烟气净化技术根据净化污染物不同，可以分为以下几种。

（1）烟尘净化

烟尘的净化形式有静电分离、过滤、离心沉降、湿法洗涤等，相应的净化设备有静电除尘器、袋式除尘器、文丘里洗涤器。近年来国内外建成的大型垃圾焚烧厂均采用袋式除尘器，主要原因是它在捕集烟尘的同时，兼有去除重金属和二噁英类污染物的作用。

（2）酸性气体净化

烟气中的酸性气体，如 HCl、HF、SO_2 等的净化机理是酸碱中和反应。通常在洗涤塔、吸收反应器中采用碱性吸收剂，如 $Ca(OH)_2$、NaOH 等，以湿法、半干法、干法将酸性气体去除。

（3）NO_x 净化

目前，NO_x 的净化方法主要有选择性催化还原法、选择性非催化还原法、氧化吸收法、吸收还原法等。

（4）重金属净化

高效的颗粒捕集和低温控制，是烟气重金属净化中的两个主要措施。

（5）有机氯化物净化

对于焚烧烟气中的二噁英类污染物，降低排放浓度的主要方法是控制二噁英类的生成。首先垃圾要分类收集，在预处理阶段就应避免生活垃圾中氯和重金属含量高的物质进入垃圾焚烧厂。垃圾焚烧的自动控制系统要尽量可靠，垃圾焚烧和净化工艺要尽量完善。对于有机氯化物的净化，袋式除尘器比静电除尘器有优势。

89 《生活垃圾焚烧污染控制标准》（GB 18485—2014）中的污染物限值是怎样的？

《生活垃圾焚烧污染控制标准》（GB 18485—2014）在原2001年的版本上进一步提高了生活垃圾焚烧厂排放烟气中氯化氢、重金属、颗粒物、二氧化硫、氮氧化物及其化合物、二噁英等污染物的排放控制要求，进一步规定了焚烧炉开启、关闭、故障以及排放的要求，加强了焚烧厂外的电子公示和环保行政主管部门联网监督等，并全面地回应了公众所关心的环境方面的热点问题。

此外，根据《生活垃圾焚烧污染控制标准》（GB 18485—2014），中国城市生活垃圾焚烧污染物排放限值（见表3-4）接近欧盟、美国等发达国家和地区，其中二噁英的排放限值与欧盟标准一致。虽然与2001年版本相比，对氯化氢和重金属的要求大幅收紧，但与美国、欧盟等发达国家和地区相比仍有很大差距。

表3-4 生活垃圾焚烧炉排放烟气中污染物限值

序号	污染物项目	限值	取值时间
1	颗粒物/（mg/m³）	30	1h均值
		20	24h均值
2	氮氧化物（NO_x）/（mg/m³）	300	1h均值
		250	24h均值
3	二氧化硫（SO_2）/（mg/m³）	100	1h均值
		80	24h均值
4	氯化氢（HCl）/（mg/m³）	60	1h均值
		50	24h均值
5	汞及其化合物（以 Hg 计）/（mg/m³）	0.05	测量均值
6	镉、铊及其化合物（以 Cd+Tl 计）/（mg/m³）	0.1	测量均值
7	锑、砷、铅、铬、铜、锰、镍及其化合物（以 Sb+As+Pb+Cr+Co+Cu+Mn+Ni 计）/（mg/m³）	1.0	测量均值

90 如何冷却餐厨垃圾焚烧厂尾气？

餐厨垃圾焚烧厂尾气的冷却可分为直接冷却和间接冷却两种类型。

（1）直接冷却

直接冷却是利用惰性介质直接与尾气接触吸收热量，达到冷却和温度调节的目的。水是最常用的介质，因为它的蒸发热很高，可以有效降低排气温度，产生的水蒸气也是干净无污染的。而空气的制冷效果是相对较弱的。当空气作为热交换介质时，需求量很大，这将导致废气处理系统的容量增加，因此很少单独使用。直接喷水冷却可以减少初始投资，提高系统的稳定性。缺点是它会导致水的消耗和能源的浪费。

（2）间接冷却

间接冷却是利用传热介质通过锅炉余热、热交换器、空气预热器等换热设备，在回收余热产生水蒸气的同时，降低尾气温度，或加热燃烧所需的空气。通常而言，间接冷却可以提高热回收效率，产生蒸汽并用于发电，但投资和维护成本较高，系统稳定性差。

中小型焚烧炉发热少，废热不易回收，经济效益差。因此，大多采用水雾冷却来降低焚烧炉废气温度。如果每个焚烧炉的每天垃圾处理能力为150t，每千克垃圾热值大于7500kJ，则规模经济，应采用余热锅炉为换热设备的间接冷却方式对燃烧废气进行冷却，产生蒸汽发电。

91 ▶ 焚烧过程中产生的热能是如何利用的？

通常有以下三种方式可以利用焚烧余热。

（1）直接利用热能

将废气中的废热转换为蒸汽、热水或热空气，往往通过废热锅炉或其他与焚烧炉相连的热交换器来完成。这种转换的优点是热能利用率高，设备投资低，适用于垃圾焚烧设备规模小或垃圾热值低的小型垃圾焚烧厂；其缺点在于余热利用难度大，供需关系难以协调，容易造成能量的浪费。

（2）发电

将热能转化为高品位的电能，不仅能够进行远距离输送，而且基本不受用户限制，可以说是废热利用的最有效途径之一。产生的电能也可以直接应用于焚烧厂本身的设备运行，从而降低成本，节约资金。目前，国内外大型垃圾焚烧厂均配备了余热锅炉和汽轮发电设备，以最大程度将废热资源化，促进经济效益上升。蒸汽机大多是纯冷凝式的。工作后，蒸汽由冷凝器冷凝，然后通入锅炉。这种方式所需的供水量最低。

（3）热电联产

在情况许可时，一些焚烧厂采用热电联产的途径，将余热锅炉发生的蒸汽输送给汽轮机发电机和各种蒸汽热水用户，从而最大程度地回收垃圾焚烧的废热，促进焚烧厂的热利用率上升。

余热利用的设备主要有废热锅炉和发电装置两种。废热锅炉是一种利用废热产生蒸汽的装置。优点是单位面积传热率高，耐高温，占地面积小，安装成本低，适合应用于小规模垃圾焚烧厂。由于垃圾发热量较高，电力设备管理相对便利，因此大型垃圾焚烧厂普遍设有发电装置利用焚烧余热，且通常采用发电量较高的冷凝式汽轮发电机。或者给其他发电厂提供发电所需蒸汽。

92 ▶ 常用的餐厨垃圾焚烧炉有哪些类型？

目前可用于生活垃圾和餐厨垃圾的焚烧炉主要有以下六种。

（1）流化床焚烧炉（图 3-5）

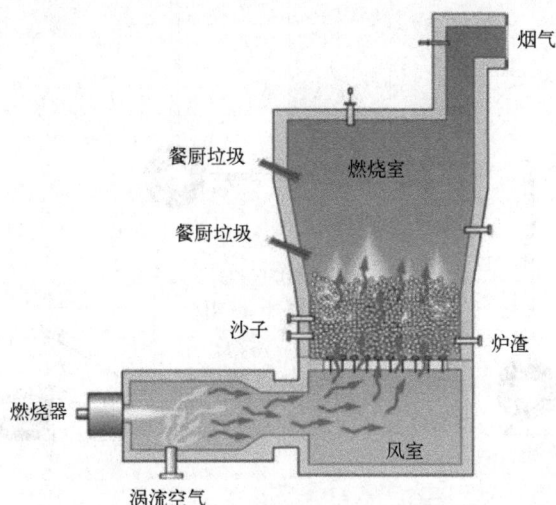

图 3-5　流化床焚烧炉示意图

① 工作原理：这种焚烧炉的主体由多孔分布板组成。炉膛内加入大量石英砂，并使其温度上升至 600℃以上。将 200℃以上的热风泵入炉底，使滚烫的石英砂沸腾后，倒入餐厨垃圾。加入后的餐厨垃圾与石英砂一起沸腾，迅速失去水分并开始燃烧。燃烧不完全的垃圾由于相对重量较轻，会持续沸腾燃烧。焚烧完成的垃圾残渣密度大，会聚集至炉底。粗渣和细渣经水冷后由分选设备送至厂外，少量中渣和石英砂由提升设备送回炉内进一步使用。

② 特点：这种垃圾焚烧炉垃圾焚烧较完全，炉内燃烧控制良好，但烟气含尘量大，操作复杂，运行成本高，对燃料粒度均匀性要求高。并且设备磨损严重，设备维护成本高。

（2）机械炉排焚烧炉（图 3-6）

① 工作原理：餐厨垃圾从料斗进入向下倾斜的炉排（该区域分为干燥区、燃烧区和燃尽区），利用炉排之间的交错作用，将餐厨垃圾推到下方，使其依次往下移动经过炉排上的不同区域（当垃圾在区域之间转移时，会被翻转过来）。直到垃圾焚烧殆尽后被排出炉体。燃烧所需的空气会从炉排底部通入并帮助垃圾燃烧；高温烟气在经过高温的锅炉时由于热交换而生成热蒸汽，使其温度得以下降，最终烟气在烟气处理装置中进行无公害化处理。

② 特点：这种垃圾焚烧炉对于炉排的材料和加工精度的标准都很严格，两个炉排之间的接触面需要非常平整，并且间隙足够小。此外，该炉排机械结构复杂，损坏率高，维修量大，维护成本高，因此难以在国内推广应用。

（3）回转式焚烧炉（图 3-7）

① 工作原理：回转式焚烧炉沿炉体设置有冷却水管或耐火材料，炉体水平放置并略微倾斜。通过炉体的连续运行，炉体中的垃圾被充分燃烧，并且向炉体的倾斜方向转

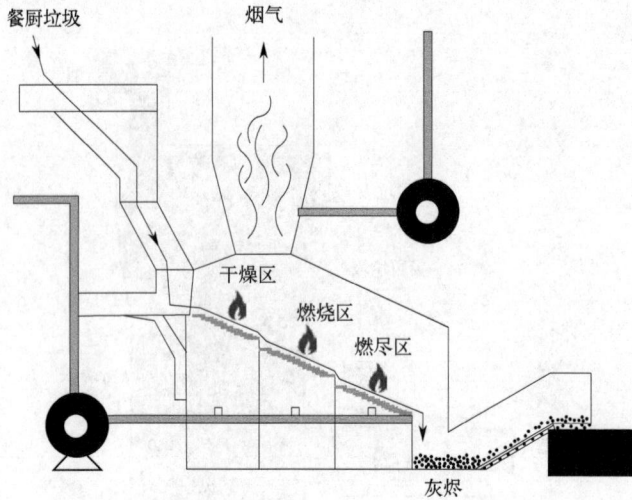

图 3-6　机械炉排焚烧炉示意图

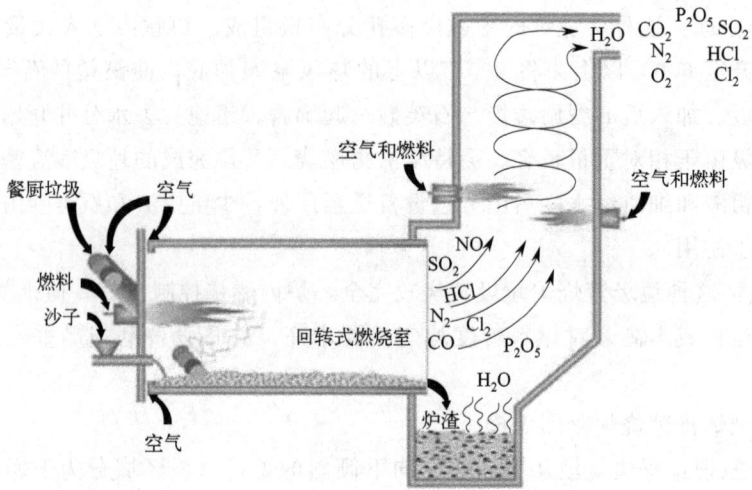

图 3-7　回转式焚烧炉示意图

移，直到燃烧完全并从炉体排出。

② 特点：设备利用率高，灰渣中含碳量低，过剩空气量低，有害气体排放量低。但燃烧不易控制，垃圾热值低时燃烧困难。

（4）气化熔融焚烧炉（图 3-8）

① 工作原理：餐厨垃圾在 500～600℃ 的流化床中汽化，流化床内空气的过量系数（α）保持在 1.1～1.3。流化床中的气态分解物，包括燃烧不完全的细小残渣和粉煤灰，被送入垂直涡旋熔炼炉，在约 1350℃ 下熔化和燃烧。熔化燃烧器中的 α 为 1.3。每千克餐厨垃圾的热值要求在 1433kcal（1cal＝4.2J）以上。为了使工艺的余热产生效率达到

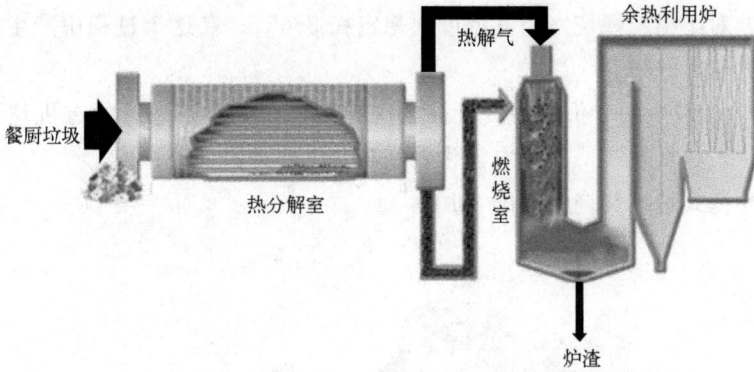

图 3-8　气化熔融焚烧炉示意图

30％以上，在熔炼炉的二次燃烧器中安装高效陶瓷换热器，将空气预热至 700℃以上，过热器中的过热蒸汽被加热，气压将达到 10MPa 以上，温度为 500℃。由于空气中不含 HCl 等腐蚀性物质，所以不用担心高温腐蚀。

② 特点：气化熔融焚烧是一种可以最大限度缩减二噁英产生的垃圾焚烧技术，它能极大地释放垃圾中所存储的能量，并且辅助热源消耗少，二噁英类污染物释放较少，节能高效，资源回收全面，产能最大化，但要求餐厨垃圾的热值高于 1433kcal/kg。

（5）CAO 焚烧炉（图 3-9）

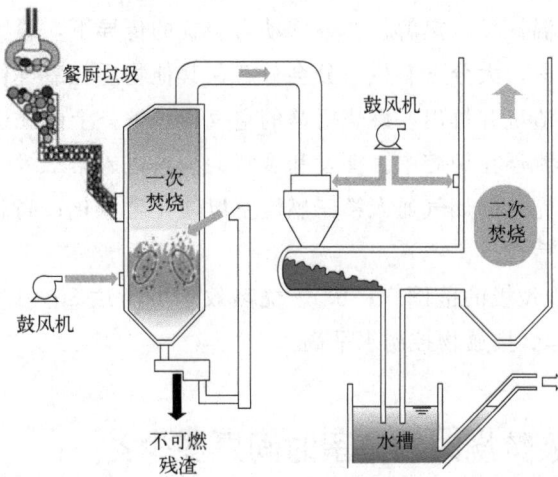

图 3-9　CAO 焚烧炉示意图

① 工作原理：餐厨垃圾被运输到一个坑中存储，接下来将进入生化处理罐，并在微生物的活动下脱去水分。在餐厨垃圾中，天然有机物将被分解成粉末，而其他固体，包括合成有机物，如塑料和废物中的无机物，则没有分解成粉末。筛分后，未粉碎的废物进入焚烧炉中第一个温度为 600℃的燃烧室，当温度大于 850℃时，废物被厌氧燃烧，

这期间生成的可燃气体重新进入第二燃烧室，而不可燃和非热解组分作为灰分排放到第一燃烧室中。对于第二燃烧室，其温度须稳定在 860℃。在这个过程中产生的烟气在处理之后会释放至大气中。

② 特点：垃圾中的有价值物资可被二次利用，而分类筛选后的有机垃圾被送入焚烧炉中焚烧且发热量较多，并且电转化效率高。

（6）脉冲抛式炉排焚烧炉（图 3-10）

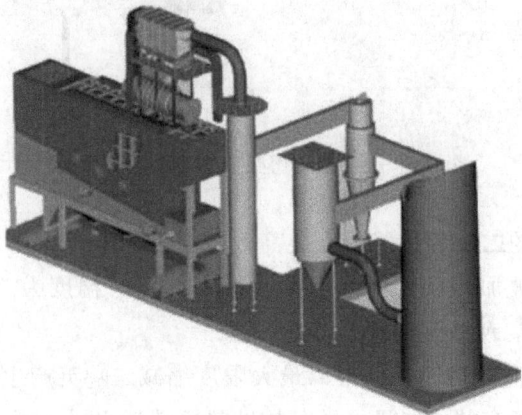

图 3-10　脉冲抛式炉排焚烧炉示意图

① 工作原理：餐厨垃圾通过自动送料传导进入干燥床中脱去水分，再进入先炉排（第一级），在上面高温挥发、热解，在空气动力装置的传导下，餐厨垃圾将会被传进第二级炉排。在这个阶段，大分子有机组分会分解，其他物质在氧气作用下氧化。直到废渣焚烧完全后进入残渣坑并排出。燃烧所需的空气通过炉排上的孔道泵入助燃，使垃圾充分焚烧，并保持其飘浮在炉腔中。挥发和裂解的物料进入第二级燃烧室进行进一步的裂解和燃烧，燃烧不完全的烟气通入第三燃烧室以便完全氧化；高温烟气通过锅炉的加热面加热，烟气冷却后排出。

② 特点：a. 处理垃圾的范围广；b. 燃烧热效率可高达 80％以上；c. 运行维护费用高；d. 可靠性高；e. 排放物控制水平高。

93　餐厨垃圾焚烧时的停留时间是多少？

固体废物焚烧时的炉内停留时间受到多种因素的影响，其中主要是进入炉内废物的形态，包括粒径大小、液体雾化度和黏度等。确定这些参数最好的办法是进行生产性模拟试验，否则应参考已有的经验数据。对于餐厨垃圾的焚烧而言，若能维持 850～1000℃的焚烧温度，且通过良好的拌和使水分及时蒸发，则燃烧气体在燃烧室内的停留时间为 1～2s。

94 **餐厨垃圾对焚烧炉有哪些影响？**

餐厨垃圾对焚烧炉的影响主要体现在以下三个方面。

（1）餐厨垃圾多样性的问题

由于餐厨垃圾通常都不是形态和性质一致的单一体，如果仅为了餐厨垃圾中的某一种或某几种组分来对焚烧炉进行设计和制造，则其他组分可能不能高效焚烧，因此需要在设计的开始考虑餐厨垃圾成分多样性的问题，使焚烧炉更好地适应餐厨垃圾处理。

（2）焚烧炉的腐蚀问题

由于餐厨垃圾焚烧烟气中含有多种致酸成分，且多处于高温状态，容易引起高温腐蚀。应该充分考虑有效的防腐对策，如选择耐酸材料、涂防腐层或者加衬等。

（3）影响焚烧温度变化

炉内气体在流经不同区段时，温度变化很大，而且含水量高的餐厨垃圾对温度的影响更大。因此应该充分考虑在餐厨垃圾流动的过程中焚烧炉耐温性的变化以及由此引起的应力变化，来选择不同的接触材料。

（三）餐厨垃圾废油脂的提取和利用技术

95 **餐厨垃圾为什么需要进行油水分离？**

餐厨垃圾中存在含油污水，油脂的成分和存在形式复杂。主要危害如下。

① 增加污水处理厂负荷。油脂难降解，进入污水处理厂会影响效率，增加处理负荷。

② 影响城市排水管网过水能力。餐厨垃圾油脂易凝结于下水管道内壁，形成难以清洁的油脂层，降低管道排水能力，甚至堵死。

③ 污染水质，危害水产资源。被含油废水污染后，水源的 COD、BOD 值升高，水体缺氧、发臭，水生生物死亡。

④ 危害人体健康。油类及其分解产物，包含有毒物质，有通过食物链进入人体的风险。

⑤ 影响农作物生长。含油污水灌溉农田，会使土壤油质化，导致植物根际吸收营养受阻，作物减产，且油脂有被植物富集的风险，人类食用后会危害身体健康。

⑥ 污染大气。含油污水中的油会形成油膜浮于水面，其中部分油脂及其分解产物会挥发进入大气，污染大气环境。

96 ▸ 如何利用餐厨垃圾中的废油脂？

餐厨垃圾中的废油脂有以下利用方式。

（1）加工用油

生物加工用油是将油脂制成机械润滑油和金属加工用油，还可利用废弃油脂制成驱油剂，应用于油田开采。生物加工用油可通过物理法、化学法以及高温裂解法制备。其中的化学酯交换法最为常见，原理是通过催化剂改变甘油三酯中脂肪酸的分布，改变油脂化合物性质。

（2）生产有机肥料、肥皂、化妆品

餐厨垃圾油脂以甘油三酸酯为主，可通过皂化反应制成碱皂。利用餐厨垃圾分离油脂制作碱皂，最佳皂化温度100℃，皂化时间4h，废油脂和碱液比例2：1，施用的氢氧化钠质量分数为30％。

（3）生产硬脂酸

餐厨垃圾废水中分离出的油脂水解可产生硬脂酸和油酸，提纯后，硬脂酸可作为涂料、石油化工、医药等领域的原料。硬脂酸的制备方法，是通过添加白土，对分离油脂脱色皂化，随后加入甲醇进行分离和酸化，最终产出硬脂酸和油酸；或在常压下水解废弃油脂制成混合脂肪酸。

（4）生产生物柴油

利用餐厨垃圾废弃油脂制备生物柴油，单价低于利用化石柴油，具有价格优势；生物柴油碳排放特性低，更为环保；且燃用生物柴油的发动机，相较于燃用化石柴油的发动机，排烟量降低；因生物柴油的润滑作用，发动机寿命也可延长。

97 ▸ 如何分离餐厨垃圾中的油脂？其工作原理是什么？

油水分离器（如图3-11）通常被用来分离餐厨垃圾油脂。其工作原理是：压缩空

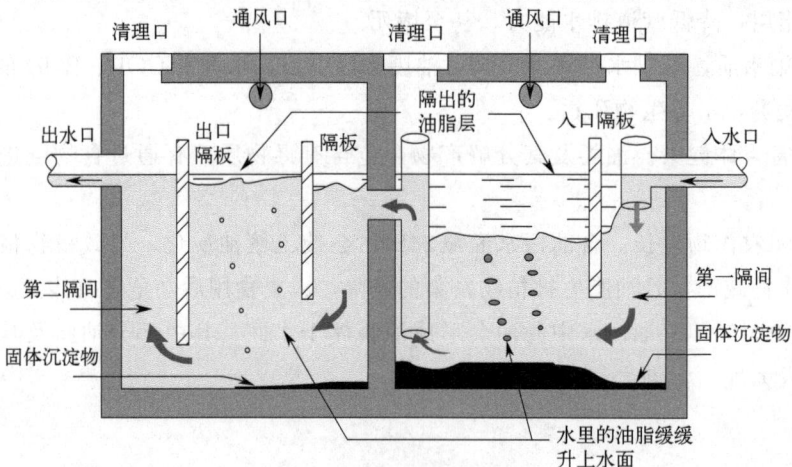

图 3-11　常见的油水分离器

气进入油水分离器，分离器内空气流向和速度急剧变化，通过惯性，密度较大的油滴和水滴被分离。压缩空气进入分离器后，气流受隔板阻挡撞击，会下折后又上升，形成环形回转，通过回转的离心力和惯性力使油滴和水滴分离，沉降于分离器底部，通过打开底部阀门即可排出。

98 ▶ 不同油水分离方法的优缺点是什么？

油水分离主要分为物理分离、理化分离、化学分离和生化分离。其各自的优缺点如下。

（1）物理分离

① 重力分离技术：该技术效果稳定，设备简单易操作，且占地面积小，适用于分离餐饮废水中的悬浮及分散油，被广泛应用。但该技术无法较好地去除溶解油以及乳化油。

② 粒组化分离技术：该技术能在不额外添加化学试剂的情况下，将粒径 $5\sim10\mu m$ 的油珠完全去除，无二次污染，且设备占地少、建造费用低。但该技术无法应用于餐饮废水，其中的高浓度悬浮物会堵塞聚结材料，降低工作效率。

③ 膜分离技术：该技术除油效率高，但膜易污染，且使用寿命短，费用高，难清洗。

（2）理化分离

① 气浮分离技术：该技术油水分离效果好，且性能稳定，但其耗能高，复杂难维修，也不易处理浮渣。

② 吸附分离技术：该技术分离后出水水质好，占地少，但吸附剂难再生，成本高，不适于推广。

（3）化学分离

① 絮凝沉淀分离技术：该技术工艺成熟，效果好，但占地面积大，所需化学试剂多，且浮渣难去除。

② 电解技术：该技术效率高，但耗能过高，设备构造复杂。

（4）生化分离

该技术水油分离效果好，出水水质好，但设备需要维护，基建成本高。

99 ▶ 处理餐厨垃圾中油脂的方法有哪些？

处理餐厨垃圾中的油脂，主要采用以下三种方法。

（1）湿热处理溶油技术

此技术利用高温蒸汽对餐厨垃圾进行蒸煮处理，通过这一过程，垃圾中的油脂因受热而"溶析"出来，显著提高了油脂的提取效率，即"提油率"。此外，湿热处理还能有效降低垃圾中有机物的分子量，使其更易于被生物利用和发酵。同时，高温蒸汽还具备杀灭病原体、消毒的作用，从而保证了处理过程的安全性和卫生性。

（2）物理分离去油技术

该技术基于水与油脂之间的密度差异以及它们互不溶解的特性，通过特定的物理手段将水与油脂进行分层分离。这种方法的优势在于其强大的水油分离能力和高效率，能够迅速而有效地将油脂从餐厨垃圾中分离出来，为后续的处理和利用提供了便利。

（3）生化降解除油技术

生化降解除油技术主要利用菌胶团絮凝体表面的微生物来分解有机物，或者将微生物固定在特定的载体上。当含油废水流经这些载体时，其中的有机物会被微生物吸附并分解，从而达到去除油脂的目的。这种方法不仅环保、高效，而且能够降低处理成本，实现资源的循环利用。

这三种处理餐厨垃圾中油脂的方法各具特色，各有优势。湿热处理溶油技术适用于提高油脂提取率和消毒杀菌；物理分离去油技术则以其高效、快速的水油分离能力而著称；生化降解除油技术则以其环保、经济的特点而备受青睐。在实际应用中，可以根据餐厨垃圾的具体情况和处理需求选择合适的方法进行处理。

100 国外废油脂回收利用情况如何？

国外废油脂回收利用情况如下。

（1）日本的废油脂利用情况

前期，日本的废油脂主要被用来生产肥皂粉原料，或者饲料用油。目前，随着工艺技术发展，日本废弃油脂主要用于转化生物柴油，许多肥皂粉厂家也设置了生物柴油生产链。

（2）欧洲的废油脂利用情况

欧盟各国与日本类似，前期常将废食用油脂回收生产为饲料用油，近年来，欧洲各国也正转向利用废弃油脂和动物脂肪生产生物柴油。

（3）美国的废油脂利用情况

美国的废油脂主要被用于制备生物柴油。美国大型油脂公司已能转化废食用油和动物脂肪为较高质量的生物柴油。

目前，各国对于废油脂的利用都是以转化生物柴油为主。

101 国内废油脂回收利用情况如何？

不同于其他国家，我国餐厨垃圾中包含大量调味品和酱油，导致废油脂成分复杂性增加，因此我国废油脂转化为生物柴油受到了较大限制。目前，我国仅香港、福建省、海南省和四川省有废油脂生产生物柴油的基地，转化的生物柴油质量较好。

（四）好氧堆肥

102 ▶ 什么是餐厨垃圾的土地耕作法？它的优缺点是什么？

人们将利用土壤微生物降解、植物吸收和风化作用，对人为分散在现有耕作土地上的厨余垃圾固体废弃物（包括有机物和无机物）进行处理的方法，称为土地耕作法。

土地耕作法处理餐厨垃圾优点诸多，如运行费用低、操作方便、改善土壤结构、增加肥力等。但该方法适合处置高有机物含量的餐厨固体废物，例如农贸市场的有机果蔬等，因此常受限于餐厨垃圾固体废物种类和数量。值得注意的是，土地耕作法严禁用于处理含重金属和盐等有毒有害物质的垃圾。

土地耕作处理场所的选择应遵循以下两点：

① 确保完成处置的周围环境不受污染，如土地、地下水、农作物、空气等；

② 要保证操作方便，运行成本低。

遵守以上原则设计得当，还可能改良土壤结构、提高肥效。

不同类型土壤适宜处置不同的餐厨废物，如高有机物含量的餐厨废物，适宜在贫瘠土壤中处置，而高空隙率、结构疏松的废物适宜在黏土中处置。影响土地耕作法处置效果的因素，主要有废物自身性质、土地耕作深度、当地气候条件、土地地形特征和土壤自身性质等。

103 ▶ 什么是餐厨垃圾的堆肥化处理？

堆肥化处理，是利用环境微生物和工程菌等，在人工控制条件下，使餐厨垃圾的有机物部分，通过微生物代谢转化成可利用腐殖质的过程。餐厨垃圾堆肥化处理强调以下三个方面：

① 原料大部分是可利用的有机固体废物。

② 堆肥化处理过程可控。这点有异于卫生填埋和自然腐化等处理方法。

③ 堆肥化产物稳定，对环境友好。堆肥化产物呈现棕色，形似泥炭，疏松且腐殖质含量高，被称为"腐殖土"。

104 ▶ 什么是餐厨垃圾的好氧堆肥？其原理是什么？

餐厨垃圾好氧堆肥是指在堆肥过程中需要足够的氧气，通过专性和兼性好氧细菌完成餐厨垃圾的有机物降解。在此过程中，好氧菌会将部分废弃有机物氧化为无机物，这个过程会产生能量，维持微生物生长活动；另一部分被好氧微生物利用的有机物会支持微生物生长繁殖。

堆肥开始前，首先会将堆肥原料与填充料混合，达到适宜状态。在人为控制下，微生物会发挥其代谢分解作用，将部分有机质分解，产生的热量会杀死病原菌和杂草种子，微生物的分解作用会持续到最终有机物堆肥化完成，形成稳定腐殖质。

105 餐厨垃圾堆肥处理的优点和缺点有哪些？

随着技术发展，餐厨垃圾处理行业对好氧堆肥技术的运用越来越广泛。

餐厨垃圾堆肥化处理的优点如下：

① 工程技术成熟，相关制度健全；

② 成本低，操作简单；

③ 产品可农用，有经济价值。

其缺点是：

① 产品质量受餐厨垃圾成分影响；

② 材料需做预处理；

③ 处理周期长，占地面积大；

④ 应用市场不稳定；

⑤ 堆肥过程参数难控制，需进一步研究。

106 堆肥的方式主要有哪几种？

堆肥方式可根据堆肥温度（中温/高温堆肥）、操作方式（静态/动态堆肥）、堆置情况（露天/机械密封堆肥）、技术特点及研究目的（通气静态条形堆式/条形堆式/反应器式堆肥）等进行分类。通常概括堆肥特点时，会兼用多种工艺辅助说明。目前，根据氧气需求的分类方式较为常见（好氧/厌氧堆肥）。

107 好氧堆肥有哪些典型工艺？

好氧堆肥有以下三种典型工艺。

（1）好氧静态堆肥工艺

好氧静态堆肥工艺在我国较为成熟，在使用该工艺堆肥时，地点常在露天通风垛或发酵池、静态发酵仓内。该工艺特点是，在堆肥过程中，不会追加物料，无多余操作，直至腐熟完成。

（2）间歇式好氧动态堆肥工艺

间歇式好氧动态堆肥的堆体较小，发酵周期短。常采用间歇进出料的发酵场所，批量发酵。

（3）连续好氧动态堆肥工艺

连续好氧动态堆肥，顾名思义，是利用专设发酵装置，通过连续进料和出料进行。该工艺物料是动态连续翻动的，这样能够缩短发酵周期，杀灭病原菌，减少异味。

108 ▷ 堆肥发酵装置包括哪些类型？

目前，发酵装置的种类和结构很多，不同装置的选择及应用范围与固体废物的组成和处理厂投资能力有重要关系。常见堆肥发酵装置包括以下几种类型。

（1）立式堆肥发酵塔

发酵塔 5～8 层，物料从塔顶倒入，塔底移出，发酵周期 5～8d，如图 3-12 所示。发酵塔内通过强制通风控制各层含氧量和温度，各层自上而下温度不断升高。立式堆肥发酵塔有立式多层移动床式、立式多层圆筒式、立式多层桨叶刮板式、立式多层板闭合门式等。

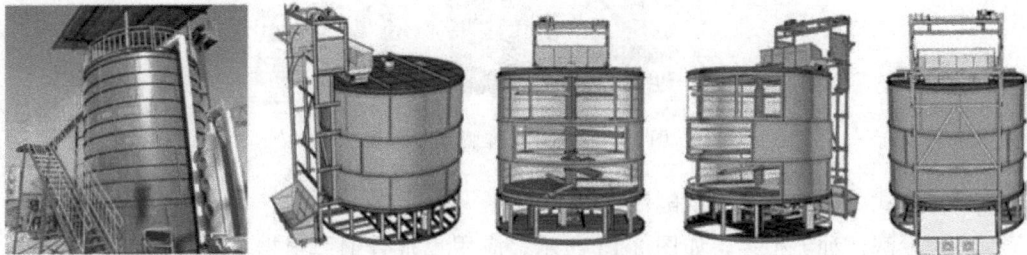

图 3-12　立式堆肥发酵塔

（2）卧式滚筒堆肥发酵装置

堆肥物料盛放在横卧的滚筒中，在筒内表面摩擦力作用下，随着滚筒的旋转向上提升，再借助自身重力落下，从而使物料混合均匀，与氧气充分接触，如图 3-13 所示。筒体的倾斜使物料移向出口，便于供料、传送和排出堆肥产物。该装置存在缺点：由于罐体长度有限，原料滞留时间短，可能导致发酵不充分，需要有二次发酵熟化装置进行补充；且该装置密闭性较差，物料容易产生密实现象而影响充分通气。

图 3-13　卧式滚筒堆肥发酵装置

（3）筒仓式堆肥发酵装置

该发酵装置结构较简单（单层圆筒状/矩形），如图 3-14 所示。一般深度 4～5m，进料口及刮散装置位于装置上部，螺杆式出料机置于下部。常采用强制通风供氧，仓顶进料，仓底出料。根据物料运动形式，分为静态和动态。

图 3-14　筒仓式堆肥发酵装置

（4）箱式（池式）堆肥发酵池

该类发酵池种类很多，如图 3-15 所示，应用也很普遍。根据翻堆方式的不同，通常分为固定式矩形犁式翻堆机发酵池、戽斗式翻堆机发酵池、吊车式翻倒式发酵池、旋转桨叶式翻堆机发酵池和刮板式发酵池几种。

图 3-15　箱式（池式）堆肥发酵池

（5）自然堆积

将堆肥物料堆积至适当高度，可以采用自然通风或强制通风等进行供氧控制。如果采用定型容器，可以对其进行保温作用，堆肥效果能够得到很大程度的提高。自然堆积场所如图 3-16 所示。

图 3-16　自然堆积

109　好氧堆肥过程一般分为几个阶段?

好氧堆肥常分为以下四个阶段。

（1）升温阶段（或中温阶段）

在堆肥初期阶段，固体废弃物堆层呈中温，废物中的易降解糖分及脂肪等有机物被活跃的嗜温性微生物利用并大量繁殖。这些微生物在分解代谢有机物，以及自身繁殖的过程中会将部分能量转化为热能，堆料的保温作用会使温度不断上升。

（2）高温阶段

这一阶段肥堆温度＞45℃，嗜温性微生物因高温受到抑制或死亡。耐高温菌因其高温适应性，大量繁殖后，逐渐在堆肥化过程中占据有利地位。耐高温微生物不但能持续分解可溶性有机物，还能降解难利用的有机化合物，如半纤维素、纤维素和蛋白质等。该过程持续产热，堆体温度持续上升，当高于70℃时，嗜热性微生物大量死亡或休眠。

（3）降温阶段

此时，堆体有机物基本降解，失去营养供给的嗜热菌暂停生长，无微生物的分解代谢作用，因此堆肥无热量产生，温度下降，降至40℃左右开始形成腐殖质。

（4）腐熟阶段

当温度适宜嗜温微生物生存后，存活的嗜温微生物会复苏，并进一步分解有机物，该过程稳定的腐殖质增多，被称为腐熟阶段。

110　堆肥的工艺过程主要分为哪几部分?

堆肥的工艺过程包括：预处理、一次发酵（也称主发酵/一级发酵/初级发酵）、二次发酵（也称后发酵/二级发酵/次级发酵）、后处理、脱臭及贮存等。

（1）预处理

预处理是堆肥工艺的第一步，旨在提高生产效率并确保堆肥过程能达到无害化要求。这一步骤包括破碎和分选垃圾，以去除大块垃圾和难利用物质。同时，要保证废物颗粒大小适宜，既不过大也不过小，以确保微生物的繁殖和通风供氧的充足。此外，调整固体废弃物的含水率和碳氮比也是预处理的重要环节，必要时还需添加微生物和酶制剂以促进发酵进行。

（2）一次发酵（主发酵/一级发酵/初级发酵）

一次发酵是堆肥过程中的关键阶段，微生物在此阶段优先代谢易利用有机物，以完成自身生长繁殖。这一过程会产生二氧化碳、水和热量，导致堆体温度升高。一次发酵周期通常为 4～12d，结束时堆温达到最高值。

（3）二次发酵（后发酵/二级发酵/次级发酵）

一次发酵结束后，即进入二次发酵阶段。这一阶段通常为敞开式，旨在完全分解未分解的有机物，包括未完全分解的易利用有机物和难利用有机物。二次发酵结束后，会形成较稳定的腐殖质，得到完全成熟的堆肥成品。二次发酵周期通常在 20～30d。

（4）后处理

二次发酵后，堆肥成品中可能仍含有前处理无法去除的难降解物质，如塑料、玻璃、陶瓷、金属、碎石等。因此，需要进行后处理以进一步净化堆肥产品。后处理结束后，得到的散装堆肥产品可直接销售或贮存。

（5）脱臭

堆肥过程中可能会产生异味，因此脱臭是堆肥工艺中不可或缺的一环。常见的脱臭方法包括吸附剂吸附法、化学除臭剂法、臭氧氧化法和吸收剂吸收法等。

（6）贮存

春秋两季是堆肥的主要供应季节。为了确保堆肥产品的连续供应和品质稳定，堆肥化工厂需要设置至少能容纳半年（6 个月）堆肥产量的贮藏设备。袋装存放、室外堆放（需防水覆盖物）或堆存于二次发酵仓内都是可选的堆肥贮藏方式。但无论采用哪种方式，都应注意保持堆肥包装的干燥和透气性，以避免影响产品质量。

堆肥的工艺过程是一个涉及多个环节的复杂系统。通过科学管理和精细操作，可以确保堆肥产品的质量和稳定性，同时实现资源的循环利用和环境的可持续发展。

111 ▶ 堆肥过程如何控制各种污染物？

堆肥过程中可能会产生多种污染物，如粉尘、振动、噪声、臭气、废水等。为了有效控制这些污染物，可以采取以下措施。

（1）粉尘控制

① 源头控制：在堆肥原料的收集、运输和加工过程中，尽量减少粉尘的产生。例如，可以采用密封的运输车辆和加工设备，防止粉尘外泄。

② 洒水降尘：在堆肥场地周围和堆肥堆表面洒水，增加湿度，降低粉尘飞扬的可能性。

③ 绿化隔离：在堆肥场地周围种植树木和花草，形成绿化隔离带，减少粉尘对周围环境的影响。

（2）振动控制

① 设备选型：选择低振动、低噪声的堆肥设备，减少振动对周围环境的影响。

② 防振措施：在设备和机座之间安装防振装置，修建足够大的机座，并在机座和构筑物基础间留有足够的伸缩缝，以吸收和分散振动能量。

（3）噪声控制

① 隔声设施：在堆肥设备周围设置隔声墙或隔声罩，减少噪声的传播。

② 低噪声设备：选用低噪声的堆肥设备，如采用静音电机、减速器等。

③ 合理安排作业时间：避免在夜间或居民休息时间进行高噪声作业，减少对周围居民的干扰。

（4）臭气控制

① 脱臭技术：采用生物脱臭、化学吸收、物理吸附等脱臭技术，对堆肥过程中产生的臭气进行处理。

② 密闭发酵：在堆肥过程中，尽量保持堆肥堆的密闭性，减少臭气的排放。

③ 定期翻堆：通过定期翻堆，增加堆肥堆内部的氧气供应，促进有机物的分解，减少臭气的产生。

（5）废水控制

① 废水处理：对来自废物坑和相应设施的废水以及工作人员的生活污水进行适当处理。可以采用废水循环利用等处理发酵仓产生的废水。如果废水在堆肥厂内部无法处理，应运往粪便处理厂或污水处理厂进行处理。

② 雨水收集：在堆肥场地周围设置雨水收集系统，将雨水收集起来进行再利用或排放到合适的地点，避免雨水与堆肥废水混合。

112 ▶ 堆肥过程中需要控制哪些参数？

堆肥过程中，为了达到最佳的堆肥条件，应该综合考虑以下各个参数。

（1）含水率

堆肥过程中，原料含水率是重要参数。在发酵期间，水有助于有机物溶解和微生物生理活动，同时可以调节温度。经过实践和综合考虑，堆肥原料含水率范围45%～60%（质量比）时较为适宜，55%左右最佳。堆肥原料中有机物含量低时，可适当降低原料含水率。当含水率大于65%时，水分会占据堆体缝隙，使通风变差，氧气含量降低，此时堆肥转化为厌氧发酵，温度也随着好氧微生物的抑制而急剧下降，最终导致堆料腐败。因此高水分物料需要适当降低含水率。

（2）碳氮比（C/N）

C/N与微生物的有机物分解速率相关。有机物的C/N最好与微生物自身的C/N一致，约为4～30。一般来说，C/N处于10～25之间的堆肥原料，有机物分解速率最高。经过堆肥化处理的物料C/N会降低。较高C/N的堆肥产品，施用后会导致农作物可利用氮不足，抑制农作物生长发育。故城市固体废物堆肥原料C/N在（20～35）：1为宜。

（3）pH 值

pH 值是动态的，它是反应堆肥分解效率的指标。堆体 pH 值一般在 7.5～8.5 时堆肥化速率最高。在堆肥开始前，一般不需要调整固体废弃物的 pH 值，因为对于不同 pH 值，微生物的适应性较强。但较高的 pH 值（＞8.5）会导致氮转化为氨，造成不必要的氮损失。

（4）供氧量

堆肥过程主要依赖好氧微生物进行，供氧不足会导致微生物的抑制甚至死亡，从而影响堆肥效率。但过分通气增加供氧会带走热量，使肥堆的温度降低，导致堆肥无法进入高温阶段，或抑制高温阶段的耐高温菌氧化过程。综上，调整合适的供氧量十分重要。不同于理论值，实际所需空气量应是理论值的 2～10 倍。此外，物料空隙率对供氧量的确定影响很大，一般视物料的组成、性质而定。

（5）颗粒度

堆肥物料的颗粒度会影响肥堆的空隙率，而空隙率与堆肥的供氧量息息相关。堆肥原料适宜的颗粒度平均为 12～60mm，不同物理特性的废弃物，其堆肥最佳粒径不同；为避免厨余垃圾破碎成浆状物，阻碍好氧发酵，厨余垃圾原料颗粒度尺寸要求较大。此外，物料粒径破碎时要考虑动力消耗，颗粒度越小，处理成本越高。

（6）碳磷比（C/P）

常见的堆肥化原料适宜 C/P 为 75～150。

（7）有机质含量

堆肥有机质的含量与堆体温度及供氧量相关。当原料有机质含量不足时，微生物的营养物质欠缺，较低的生理活动无法产出足够热量为堆肥升温，使堆体无法抵达高温阶段，阻碍无害化处理，降低其使用价值；有机质含量过高也会带来负面影响，此时通风供氧量需要加大。一般堆料有机质含量为 20%～80% 较为合适。

（8）温度

堆体的热量来源主要是微生物的代谢活动产热。当堆体温度过低时，微生物活性降低，分解速率慢，无法产生足够的热量完成热灭活无害化。堆肥过程中的嗜热菌发酵应在 50～60℃ 下活动，在该条件下，虫卵、病原菌、寄生虫、孢子等会被杀灭，以完成无害化。但堆体的温度也不宜过高，当温度超过 70℃ 时，大量有益细菌会休眠甚至死亡，此时堆体的有机质分解速率降低。一般适宜的堆肥化温度为 55～60℃。由于温度对堆肥十分重要，实际生产需要温度-通风反馈系统来自动控制温度。

113 如何提高好氧堆肥效率?

提高好氧堆肥效率可以采取以下措施。

（1）优化堆肥原料配比

好氧堆肥的效果与堆肥原料的配比有很大关系。应根据养分含量、水分含量、碳氮比等因素，合理调配不同比例的有机物，使之达到最佳状态。一般来说，以农家肥、秸秆、畜禽粪便等为原料，按照适当的比例进行配比，如 3∶3∶4 的比例，可以得到较好的堆肥效果。同时，要确保原料的分解性好、含水率适中、有机质含量高、不含大量杂质。

（2）添加活性菌

在堆肥过程中，适量添加活性菌能够促进有机物的分解，提高养分的利用率，同时减少有机物的挥发和流失。活性菌的添加量应根据堆肥的规模和原料的性质来确定，一般来说，每吨堆肥中添加 300～500g 活性菌即可。

（3）控制环境条件

好氧堆肥需要适宜的环境条件才能更快速、更高效地降解有机废弃物。这些环境条件包括温度、水分和通气度。

① 温度：最适宜的温度是 50～60℃左右，若低于 30℃，则需要添加生物制剂以提高堆肥速度和效率。

② 水分：堆肥的湿度应保持在 60%～70%左右，过干或过湿都会影响堆肥的分解。可以通过洒水或添加吸水性材料来调整堆肥的湿度。

③ 通气度：好氧堆肥需要通风，否则容易出现缺氧现象，影响堆肥的分解。适当加强通风能够提高堆肥的温度，促进有机物的分解，同时减少臭味的产生。可以通过定期翻堆、使用通风设备等方式来增加堆肥内部的氧气供应。

（4）定期翻堆

好氧堆肥过程中翻堆非常重要，可以增加堆内通风、松弛堆体、均匀分布呼吸剩余物质，促使生物应激作用，提升动力和堆肥速率。建议每 2～3 周进行一次翻动，并在翻堆时检查并调整水分和通气度。

（5）控制堆肥时间

好氧堆肥的时间一般在 2～3 个月左右，如果时间过长，会降低堆肥的质量和效果。因此，在堆肥的过程中，应掌握好氧堆肥的时间，及时停止堆肥，以便进一步利用。

（6）使用生物制剂

生物制剂可以加快堆肥的降解速度，尤其是在堆肥量较大时效果更显著。生物制剂一般包括菌剂、酵素和微生物等，可以在市面上购买到。在堆肥过程中添加适量的生物制剂，可以进一步提高堆肥效率。

114 ▶ 如何控制堆肥过程中的含水率？

控制堆肥过程中的含水率是提高堆肥效率和质量的关键环节。以下是一些控制堆肥含水率的方法。

（1）原料含水率调整

① 检测原料含水率：在堆肥前，使用湿度计或水分仪器等设备检测原料的水分含量，确保对原料的含水率有准确的了解。

② 调节原料含水率：若原料含水率过高，可以通过晾晒、风干、加热烘干等方式

减少其含水量。若原料含水率过低，可以添加适量的水或含水率较高的调理剂（如污泥、粪水等）来调节。

（2）堆肥过程含水率控制

① 添加水分：在堆肥过程中，根据实际情况添加适量的水来调节水分含量。可以通过加水喷淋、喷洒或淋水等方式进行。需要注意的是，添加水分时要均匀喷洒，避免局部过湿。

② 翻堆与通风：适时进行堆肥堆的翻堆和通风，有助于控制水分。翻堆可以增加堆体的通气性，促进水分的蒸发和分布。通风则可以排除多余的湿气，保持适宜的湿度。

③ 使用调理剂和膨胀剂：对于高含水率的固体废物，可以添加调理剂（如锯末、秸秆等）和膨胀剂（如木屑、稻壳等）来吸收多余的水分，同时维持堆垛结构的完整性和多孔性。

（3）含水率监测与调整

① 定期监测：在堆肥过程中，需要定期进行水分监测，以了解堆肥堆的水分含量变化情况。可以从堆肥堆的不同位置取样进行多次测试，以获得更准确的水分数据。

② 根据监测结果调整：根据监测结果，及时调整添加的水量或采取其他措施来保持适宜的水分含量。若水分过高，可以通过增加翻堆频率、加强通风等方式来降低水分；若水分过低，则可以适量添加水分或调理剂来调节。

（4）注意事项

① 避免水分过高或过低：水分过高会导致堆体内部缺氧、温度过高，同时容易产生异味和大量的挥发性气体；水分过低则会抑制微生物的活动，降低发酵速度和质量。

② 考虑原料特性和工艺条件：不同类型的原料和工艺条件对水分的要求可能有所不同。因此，在实际操作中，需要根据具体情况进行灵活调整。

控制堆肥过程中的含水率需要综合考虑原料含水率、堆肥过程含水率控制、含水率监测与调整以及注意事项等多个方面。通过科学的管理和先进的技术手段，可以有效地控制堆肥过程中的含水率，提高堆肥效率和质量。

115 ▷堆肥过程中的通风操作具有哪些作用？

通风操作会直接影响堆肥产品质量，为堆体通风的主要作用包括：

① 充分供氧，促进微生物代谢活动；

② 通过通风供氧，调节堆体温度；

③ 通过改变通风量，可以去除堆体多余水分。

通风与堆肥的氧接触程度、含水率、产热散热以及废气排放息息相关，通风的好坏直接影响产品效果。常见的堆肥通风量为初期 2L/min，高温阶段 4L/min。

理论上讲，有机物在堆肥中的分解具有不确定性，难以根据固体废物的含碳量变化而精确确定供氧量。目前，研究人员往往通过测定堆层中氧的浓度和好氧反应速度间接地了解堆层中的微生物活动情况以及需氧量的多少，从而达到控制供氧量的目的。合适的氧浓度需要通过试验测定，严格来说，一般不小于8%，我国的城市垃圾堆肥一般取大于10%。当氧浓度跌破8%时，堆体由好氧发酵转变为厌氧发酵，产生恶臭，堆温降低，影响堆肥效果。通气量通常为 $0.6\sim1.8m^3/(d\cdot kg)$，或者控制氧浓度在10%～18%为宜。

116 通风供氧有哪些方式？

通风供氧方式主要包括自然通风、被动通风和强制通风。设备性能、场地环境等因素共同影响通风方式的选择。通风方式和通风量的选择，需要结合多种因素综合考虑，在保证物料成功腐熟的同时，实现能耗与堆肥效果的等效平衡。

根据实际生产情况，常见高温好氧堆肥的供氧方法为以下几种。

（1）自然扩散法

气体的自然扩散作用能让氧气扩散进入堆体内部。不同的发酵阶段，空气的表面扩散范围不同。在好氧堆肥初期，堆体表层约20cm范围能够通过自然扩散法获得足够氧气，堆体内部则较难通气，极易发生厌氧发酵。一般好氧堆肥初期不会采用自然扩散法通气。随着发酵的进行，肥堆的间隙率增加，在二次发酵阶段，自然扩散法可使堆体内部1.5m处获得氧气，若堆高低于1.5m，采取自然扩散能够节约能量。

（2）翻堆供氧法

条垛堆肥过程常用该法。人们常通过翻动搅拌堆体，使氧气充分进入物料间隙，以提供足够的氧气。

（3）强制通风法

该方法通风供氧最为有效，大型堆肥厂较为常见，具有易于操作控制等特点。

（4）翻堆与强制通风相结合

通常用于强制通风条垛系统。

（5）被动通气法

该方法的原理是"烟囱"效应，常用于条垛堆肥系统。该通气法因无需翻堆或机械强制通风，可节省成本。

117 餐厨垃圾堆肥中可降解的固体有机废物包括哪些？降解它们的微生物群落分别是什么？

堆肥中可降解的固体有机废物包括玉米秸秆，蔬果果皮、剩饭、剩菜、碎骨等。可生物降解成分包括木质素、纤维素、果胶质、淀粉、脂肪、蛋白质、氨基酸类等物质。参与降解的微生物群落有细菌、真菌、放线菌等好氧微生物，以及人工加入的高效复合菌剂，分别简述如下。

（1）木质素

木质素是一类高分子化合物的统称。木质素常见于秸秆作物中，是十分致密的网络结构，能够包裹纤维素，以阻碍纤维素酶的降解作用。木质素主要由真菌降解，但想要完全降解，需要复杂的微生物群落协作完成。常见的木质素降解真菌有白腐菌、褐腐菌和软腐菌等。

（2）纤维素

纤维素是由一系列葡萄糖单元通过 1、4 号碳原子以 β 键相连而形成的线性碳水化合物。纤维素降解微生物分类广泛，以中温好氧菌和好热性厌氧细菌为主，其中黏细菌、镰状纤维菌、纤维弧菌、高温厌氧芽孢杆菌属、梭状芽孢杆菌属、热解纤维果汁杆菌属以及高温厌氧杆菌属等较为常见。

（3）果胶质

果胶质存在于植物细胞壁和细胞间质中。果胶质分解微生物种类广泛，好氧细菌包括芽孢杆菌和软腐欧式杆菌等；厌氧细菌包括蚀果胶梭菌等；真菌则包括木霉、曲霉、青霉、毛霉、根霉和芽枝孢霉等。

（4）淀粉

淀粉广泛存在于植物细胞中。淀粉通常会被好氧微生物水解成葡萄糖，最终转化为二氧化碳和水，完成代谢；在厌氧微生物分解淀粉时，会无氧呼吸产生二氧化碳和乙醇。好氧淀粉分解微生物有根霉、枯草芽孢杆菌、曲霉等；无氧呼吸完成降解的微生物主要包括根霉、曲霉和酵母菌等。

（5）脂肪

脂肪通常通过脂肪酸 β 氧化作用完成降解，该代谢途径广泛存在于动物、植物和微生物细胞中，因此自然界存在大量能够代谢脂肪的细菌和真菌。

（6）蛋白质

蛋白质大分子首先需要在细胞外，通过蛋白酶水解作用形成能进入细胞的小分子的肽、氨基酸，才能实现微生物降解。可利用蛋白质作为营养物质的微生物种类较多，其中细菌占主要地位。好氧细菌包括巨大芽孢杆菌、蜡状芽孢杆菌、枯草芽孢杆菌等；兼性菌包括假单胞菌、变形杆菌等；厌氧菌以生孢梭状芽孢杆菌和腐败梭状芽孢杆菌等为主。

118 餐厨垃圾好氧堆肥需要添加哪些辅料？

常见辅料包括锯末、稻壳、玉米秸秆和菌糠。作为堆肥化处理的原材料，应符合三个特性：

① 废弃物原料密度一般为 $350 \sim 650 kg/m^3$；

② $40\% \sim 60\%$ 的含水率；

③ C/N 为 $(20 \sim 30):1$。

目前，中国好氧堆肥化的原料集中在粪便、城市生活垃圾和污泥等。近年来，农业固体废物也逐渐作为原料进行堆肥化处理。这些垃圾均可以与餐厨垃圾混合堆肥。

119 好氧堆肥的主要设备有哪些?

在堆肥工艺中,主要用到的设备包括:磁选机、锤式破碎机、混料机、翻抛机(主体设备)、筛分机和低温破碎机等,如图 3-17 所示。

(a) 磁选机   (b) 锤式破碎机   (c) 混料机

(d) 翻抛机   (e) 筛分机

图 3-17　常见堆肥设备

120 固体废物堆肥化系统的进料和供料系统组成如何?

固体废物堆肥化的进料和供料系统通常包括以下设备和设施。

(1)地磅秤

用于对进场固体废物进行称重。通常当系统的处理能力达到 20t/h 时就应配备称重装置。除了对原料进行称重外,地磅秤还评估堆肥产品的质量。

(2)堆料场

堆肥厂在进料过程中,需要设置适当规模的堆料场,便于固体废物收集车出入,且为了承受固体废物收集车,堆料场强度应该足够。为了不影响堆肥厂运作生产,堆料场应具备较大空间,以便物料周转。同时,顶棚、照明和通风等装置也必不可少。

(3)卸料台

为保证车辆能够安全运输固体废物到指定地点,卸料台的长度和宽度要足够。在配置卸料台时,为防止收集车运输对设备操作造成影响,卸料台应紧靠贮料仓和料斗,且与处理设备隔开。为防止臭气扩散造成污染,以及规避雨雪等,常采用室内型卸料台。

(4)进料门

进料门是将卸料台与料仓隔开的,设置在进料仓口的门,可防止臭气和尘埃扩散。

配置进料门时应满足高峰时期的收集车出入，且门的尺寸应根据收集车类型来决定。

（5）贮料仓

贮料仓是用于暂时贮放进入处理系统的废物的装置，同时具备调节设备废物处理量的功能。贮料仓的容量应综合多种因素确定。通常确定贮料仓容量时，应至少保障 2d 的最大处理量。

（6）装载机械

装载机械是指由垃圾堆料场或贮料仓（池）向进料斗、给料机或其他输送皮带上供料的设备和机械。常用的装载机械包括起重吊车、蟹爪式装载机、液压式铲车、回转式装载机等。

（7）进料漏斗

进料漏斗具有承受和贮放从贮料仓或废物收集车运来的固体废物的能力，应根据处理废物的具体情况来确定尺寸，一般在 1.5m×2m 以上。进料漏斗通常安装在送料传送带板式给料机上，有时也安装在液压剪切的破碎设备上。通常采用普通钢板焊接而成。漏斗倾斜角度至少 40°。

（8）运输机械

运输机械是指生产过程中用到的运输传动装置（包括起重机械），常见的包括链板式输送机、皮带输送机、斗式提升起、螺旋输送机等。

121 ▷餐厨垃圾的堆肥通常采用哪些方式？

最常采用的堆肥方式是反应器式堆肥，该方式具有周期短、不受时间和空间限制、易于工业化生产、环境友好等特点，应用价值相对较高。

好氧堆肥工艺可按照好氧堆肥的操作不同进行分类，具体如表 3-5 所列。

表 3-5 好氧堆肥的代表性工艺

工艺类型	条垛堆肥	好氧静态垛堆肥	发酵仓堆肥
定义	将混合好的固体废物堆成条垛状，在好氧条件下进行分解	堆肥过程中料堆静止不动,通过强制通风方式给堆体供氧	物料在部分或全部封闭的容器内,控制通气和水分条件,使物料进行生物降解和转化
工艺特点	堆体必须通风，一般采用强制通风和机械搅拌两种方式。 堆体规模必须适当,太小则保温性差,易受气候影响;太大则易在堆体中心发生厌氧发酵,产生强烈臭味,影响周围环境	通气系统是决定工艺正常运行的关键因素,也是控制温度的主要手段。在堆肥过程中,通风不仅为微生物分解有机废物供氧,而且也去除二氧化碳和氨气等气体,同时促进散热并蒸发水分	该系统在一个或几个容器内进行,机械化和自动化程度较高
优点	1. 设备简单,投资相对较低; 2. 翻堆会加快水分的散失,堆肥易于干燥; 3. 填充剂易于筛分和回用; 4. 因为堆腐时间相对较长,产品的稳定性相对较好	1. 设备的投资相对较低; 2. 温度及通气条件较易控制; 3. 产品稳定性好,能更有效地杀灭病原菌及控制臭味; 4. 堆腐时间相对较短,一般为 2~3 周; 5. 占地相对较少	1. 堆肥设备占地面积小; 2. 易实现自动化操作; 3. 堆肥过程不会受气候条件的影响,产品质量好; 4. 能够对废气进行统一的收集处理,防止环境的二次污染,同时也解决了臭味问题

续表

工艺类型	条垛堆肥	好氧静态垛堆肥	发酵仓堆肥
缺点	1. 占地面积大； 2. 要有大量的机械及人力投入； 3. 监测频率要求高； 4. 易产生臭味，特别是当堆生污泥或未经稳定化的污泥时情况更为严重； 5. 操作受气候条件的限制； 6. 所需填充剂比例相对较大	堆肥易受气候条件的影响	1. 建设投资和运维费用高； 2. 技术水平要求较高； 3. 堆肥产品有潜在的不稳定性，堆肥的后熟期相对延长； 4. 一旦设备出现问题，影响较大

122 ▷ 堆肥过程主要的产物有哪些？

理论上，在调控好的情况下，堆肥过程产物主要是二氧化碳、水、已经腐殖质化的基质等，但由于实际堆肥化过程中存在氧化不充分现象，也会排放其他温室气体（甲烷、氮氧化物）和一些恶臭气体，如挥发性硫化合物（VSCs）、NH_3、H_2S 等。

123 ▷ 能够减少餐厨垃圾好氧堆肥有害气体排放的方法有哪些？

减少餐厨垃圾好氧堆肥化的有害气体排放，常用方法是在餐厨垃圾中添加合适比例的辅料（如玉米秸秆、锯末等蓬松多孔的基质），获取混合物料，以改善餐厨垃圾在生物转化过程中的性质（包括混合物料的含水量和碳氮比）。调整通风量，并间隔预设时间进行翻堆，使混合物料充分进行好氧发酵。这种做法能够在餐厨垃圾生物转化过程中减少污染气体的排放。

124 ▷ 如何判断堆肥的腐熟程度？

固废原料的堆肥化能够使废物中的有机物在矿化和微生物分解代谢作用下，产出富含腐殖质的堆肥产品，且腐熟堆肥产品具有环境友好性，不会给土壤和作物带来负面影响。堆肥腐熟程度与产品的稳定化程度成正比。如何确定腐熟度，对堆肥化理论的研究和实际生产都有重要意义。

多年来，国内外研究人员对如何衡量腐熟度进行过多次学术性和实用性的探讨，提出了不少腐熟度指标，但是究竟以哪一种腐熟度指标作为统一标准，目前仍没有权威性论断，因为几乎所有的作为腐熟度评判标准的参数都存在不足之处。所以，通常综合多种腐熟度指标来衡量堆肥的腐熟程度。

堆肥过度腐熟或未完全腐熟，都会产生不良影响。当堆肥过度腐熟时，产品养分过剩，无法充分利用，会造成资源浪费。未完全腐熟的堆肥中，当碳氮比（C/N）过高（25:1或更高）时，堆体中有机质并未达到稳定化，在实际农业生产中会对作物产生负面影响；当 C/N 比值过低时，堆肥产品应用会产生大量氨气，毒害植物生长。未腐熟堆肥产品中仍存在未分解完全的有机质，施用后在土壤中为微生物以及原生动物提供营养来源，引起它们的快速生长繁殖及活动，这一过程掠夺作物根系的养分，形成厌氧环境，且过量有机物有促进土壤中某些重金属离子溶解的可能，最终不利于植物生长。此外，未腐熟的堆肥还具有大量中间代谢物——有机酸，部分有机酸化合物能抑制植物种子发芽、根系生长，最终减少作物产量，并且在还原条件下可产生 H_2S 和 NO 等有害成分，给堆肥产品的推广利用带来不利影响。

125 ▷ 评价堆肥腐熟度的指标有哪些？

堆肥腐熟度评价指标包括物理指标、化学指标、生物活性指标、植物毒性指标以及安全性指标等，具体如下。

（1）物理指标

包括堆体的温度，堆肥产物的颜色、气味和密度以及其他表观性状等。当堆体温度近似常温，肉眼观察呈茶褐色或暗黑色，有土壤霉味，无恶臭，团粒结构疏松，具有白色或灰白色菌丝时，可人工判断为已经腐熟。但物理指标只可定性，而不能作为定量分析的指标。

（2）化学指标

① C/N 比值。固相 C/N 比值是判断堆肥腐熟度的传统方法之一。当 C/N 比值降低至（15～20）:1 以下时，通常可以认为堆肥已经腐熟。但是，由于不同堆体初始 C/N 比值和最终 C/N 比值相差较大，因此该参数难以广泛应用，也不能用于不同堆体之间的比较。另外，由于 C/N 比值中的 C 测定比较困难，因此目前尚不适宜作为通用、简便、科学的判定腐熟度的标准。

② 有机化合物。在堆肥时，淀粉的彻底消耗意味着堆肥腐熟。一般利用点状定性检测器检测堆体中是否含有淀粉。该方法操作便利，可用于进行现场检测。但是，样品的检测具有随机性，样品未检到淀粉并不能证明堆肥已腐熟，这是该法的局限。

③ 腐殖质。常用 NaOH 进行腐殖质（HS）的提取，通常提取的 HS 包括胡敏酸（HA）、富里酸（FA）和未腐殖化部分（NHF）。堆肥原料中 NHF 和 FA 占比较高，而 HA 占比较低。经过堆肥化后，非腐殖质成分和富里酸含量基本不变或略有减少，但胡敏酸含量大大增加。学者根据 HA 和 FA 的关系，提出以腐殖化指数（HI＝HA/FA）、腐殖化率[HR＝HA/（FA＋NHF）]、胡敏酸含量百分数（HP＝HA/HS×100%）等作为腐熟度指标。

④ 含氮化合物。堆肥的含氮化合物浓度也是堆肥是否腐熟的判定指标之一。常见的含氮化合物包括亚硝态氮、硝态氮和氨态氮。在堆肥初期，氨态氮的含量高，但到堆肥结束时，氨态氮含量很少甚至为零，而硝态氮含量最高，其次是亚硝态氮。但含氮化合物浓度只能作为判断堆体是否腐熟的参考，因为含氮化合物浓度还会受到其他多方面因素影响，如温度、氮源、pH 值等。

（3）生物活性指标

① 耗氧速率。固体废弃物堆肥化处理过程中，有机物分解和堆肥反应的进行程度可通过氧的消耗速率反应。在堆层供氧充足的情况下，由于原料成分对耗氧速率影响较小，此时检测到的耗氧速率数据较为可靠，因此耗氧速率可作为定量指标评估堆体的腐熟程度。

② 微生物种群与数量。固体废弃物堆肥化的腐殖质的转化依赖于微生物的生理活动，因此微生物的群落演替也可以反应堆肥化进程。同时，特定微生物的多样性和丰富度变化，也是反映堆肥代谢情况的重要依据。

③ 酶学指标。经研究表明，微生物的有机物分解代谢过程，发挥主要作用的是微生物分泌的胞外水解酶，因此当水解酶活性高时，说明堆肥的新陈代谢较为活跃，尚未腐熟，而水解酶活性较低时，反映堆肥达到腐熟。不同于水解酶，纤维素酶和酯酶常用来降解难利用有机物，它们的活性会在堆肥化后期迅速增加，可间接反映堆肥的稳定性。

（4）植物毒性指标（主要指发芽指数）

发芽指数能通过产品的植物毒性，直接快速地检验堆肥是否腐熟。其原理是，在未腐熟的堆肥作用下，未完全腐殖化的物质会抑制植物生长，腐熟的堆肥则会促进植物生长，通常认为发芽指数达到 $80\%\sim85\%$ 时，堆肥已完成腐熟。具体的发芽指数计算方法如下：

$$发芽指数\ GI = \frac{堆肥处理的种子发芽率 \times 种子根长}{对照的种子发芽率 \times 种子根长} \times 100\% \qquad (3\text{-}3)$$

（5）安全性指标

堆肥腐熟后需达到一定卫生标准，如蛔虫卵死亡率应达到 $95\%\sim100\%$，粪大肠菌值处于 $10^{-1}\sim10^{-2}$CFU，每克堆肥干样中沙门氏菌少于 1 个，病毒噬菌斑少于 $0.1\sim0.25$ 个。需要注意的是，不同国家地区标准不同。

各方面试验表明，上述系列参数均能较为一致地反应堆肥化进程及指示堆肥腐熟程度，即当堆肥化趋于稳定时，以上指标均达到稳定值。为准确反映堆肥的腐熟程度，通常会选取多个指标进行检测。

126 ▶ 国家对堆肥成品有哪些卫生要求和质量要求？

堆肥产品应达到以下的无害化卫生要求：

① 堆肥温度（静态堆肥工艺）大于 55℃ 的时间应持续 5d 以上。当堆肥采用强制通风静态垛系统和反应器系统时，要求堆体内部温度大于 55℃ 后需至少持续 3d；当采用条垛系统时，要求堆体内部温度大于 55℃ 后需至少持续 15d，且在堆肥化过程中，至少翻堆 5 次。

② 蛔虫卵死亡率应大于 95%。

③ 粪大肠菌值：$10^{-1}\sim10^{-2}$CFU。

通常堆肥成品应达到的质量要求是：

① 粒度：农用堆肥产品粒度应≤12mm，山林果园用堆肥产品粒度应≤50mm。

② 含水率≤35%。

③ pH值，6.5~8.5。

④ 全氮（以N计）≥0.5%。

⑤ 全磷（以P_2O_5计）≥0.3%。

⑥ 全钾（以K_2O计）≥1.0%。

⑦ 有机质（以C计）≥10%。

⑧ 重金属含量：总铬（以Cr计）≤300mg/kg、总铅（以Pb计）≤100mg/kg、总镉（以Cd计）≤3mg/kg、总砷（以As计）≤30mg/kg、总汞（以Hg计）≤5mg/kg。

堆肥稳定化和卫生安全性评价指标见表3-6。

表3-6 堆肥稳定化和卫生安全性评价指标表

项目	观测和判定标准	
感官标准	颜色	茶褐色或黑色
	气味	无恶臭气体
	手感	手感松软易碎
相对耗氧速率/($\triangle O_2$%/min)		约为0.02
总固体(TS)	初始值	
	最终值	
	减少率	一般在30%~50%之间
挥发性固体(VS)	初始值	
	最终值	
	减少率	一般在30%~50%之间
碳氮比(C/N)	初始值	
	最终值	
	减少率	一般在30%~50%之间
卫生安全性	大于55℃堆肥持续时间	>5d

注：对于卫生安全性指标，需要用EXCEL绘制出整个堆肥过程中的温度变化曲线，在曲线上标注出大于55℃堆温的持续时间。

127 ▶ 施用堆肥能够对土壤产生哪些积极的作用？

施用堆肥能够增加土壤中稳定的腐殖质，形成团粒结构，并带来一系列积极作用：

① 在土壤中施用堆肥，能够松软土质，增多土壤孔隙，使可耕作性增加，同时堆肥施用能增加土壤保水性、透气性及渗水性，显著提高土壤物理性能。

② 土壤中施用的堆肥能够吸附阳离子，有助于多种肥料元素，如氮、钾、铵等以阳离子形式存在。堆肥中腐殖质的阳离子交换容量（即CEC，其大小可作为评价土壤

保肥能力的指标，值越大，土壤保肥性越高）是普通黏土的几倍到几十倍。

③ 堆肥中的腐殖化有机物对植物生长调节具有积极作用，施用堆肥产品有助于植株根系发育伸长，利于植物生长。

④ 腐殖质可作螯合剂。作为螯合剂，腐殖质中的物质能与酸性土壤中的活性铝螯合，形成非活性物质，消除活性铝对磷酸的消耗。另外，腐殖酸还能与众多有害重金属离子反应，如铜、铝、镉等，消除重金属对植物及根际微生物的胁迫作用。

⑤ 堆肥中的腐殖质可起到缓冲作用。土壤中的腐殖质可以抵御外界变化，使土壤具有低于外界环境变化的能力，提高土壤性能，如肥料施加量、外界气候和土壤水分的波动，作为缓冲剂，腐殖质可防止植物枯萎。

⑥ 堆肥是缓效性肥料。堆肥是富氮产品，氮素以蛋白质-氮的形态为主，在环境微生物的作用下会缓慢分解为氨氮，有时还会部分形成硝酸盐氮，这些形式的氮都能被植物吸收利用。不同于立竿见影的化肥，堆肥对土壤的影响是缓慢而持久的，有利于作物生长和土壤肥化。

⑦ 施加堆肥可丰富土壤中的微生物种类及生物量。堆肥中的促生微生物会分泌有益物质促进作物生长。

综上，腐殖质的施加有利于可持续农业发展。堆肥应用范围广，除作肥料外，也可以应用于蘑菇盖面、过滤材料、隔声板及制作纤维板等。

（五）厌氧消化处理技术

128 什么是厌氧消化？

厌氧消化是指在特定的厌氧条件下，厌氧微生物分解有机废物中的有机质，降解易腐生物质，并消除其生物活性，转化成无腐败性稳定残渣的过程。在厌氧消化过程中，部分碳素物质转化为甲烷和二氧化碳，其中被分解的有机碳化物的能量大部分转化贮存在甲烷中，仅小部分有机碳化物被氧化成二氧化碳，释放的能量用于微生物生命活动。因此在这一分解过程中，仅积贮少量的微生物细胞。

129 厌氧消化分为哪几个阶段？

厌氧消化的原料来源复杂，参加反应的微生物种类繁多、分离鉴别难度大，导致厌氧消化过程理论分析复杂化。对厌氧消化过程的分析目前有两阶段理论、三阶段理论和四阶段理论，其中以三阶段理论最为广泛接受。

（1）水解（液化）阶段

在微生物胞外酶（如纤维素酶、淀粉酶、蛋白酶和脂肪酶等）的作用下，纤维素、淀粉、蛋白质、脂肪等有机物转化为可溶性的小分子物质。例如纤维素、淀粉等多糖分解成单糖和二糖，蛋白质分解为肽和氨基酸，脂肪转化为甘油和脂肪酸。

（2）产酸阶段

在微生物胞内酶的作用下将水解阶段的产物转化为低分子化合物，如低级脂肪酸、醇等，其中以挥发性有机酸尤其是乙酸所占的比例最大，可达到约 80%。产酸阶段通常还会伴随大量的 H_2 游离出来，也称为产氢产酸阶段。

（3）产甲烷阶段

产甲烷菌利用二氧化碳、甲醇等一碳化合物以及乙酸和氢气产生甲烷。其中约有 30% 来自氢的氧化和二氧化碳的还原，另外 70% 则来自乙酸盐。该阶段，之前产生的低分子物质几乎 90% 可以转化为甲烷，其余 10% 则被甲烷菌自身新陈代谢所消耗。

三阶段过程实际上是一个连续、相互依赖的过程。在发酵初期，以第一和第二阶段为主，兼有第三阶段反应。发酵后期，三个阶段的反应同时进行，只有在一定的动态平衡下，才能够持续正常地产气。

130 ▶ 厌氧消化过程中的微生物包括哪些？

厌氧消化过程中的微生物一般包括不产甲烷菌和产甲烷菌两种。

（1）不产甲烷菌

在厌氧消化过程中，不直接参与甲烷形成的微生物统称为不产甲烷菌，种类繁多，有细菌、真菌和原生动物。其中细菌的种类最多，作用最大，按呼吸类型可分为专性厌氧菌、好氧菌和兼性厌氧菌，其中专性厌氧菌的种类和数量最多。不产甲烷菌的作用主要为：

① 将复杂的大分子有机物降解为简单的小分子有机物，为产甲烷菌提供营养基质；

② 为产甲烷菌创造适宜的氧化还原条件；

③ 为产甲烷菌消除部分有毒物质；

④ 协助产甲烷菌，共同维持厌氧消化过程中适宜的 pH。

（2）产甲烷菌

由于产甲烷菌能厌氧代谢产生甲烷而成为原核生物中一个独特类群。随着科学技术和研究手段的进步，越来越多产甲烷菌被人们提纯。产甲烷菌有以下几个特点：

① 严格厌氧，对氧和氧化剂非常敏感；

② 要求中性偏碱的环境；

③ 菌体倍增时间较长，有的 4～5d 才系列繁殖 1 代；

④ 只能利用少数简单化合物作为营养物，所有产甲烷菌几乎都能利用氢分子；

⑤ 代谢的主要终产物是甲烷和二氧化碳。

131 ▶ 参与厌氧消化的厌氧菌有哪些种类？

国内外学者综合研究了从温泉、堆肥、油井等热源处分离得到的一系列厌氧高温木质纤维素分解菌，它们主要包括高温神袍菌属（*Thermotoga* sp.）、高温厌氧杆菌属（*Thermoanaerobacter* sp.）、网络球杆菌属（*Dictyoglomus* sp.）、螺旋体属（*Spiro-chaeta* sp.）、热解纤维果汁杆菌属（*Caldicellulosiruptor* sp.）、梭状芽孢杆菌属（*Clostridium* sp.）、高温小杆菌属（*Fervidobacterium* sp.），以及一些高温厌氧芽孢杆菌属（*Thermoanaerobacterium* sp.）。这些菌种不仅能够利用木质纤维素中的一种或者几种组分作为唯一碳源，而且普遍能耐受 60℃ 以上高温，有些菌种的最适温度甚至达到 80℃。其中，梭状芽孢杆菌属的菌种居多，包括高温产硫化氢梭状芽孢杆菌（*Clostridium thermohydrosulfuricum*）、高温产硫梭状芽孢杆菌（*Clostridium thermsulfurogenes* sp. nov.）、粪堆梭状芽孢杆菌（*Clostridium stercorium* sp. nov.）、高温梭状芽孢杆菌（*Clostridum fervidus* sp. nov.）、高温堆肥梭状芽孢杆菌（*Clostridium thermocopria*）、约休梭状芽孢杆菌（*Clostridium josui* sp. nov.）、高温产丁酸梭菌（*Clostridium thermobutyricum* sp. nov.）、高温棕榈梭状芽孢杆菌（*Clostridium thermopalmarium* sp. nov.）和嗜热解纸沙草梭状芽孢杆菌（*Clotridium thermopapyrolyticum* sp. nov.）等。

132 餐厨垃圾厌氧消化和其他物料厌氧消化相比有哪些特点？

餐厨垃圾厌氧消化的甲烷产量通常高于其他物料，如秸秆、畜禽粪便、活性污泥等。这是由于餐厨垃圾中的碳水化合物、蛋白质、脂肪的含量通常超过干物质的 70%，尤其含有较高含量的油脂，这些成分都具有较高的产甲烷潜力。同时餐厨垃圾的成分通常较易降解，大部分可轻易转化为甲烷，而秸秆、畜禽粪便、活性污泥等降解率通常较低，需要通过酸、碱、高温、高压等预处理将其中的有机物溶解释放才能达到有效的降解。另外，餐厨垃圾的碳氮比（C/N）一般在 10～30，符合厌氧消化 C/N 值在 0～5 的要求。

餐厨垃圾因其有机质含量高、生物降解性好，为厌氧消化提供了极好的前提条件，经厌氧生物处理后能回收大量氢气和甲烷，实现能源回收，具有较大的经济价值。

133 餐厨垃圾厌氧处理通常包括哪些步骤？

典型的餐厨垃圾厌氧处理工程包括餐厨垃圾预处理、厌氧消化产沼气、沼气净化储存及利用、沼液脱水、沼渣堆肥、污水处理等环节。

（1）餐厨垃圾预处理

为了保证后续厌氧消化的顺利进行，必须对餐厨垃圾进行预处理，其主要目的是去除餐厨垃圾中塑料、金属、砂石、纸张等杂质，调和成浓度均匀的浆料，以利于后续厌氧消化。一般来说，餐厨垃圾的预处理主要包括称重、卸料、分选、破碎、匀浆等。

（2）厌氧消化产沼气

经过预处理的餐厨垃圾进入厌氧发酵系统，有机物降解的同时产生沼气。现有沼气工程多采用完全混合式湿式中温厌氧发酵，容积负荷控制在 $3.5～4.5kg\ TS/(m^3 \cdot d)$。

（3）沼气净化储存及利用

厌氧消化产生的沼气的主要成分为甲烷（CH_4）和二氧化碳（CO_2），可作为能源利用。沼气中含有硫化氢和水等杂质，易腐蚀管道、阀门等部件，因此要先进行脱硫、脱水等处理，分别去除沼气中的硫化氢和水分。可采用生物脱硫、化学脱硫，或两种方法联合使用进行脱硫。

（4）沼液脱水

餐厨垃圾浆液经厌氧发酵后，发酵残余物——沼液的有机物浓度和含固率仍然较高，需要进一步固液分离。沼液先溢流入沼液调节池，然后由泵提升至固液分离装置进行脱水，分离出沼渣和滤液。可添加絮凝剂，借助于药剂的絮凝作用使沼渣脱水，达到更好的沼液脱水效果。

134 ► 厌氧消化过程主要包括哪些操作？

通常厌氧消化过程的操作如下。

① 原料的选择和预处理：为保证厌氧消化的顺利进行，在进行厌氧消化前需对原料进行适当的预处理。将不可发酵降解的物质去除；难降解的物质（如秸秆中的纤维素等）可先用高温堆积处理。此外，常用于固体废物的预处理方法还包括破碎、制浆等。

② 配料：厌氧消化原料的碳氮比以（20～30）∶1为宜，可按照各种原料的碳氮含量进行配料。

③ 接种：新鲜原料一般缺少微生物，需要进行接种，常用消化污泥进行接种。高温厌氧发酵的接种菌种还需要先经过驯化和逐级扩大培养，直到发酵稳定，才可进行接种。

④ 搅拌：搅拌能够防止局部过热，使整个反应装置内保持均匀的温度，还能打碎浮渣，使物料与微生物菌种良好接触，及时分离发酵产物，提高沼气产量。

⑤ 沼气收集：一般投入物料3～5d后开始产气，产气前3d气体中甲烷含量较低，二氧化碳含量较高，不适宜利用。产气3d后甲烷含量可以达到50%～60%，此时可收集气体，也可对气体进行压缩、净化等处理，方便贮存或利用。

如采用连续发酵方式，还需进行连续补料。高温和中温连续发酵中，每天新料的投加率分别约为初始原料的10%和5%（以体积计算），常温连续发酵则为每5天4%。出料需在进料之前进行，出料量与进料量相同。另外，如果采用高温或中温厌氧发酵工艺，还需要加热，以便维持发酵装置处于合适的温度范围之内。

135 ► 餐厨垃圾制备沼气的常见工艺流程是什么？

以青岛一垃圾处理基地采用的餐厨垃圾沼气热电联产工艺为例。该厂垃圾日处理量为180t，产出天然气达城镇二级燃气标准。专业运输车队使用专用桶收集废物，并在整个过程中将其密封送到工厂。该工艺采用51～53℃的高温湿式单相连续厌氧发酵技术，发酵罐中餐厨垃圾的固体含量为 $10\%\sim15\%$，产酸细菌和产甲烷菌位于同一反应器中，发酵罐下部定期注入有机液体，发酵时间为 30d，期间不搅拌。添加剂用于调节发酵过程中的 pH 值和 C/N 等参数。餐厨垃圾厌氧发酵流程主要包括破碎分拣、蒸煮制浆、厌氧发酵和沼气提纯四个步骤，餐厨垃圾制备沼气流程如图 3-18 所示。

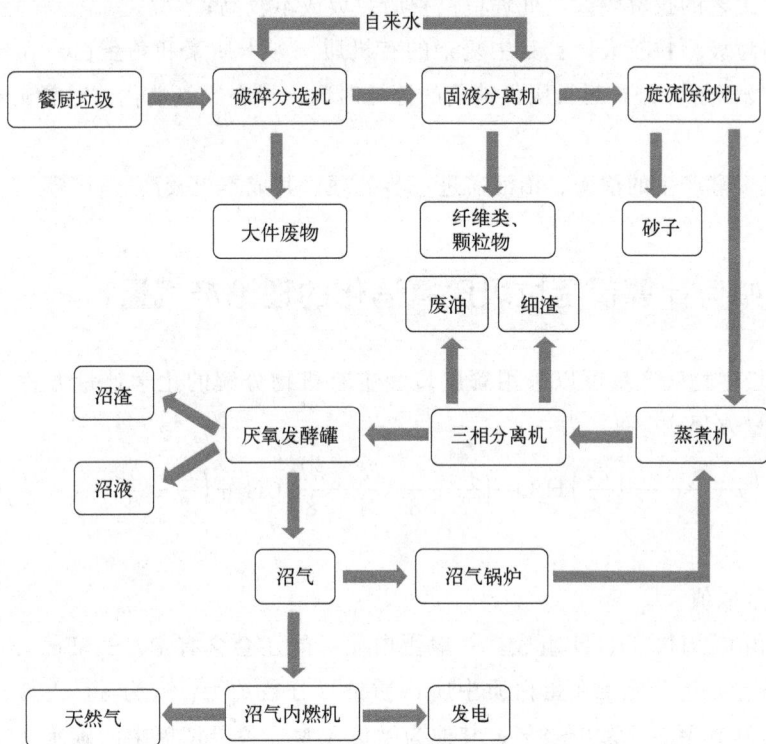

图 3-18　餐厨垃圾制备沼气流程图

卸料后物料称重，首先通过垃圾分拣设备将大件金属、玻璃和塑料制品等废品挑出，防止搅入设备中造成故障，然后将有机质含量较高的混合物送至蒸煮机蒸煮至 $90℃$，高温蒸煮后的有机混合物进入三相分离机提取出废油脂和细渣，剩余有机液体继续泵送到均质罐，定时进入发酵罐进行为期 30d 的厌氧发酵，期间不搅拌。发酵产出的沼气中甲烷浓度为 $60\%\sim75\%$，部分沼气经净化处理后供给燃气发电机组，驱动内燃机发电，剩余沼气经脱水、脱硫和二氧化碳膜分离纯化后制成天然气。沼气发电机组的缸套水冷却热和烟气余热通过热回收装置供厌氧发酵系统再次利用，实现能源的梯级回收利用。

136　餐厨垃圾厌氧消化处理的优点和缺点有哪些?

餐厨垃圾厌氧消化处理的优点:

① 与焚烧、填埋、好氧堆肥等方法相比，厌氧消化对环境造成污染较少，同时产生了可再生且环境友好的生物燃料——沼气;

② 厌氧反应罐体密闭，可有效避免恶臭气体散逸，减少二次污染；

③ 餐厨垃圾含水率高，采用厌氧消化处理时几乎不用调节其含水率，避免了水资源的消耗。

餐厨垃圾厌氧消化处理的缺点：

① 整个工艺的投资较大，处理单位餐厨垃圾成本较高；

② 餐厨垃圾颗粒较大，且其中复杂的有机质（如木质素和角蛋白）在厌氧条件下几乎不可生物降解，需要延长厌氧消化的停滞时间，或在厌氧消化前对餐厨垃圾进行预处理；

③ 厌氧发酵产生的沼渣、沼液需进一步处理，其成本也较高。

137 如何计算餐厨垃圾厌氧消化的理论产气量？

餐厨垃圾生物气产量可以采用餐厨垃圾中有机物分解的化学计量方程式模型来确定，化学计量方程式（3-4）为：

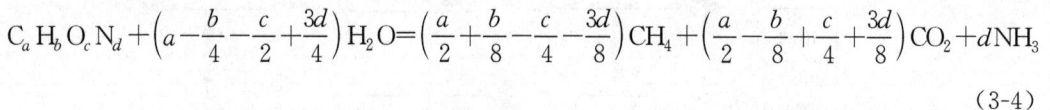

$$C_aH_bO_cN_d+\left(a-\frac{b}{4}-\frac{c}{2}+\frac{3d}{4}\right)H_2O=\left(\frac{a}{2}+\frac{b}{8}-\frac{c}{4}-\frac{3d}{8}\right)CH_4+\left(\frac{a}{2}-\frac{b}{8}+\frac{c}{4}+\frac{3d}{8}\right)CO_2+dNH_3$$

$$(3-4)$$

（1）参数取值

蛋白质由 C、H、O、N 组成，一般蛋白质可能还会含有 P、S、Fe、Zn、Cu、B、Mn、I、Mo 等，这些元素在蛋白质中所占质量百分数约为：C 为 50%、H 为 7%、O 为 23%、N 为 16%、S 为 0～3%、其他为微量元素。餐厨垃圾中的碳水化合物，即糖类的分子式为 $(C_6H_{10}O_5)_n$，包括植物纤维、淀粉、单糖、多糖等。脂肪是甘油和三分子脂肪酸合成的甘油三酯，其分子式可假定为 $C_9H_{14}O_6$。

（2）1t 餐厨垃圾中各成分物质的量

1t 餐厨垃圾中各成分物质的量见表 3-7 所示。

表 3-7　1t 餐厨垃圾中各成分物质的量

项目	蛋白质	纤维	脂肪	合计
占餐厨垃圾总质量比	15%	2%	7%	
C 含量/mol	6250.000	740.741	2889.908	9880.649
H 含量/mol	10500.000	1234.568	4495.413	16229.981
O 含量/mol	2156.250	617.284	1926.606	4700.14
N 含量/mol	1714.286	—	—	1714.286

由表 3-7 可知，1t 餐厨垃圾相当于 1mol $C_{9880.649}H_{16229.981}O_{4700.14}N_{1714.286}$，将各参数代入化学计量方程式（3-4）可得 1t 餐厨垃圾可产甲烷 115.386m³（标况下），产生的生物气为 259.727m³。

138 主要影响厌氧消化的因素是什么？

影响厌氧消化过程的因素包括以下几种。

（1）原料配比

厌氧消化底物的碳氮比对反应过程影响很大，一般碳氮比在（20～30）：1时较为适宜。常通过将贫氮有机物（如作物秸秆等）和富氮有机物（如人畜粪尿、污泥等）进行合理配比，得到合适的碳氮比。

（2）厌氧条件

产甲烷菌需要严格的厌氧环境，培养要求氧化还原电位在−330mV以下。但实际在消化池中除产甲烷菌外，还有大量的好氧和兼性厌氧的不产甲烷菌，因此应保证沼气池密封良好，原有的及进料时带入的空气很快会被其他好氧菌和兼性厌氧菌消耗，为产甲烷细菌创造良好的厌氧环境。

（3）温度

温度通过影响微生物活性来影响厌氧消化。一般来讲，在一定范围内，温度越高微生物活性越强。大量研究结果表明，当温度分别在35～38℃和50～65℃两个范围内，微生物代谢速度出现高峰。因此，厌氧消化在这两个温度范围内进行，以尽可能获得高的降解速度，前者为中温发酵，后者为高温发酵。对于高浓度的发酵浆料（如城市污水污泥、粪便等），常对浆料、沼气池进行加热和保温，在提高了发酵速度的同时，缩小了设备体积，改善卫生效果。我国农村沼气生产一般在常温下进行，这样做不仅可以减少能耗，而且设备简单。同时，厌氧消化需保持温度相对稳定，一天的变化范围在±2℃内为宜。

（4）pH值

厌氧发酵菌能在较广pH值范围内生长，最适pH值为7～8。过酸或过碱都会使开始产气的时间延后，产气量少。在厌氧消化中，存在一个pH值自我调节的过程，发酵初期大量产酸，pH值下降；随后氨化作用生成氨，pH值回升，使得发酵环境中pH保持稳定。

（5）搅拌

搅拌的目的是使发酵原料分布均匀，使反应池内各部分的温度趋于一致，使微生物与发酵基质充分接触，也使发酵的产物及时分离，从而提高产气量。以固体为原料时，搅拌更为重要。在一些情况下，搅拌是为了破除浮渣层。在发酵过程中，如果不采用外力搅拌，发酵浆料容易发生分层，活性污泥发生脱节，其原因是活性污泥或浆料上附着了大量的沼气气泡，由于缺乏外力搅拌，气泡不易脱离，造成部分活性污泥或浆料上漂，从而给工艺控制造成困难，影响设备内的物质传质。因此适当的搅拌也是工艺控制的重要组成部分。

（6）停留时间

发酵的产沼气总量和发酵装置的停留时间有关。此时间可以用来判定物料的气化和无机化程度，还可以用来估算产气量的多少。

（7）添加剂

研究表明，在发酵液中添加少量的硫酸锌、磷矿粉、碳酸钙、炉灰等少量物质，有助于促进厌氧消化、提高产气量和甲烷含量以及提高有机物质的分解率，其中以添加磷矿粉的效果为最佳。在发酵液中添加过磷酸钙和纤维素酶，能促进纤维素的分解，提高产气量，同时提高原料的利用率。

（8）有毒物质含量

抑制发酵微生物生命活性的物质称为有毒物质，也叫抑制物，有毒物质的种类繁多。沼气发酵菌有一定的耐受程度，但超过允许的浓度时，厌氧消化会受阻。发酵异常产生大量有机酸、氨浓度过高等都会阻碍发酵的正常进行，另外由于系统混入了一些有害的物质，也会使发酵受到抑制。整个发酵系统必须隔绝有毒物质（如重金属、杀虫剂等）的混入。

（9）接种物

沼气的产生直接受厌氧发酵中菌种的数量、质量的影响，添加接种物可促进早产气，提高产气率。不同来源的接种物，对产气和气体组成影响不同。微生物活性较强的污泥（例如来自城市下水、酒厂和屠宰场的污泥），可直接作为接种物添加至厌氧发酵系统。也可把现有污水处理场和工业厌氧发酵罐的发酵液作为"种"使用，以缩短菌体增殖的时间。

139 ▶ 厌氧消化工艺主要分为哪几类？

厌氧消化可按照温度、进料方式、原料性状和发酵阶段的不同而划分为若干类型。

① 按照发酵温度，厌氧发酵可以分为高温厌氧发酵、中温厌氧发酵和常温厌氧发酵。各工艺的特点见表 3-8。

表 3-8　不同温度的厌氧发酵工艺

工艺类型	温度范围	工艺特点	适用范围
高温厌氧发酵	48～60℃（47～55℃最佳）	嗜热微生物生长繁殖旺盛，因而分解速度快、处理时间短、产气量高，并且能有效杀死寄生虫卵	有机污泥、城市生活垃圾和粪便的无害化处理及农作物秸秆的处理等
中温厌氧发酵	28～38℃（35～38℃最佳）	发酵速度比高温发酵慢一些，但是沼气产量稳定，转化效率较高	大、中型产沼工程、高浓度有机废水的处理等
常温厌氧发酵	常温	也称自然温度厌氧发酵，发酵温度随外界温度的变化而变化，发酵池结构简单，成本低廉，但沼气产量不稳定，转化效率低	粪便、污泥和中低浓度有机废水的处理。较适用于气温较高的南方地区，目前我国农村大多采用此种发酵工艺

② 按照进料方式，厌氧发酵工艺可以分为间歇批量进料、半连续式进料和连续式进料三种。其特点和适用范围见表 3-9。

表 3-9 不同进料方式的厌氧发酵工艺

工艺类型	工艺特点	适用范围
间歇批量进料	一批原料完全发酵后取出,再全部加入新的发酵原料,可以观察到厌氧发酵的全过程,但是产气不均衡	农村多池沼气发酵,及用于测定产气量、观察发酵产气规律的研究实验
半连续式进料	在正常发酵情况下,当产气量下降时,开始投入少量原料,以后定期补料和出料,以使产气均衡,具有较强的适应性	有机污泥、粪便、有机废水的厌氧处理和大、中型沼气工程
连续式进料	在厌氧发酵正常运行后,便按一定的负荷量连续进料,或以很短的间隔进料,可以使产气均衡,提高运行效率	高浓度有机废水的处理

③ 按照原料性状,根据厌氧发酵原料的含固率可分为液体发酵、固体发酵和高浓度发酵。液体发酵的原料含固率在 10% 以下,适用于有机废水的厌氧处理、农村水压式沼气池的发酵等。固体发酵的原料含固率约为 20% 以上,也叫做干发酵,所产沼气甲烷含量较低,气体转化效率较差,一般用于城市生活垃圾发酵和农村缺水地区的禽畜粪便的处理。高浓度发酵原料含固率一般为 15%~20%,适用于农村沼气发酵、粪便的厌氧发酵等。

④ 按照发酵阶段(发酵级数),厌氧发酵可分为二步(二级)发酵和混合(一级)发酵。二步(二级)发酵是指在两个装置内分别进行产酸阶段与产甲烷阶段,其有机转化率高,但单位有机质的沼气产量较低。混合(一级)发酵则是将产酸和产甲烷阶段在同一装置内完成,其设备简单,但条件控制较困难。

140 ▶ 适用于餐厨垃圾的厌氧消化工艺有哪些? 各有什么优缺点?

餐厨垃圾厌氧消化工艺按照消化物料含固率不同可分为湿式和干式,按照物料温度分为高温和中温。

① 根据餐厨垃圾的性质,采用中温、高温厌氧消化工艺皆可,两者比较见表 3-10。

表 3-10 中温和高温工艺比较

项目	中温工艺	高温工艺
工艺优点	1. 降解过程稳定 2. 菌类的生物物种多 3. 氨氮物质对厌氧降解的抑制作用小 4. 能耗较小	1. 降解速率较快 2. 产气率高 3. 对寄生虫卵的杀灭率高
工艺缺点	1. 降解速率相对较慢 2. 对寄生虫卵杀灭率低,无害化低	1. 能耗较高 2. 降解过程不稳定 3. 氨氮物质对厌氧降解的抑制作用大

② 湿式工艺和干式工艺比较见表 3-11。

表 3-11　湿式工艺和干式工艺比较

项目	湿式工艺	干式工艺
工艺优点	1. 技术简单,处理设施便宜 2. 反应器内的热交换及物质交换良好,物料在反应器的停留时间较短 3. 产生的气体较易释放出来 4. 物料流动性好,易于输送 5. 易于搅拌,设备耗电量较小	1. 预处理较为简单 2. 水的耗量和热耗较小,产生废水少 3. 有机物负荷高,抗负荷冲击能力较强 4. 对物料预处理要求较低,物料不易发生短流 5. 系统稳定性较好
工艺缺点	1. 反应器体积较大,相关设备体积较大 2. 物料在反应器中易发生短流 3. 对物料预处理要求高,机械预处理较为复杂 4. 物料在反应器中重物易沉淀,轻物质易漂浮,使得物料匀化较困难 5. 对于含水率低的垃圾需要额外加水,增加污水处理负担 6. 处理负荷较小	1. 工艺复杂 2. 设备较昂贵 3. 物料流动性较差,输送耗电较大 4. 物料均匀性控制较难,需停留时间较长

141 ▶ 餐厨垃圾中的废油脂如何利用?

如图 3-19 所示,产沼气的废油脂主要有两个来源:餐厨垃圾自身携带的油脂及地沟油。二者产沼气流程虽略有不同但是相互关联。餐厨垃圾经预处理系统处理后,分离出的杂质和毛油分别被外置外运或被出售,剩余的浆液进入厌氧消化及脱水系统,脱水后的沼液经污水处理系统处理后以剩余污泥的形式外运出厂,剩余的沼渣外运,同时生成的沼气经净化及利用系统处理后分为三部分回用:一部分作为应急燃烧的燃料;另一

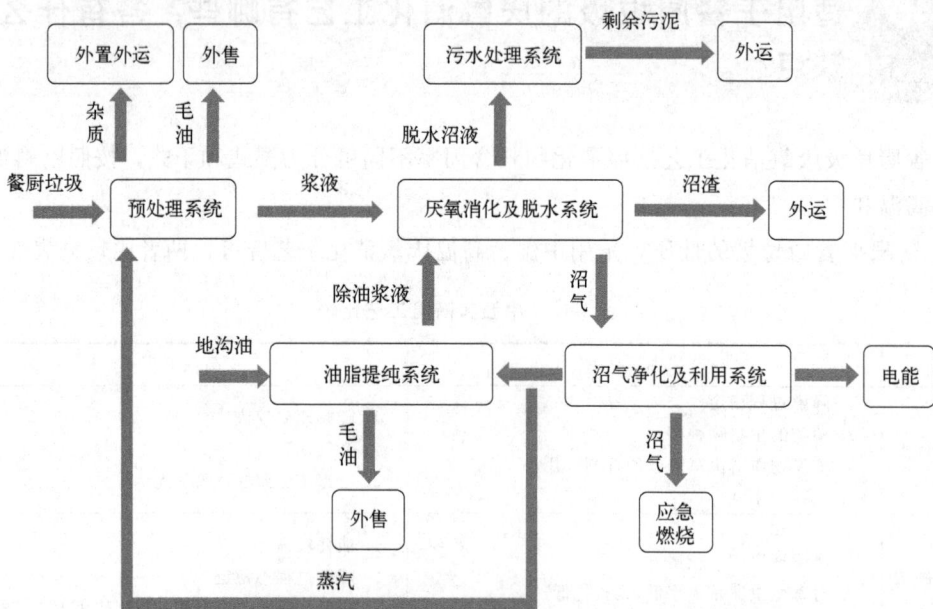

图 3-19　餐厨垃圾的废油脂产沼流程

部分作为能源给油脂提纯系统供能，该过程中生成的蒸汽可输送至预处理系统回用；最后一部分生成电能。全过程实现了能源回收利用的最大化。而地沟油则直接进入油脂提纯系统，经过除油的浆液进入厌氧消化及脱水系统，与预处理后的餐厨垃圾浆液一同进行后续处理，同时产生的毛油可作为商品外售。

142 有哪些能够提高餐厨垃圾厌氧消化效率的方法?

提高餐厨垃圾厌氧消化效率的方法如下。

(1) 调控温度

研究表明，当餐厨垃圾厌氧发酵温度从 35℃ 提高到 45℃ 时，沼气产量增加 15.4%，当反应温度从 45℃ 变化到 55℃ 时，其沼气产量提高 47.1%。这是因为在一定的温度范围内，温度每升高 10℃，反应速度可以提高 1～2 倍。

(2) 预处理

目前，国内餐厨垃圾主要以生物技术处理为主，在生物技术厌氧消化过程中，发酵效率、发酵时间、产沼气质量等受发酵底物理化性质的影响较大。而餐厨垃圾含有一定量的杂质，为了满足后续生物技术处理工艺的生产要求，需对餐厨垃圾进行预处理去除其中的杂质。餐厨垃圾的高含水量增加了消化器容积的同时，单位体积垃圾需要更多热量，成本高。而含固率较高的垃圾流动性变差，还会由于混合性差，固体沉降、堵塞和形成浮渣使得发酵系统瘫痪，应通过预处理技术将餐厨垃圾的含水量调节至适合范围后再进行厌氧发酵。现有预处理技术主要有预分选和生化预处理等措施。

(3) 调控 pH

pH 值对餐厨垃圾厌氧消化产气影响显著。当 pH 值为 6.8～7.2 时，餐厨垃圾厌氧消化产气效率较好，产甲烷菌群活性较高。

(4) 调节碳氮比（C/N）

餐厨垃圾中 C/N 对消化过程影响很大。大部分产甲烷菌可以利用二氧化碳作为碳源，形成甲烷；但是只能利用氨态氮作为氮源，而不能利用复杂的有机氮化合物。餐厨垃圾单独进行厌氧消化时，系统易出现酸抑制和氨抑制现象，导致系统运行失败。有研究表明生物炭的添加可以增强系统缓冲能力，且生物炭含有的大量小分子有机物可被厌氧微生物利用，对系统 C/N 起到一定的调节作用；同时，生物炭的空隙度和较大的比表面积为微生物提供了良好的生长环境，可以增加发酵系统中产甲烷群落数量，减缓生物活性衰退，去除反应过程中的有害物质，从而增强体系缓冲能力，提高餐厨垃圾厌氧消化效率。

(5) 降低钠离子含量

餐厨垃圾盐分含量较高，在厌氧消化过程中，产甲烷菌对盐敏感。特别是当钠盐浓度突然增加时，厌氧消化过程将受到影响，产甲烷菌将受到抑制，厌氧发酵效率将降低。可以向餐厨垃圾中添加膨润土、白云石粉、粉煤灰、轻烧氧化镁等矿物质，以降低钠离子的含量。这些矿物材料富含钙离子和镁离子，可以与钠离子进行交换，使钠离子固定在矿物材料的多孔结构中。

143 什么是湿热预处理?

湿热预处理主要以湿热水解为主,是指在适当的含水环境中基于热水解反应,利用热能对餐厨垃圾进行处理,并改变其后续加工性能的过程。湿热水解处理一般是利用高温蒸汽对餐厨垃圾进行加热蒸煮,主要目的是将餐厨垃圾中存在的固体油脂通过加热"溶析"出来,以提高厌氧消化工艺的"提油率"。湿热水解可将大分子难降解有机物水解成小分子可溶性物质,易于被动植物吸收,便于后续厌氧消化和降解,也可彻底杀灭垃圾中的病原体和细菌。根据《餐厨垃圾处理技术规范》(CJJ 184—2012),湿热水解处理温度宜为 120~160℃,处理时间不应小于 20min。

144 什么是共消化技术? 餐厨垃圾共消化有哪些好处?

很多物料不能为微生物提供均衡的营养物质,或抑制物浓度较高,因此在厌氧消化过程中产气率较低。共消化技术是将不同性质的有机固体废物按更均衡的营养比例混合,使其在微生物作用下迅速降解,释放甲烷和二氧化碳。大量研究表明,与餐厨垃圾的单独消化相比,共消化具有不可比拟的优势——消化物料间能够建立良性互补。主要体现在以下几个方面:

① 补充各物料缺乏的营养成分,促进反应物质间的营养平衡;

② 改善消化进料的含固率,调节水分含量,调节机质的 C/N;

③ 共消化有利于厌氧消化过程的稳定性,获得更大的单位产气量,提高能量回收率,提高能源利用率,降低处理成本。

145 共发酵处理餐厨废水有哪些优点?

餐厨垃圾有机质含量高、C/N 高、生物降解性好,单独进行厌氧发酵容易产生酸抑制。研究发现,协同厌氧发酵可以稀释餐厨垃圾中的高盐和高脂肪,调节 C/N,维持营养平衡,稳定发酵系统,提高产气性能。近年来,国内外学者对餐厨垃圾协同厌氧发酵进行了大量研究。以污泥为例,污泥的有机质含量和 C/N 较低,容易引发氨抑制效应,且存在重金属、药物、病原菌等有毒有害物质,如果将餐厨垃圾与污泥进行协同厌氧发酵,可以保持厌氧发酵系统合适的 C/N,稀释系统内有毒有害物质并实现微量元素的均衡,产生协同作用。餐厨垃圾的添加可提高剩余污泥的去除率和发酵产气率。餐厨垃圾易酸化降解,污泥与餐厨垃圾协同厌氧发酵可以避免酸抑制,提高沼气产量。此外,许多学者还研究了餐厨垃圾与其他基质的协同效应,发现餐厨垃圾和牛粪在协同厌氧发酵中的协同效应显著。以农村餐厨垃圾与玉米秸秆的混合物为发酵基质,接种实验室内厌氧活性污泥,研究了基质配比对发酵的影响。研究发现,在餐厨垃圾中添加秸秆可以有效提高餐厨垃圾厌氧发酵的产气率和生物降解效率。餐厨垃圾与垃圾填埋场渗滤液的协同厌氧发酵表明，渗滤液可以缓解酸抑制效应，有利于维持厌氧发酵系统中的酸碱平衡。又如将生活垃圾焚烧厂的渗滤液与餐厨垃圾进行协同厌氧发酵，发现该渗滤液也可以有效改善餐厨垃圾单独发酵所造成的酸抑制、不稳定与产气率较低等问题。协同厌氧发酵不仅能消除单独厌氧发酵存在的一些不利因素，还能同时处理两种或两种以上的废弃物。由此可见，协同厌氧发酵可以有效提高系统的稳定性，促进废物减量化和循环利用。

146 ▶ 影响餐厨垃圾共发酵的因素有哪些？

根据对协同厌氧发酵系统的综合研究，影响协同厌氧发酵的因素很多，包括 C/N、微量元素、温度、有机负荷、pH、氧化还原电位、搅拌方式以及基质粒度等。只有将这些影响因素均控制在适宜范围内，才可以提高厌氧发酵的产气效率。从理论上讲，协同厌氧发酵的关键是平衡厌氧发酵过程中的相关参数，如 C/N、微量元素、有机负荷率、pH 以及其他潜在的有毒有害物质等。

(1) C/N

C/N 的最佳发酵范围仍有争议，一般认为 C/N 不应大于 30 : 1，一般以 (10～20) : 1 为宜。由于缺少大量的微量元素，不利于产甲烷菌的生产代谢，餐厨垃圾单独厌氧发酵效率低。市政污泥和餐厨垃圾协同发酵则能够弥补餐厨垃圾的不足，提高产气效率。

(2) 微量元素

餐厨垃圾厌氧发酵实验表明，Fe、Co、Ni、Mo、Se 等微量元素均可提高厌氧系统的效率与稳定性。

(3) 温度

温度是影响微生物存活和生化反应的最重要因素之一，温度直接影响酶活力，进而影响微生物的生长速率、代谢速率和物料的水解速率。

(4) 有机负荷

在餐厨垃圾的厌氧处理中，适宜的有机负荷范围为 2.5～3.0g VS/ (L·d)，有机负荷过高会使有机酸积累，出现酸抑制现象，导致发酵系统崩溃；而低有机负荷会降低产气效率。

(5) pH

pH 对厌氧发酵的影响非常大，产甲烷菌对 pH 变化非常敏感，适宜 pH 为 6.8～7.2。可通过向发酵系统中加入适量的石灰提高 pH；向系统中及时投加新鲜基质和水，并排出部分发酵液则能够降低 pH。

(6) 氧化还原电位

厌氧环境是正常厌氧发酵的前提条件，这可以通过氧化还原电位来反映，厌氧环境的氧化还原电位应为负值。产酸发酵细菌氧化还原电位可以为 -400～-100mV，但产甲烷菌在中温发酵中初始繁殖的氧化还原电位不能高于$-330mV$。

（7）搅拌方式

通过搅拌可以让发酵基质混合均匀，使物料与微生物的接触更加充分，也有利于促进甲烷从发酵体系中分离。在一定的有机负荷条件下，不同搅拌方式对发酵产气有影响，生物气体搅拌的产气率是$0.94L/d$，机械搅拌的产气率是$0.88L/d$，而未搅拌的产气率是$0.84L/d$。

（8）基质粒度

发酵基质的粒度也是一个重要因素。基质粒度的减小可以提高基质的生物降解性，从而增加沼气产量。

147 常用的餐厨垃圾共消化基质有哪些？

餐厨垃圾作为单一原料发酵时，发酵罐内很容易积累挥发性有机酸，还会伴随着pH值的下降，影响产甲烷菌群的生长。共消化可以补充餐厨垃圾厌氧消化所需的缓冲容量和微量元素，因此是一种常用的提高厌氧消化效率的方法。餐厨垃圾常作为以下几种物料的共消化底物。

（1）污泥

污泥是给水和废水处理过程中所产生的各类沉淀物、漂浮物的统称。污泥的组成和性质主要取决于处理水的组成、性质和处理技术，按照不同的分类标准，有多种多样分类方法。餐厨垃圾和污泥共消化可以显著提高污泥厌氧消化的产气量，并为易于酸化的餐厨垃圾提供缓冲体系和必要的微量元素。但是生活污泥、医院排水及某些工业废水排出的污泥中，含有大量的病原微生物、寄生虫卵、重金属等有毒有害物质，为了防止在利用污泥的过程中传染疾病或污染环境，要对污泥产生的沼液、沼渣经常检查并加以适当处理。

（2）畜禽粪便

一些畜禽粪便通常是由氮元素含量高的饲料经消化道的分解成为小分子化合物，这些小分子化合物的粒径小，水分含量高，故称这些粪便为富氮原料，如猪粪。利用禽畜粪便与餐厨垃圾混合进行厌氧消化，无需预处理，反应启动快，消化效果好，不但可以处理牛粪和餐厨垃圾，而且产生的沼气可以作为燃料使用，实现了环境和经济的双赢。

作为反刍动物，牛的瘤胃中存在大量细菌、真菌和原生动物等微生物。这些微生物可以将粗纤维、糖、淀粉和蛋白质合成氨基酸蛋白质、B族维生素和维生素K，这些微生物部分随牛的粪便排放出体外。因此，当向餐厨垃圾混合厌氧消化反应器中添加牛粪时，牛粪中的微生物可以促进厌氧消化，牛粪里的氮、磷、钾可以为农作物提供养分。李荣平等的研究结果表明，牛粪和餐厨垃圾混合发酵具有协同作用，显著提高甲烷产量和生物转化率，缩短发酵周期，接种牛粪可以有效地提高厨余垃圾厌氧发酵效率。

（3）园林剪枝、秸秆等（研究较多，但应用较少）

餐厨垃圾和秸秆均含有较高的有机质成分，利用厌氧消化技术可以实现餐厨垃圾和农作物秸秆的资源化利用，减少污染，生产沼气作为能源。目前，已有较多的研究者对餐厨垃圾与农作物秸秆单独厌氧消化过程进行研究。将餐厨垃圾与秸秆按一定比例混合厌氧消化，将有利于反应系统的营养平衡，调整物料的碳氮比（C/N），达到适宜厌氧消化的范围（0～30），从而提高系统稳定性，达到较高的产甲烷能力和物料降解率。

园林垃圾与餐厨垃圾共同厌氧发酵也可达到平衡营养元素（C/N、常量元素、微量元素）、稀释抑制产物或有害物质使消化过程高效稳定的目的。研究餐厨垃圾与园林垃圾共发酵时接种率与原料配比对沼气产量的影响，结果表明：80%的园林垃圾和20%的餐厨垃圾，底物与接种污水比为2∶1时，挥发性固体（VS）去除率最大。

148 餐厨垃圾厌氧消化使用的反应器有哪些？

厌氧反应器的分类多种多样，从厌氧反应的本质上来说，决定其功能特性的构成因素主要是水力滞留期（HRT，即发酵液在反应器内的停留时间）、固体滞留期（SRT，即发酵物在反应器内的停留时间）和微生物滞留期（MRT，即微生物细胞在反应器内的停留时间）。

根据 HRT、SRT 和 MRT 的不同，可将厌氧反应器分为三种类型，详见表 3-12。

表 3-12　厌氧反应器类型

类型	滞留期特征	反应器
常规型	MRT=SRT=HRT	常规反应器
		塞流式反应器
		完全混合式反应器
污泥滞留型	(MRT 和 SRT)>HRT	厌氧接触反应器
		升流式固体反应器
		升流式厌氧污泥床
		折流式反应器
附着膜型	MRT>(SRT 和 HRT)	厌氧滤池
		流化床和膨胀床

与其他反应器相比，完全混合式反应器（见图 3-20）更适合处理餐厨垃圾。

（1）完全混合式反应器的优点

① 该工艺可以处理悬浮固体含量高的原料；

② 反应器内物料分布均匀，避免了分层，底物与微生物接触得更加充分；

③ 反应器内温度分布均匀；

④ 抗冲击负荷能力强，能将有毒物质迅速分散到最低浓度水平；

⑤ 避免了浮渣结壳、堵塞、气体逸出不畅和沟流现象。

（2）完全混合式反应器的缺点

① 发酵原料水力停留时间长，所需反应器容积大；

② 需要充分搅拌，能量消耗高；

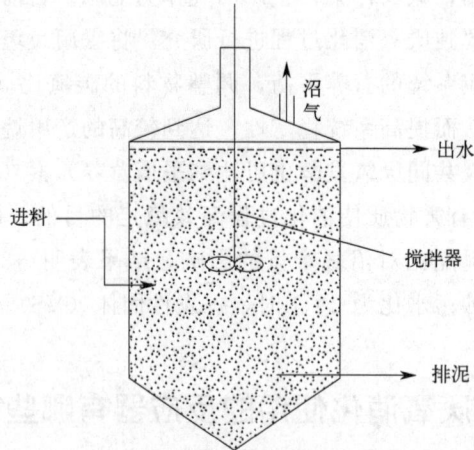

图 3-20　完全混合式厌氧反应器

③ 大型消化反应器难以做到混合完全；

④ 底物流出该系统时未完全消化，微生物随出料而流失。

149 ▷ 餐厨垃圾厌氧消化装置应符合哪些规定？

餐厨垃圾厌氧消化装置应符合以下规定：

① 应有良好的防渗、防腐、保温和密闭性，室外布置的装置应具有耐老化，抗强风、雪等恶劣天气的性能；

② 根据处理规模、发酵周期、容器强度等因素确定容量；

③ 厌氧消化器的结构应有利于物料的流动，避免产生滞流死角；

④ 厌氧消化器应具有良好的物料搅拌、匀化功能，防止物料在消化器中形成沉淀；

⑤ 应有检修孔和观察窗；

⑥ 应配置安全减压装置，并应根据安全部门的规定定期检验其性能。

150 ▷ 沼气池的设计原则包括哪些方面？

根据处理的固体废物和工艺的不同，沼气池有很大差别。但是在设计时，需要遵守一些共同的原则：

① 为沼气微生物的生长创造最适宜的条件，保证池内充足的微生物量；

② 外露表面积尽可能小，尽量减少热损失，以利于保温和增温；

③ 在保证池内物料混合均匀的情况下，搅拌设备的动力消耗应尽可能小；

④ 设计上应考虑方便浮渣破除，及清除底部沉积污泥；

⑤ 物料在装置内的滞留时间应尽可能短，并且在设计上应满足多种原料的发酵需要；

⑥ 占地面积尽可能小，以减少投资。

151 餐厨垃圾厌氧消化处理的卫生标准是什么？

餐厨垃圾厌氧消化处理的卫生标准如下。

（1）恶臭污染物防治要求

全工艺流程中均应加强恶臭污染物控制，氨、硫化氢、甲硫醇及臭气厂界浓度应满足《恶臭污染物排放标准》（GB 14554—1993）中恶臭污染物厂界标准相应级别的限值要求。

（2）废水及沼液处置要求

工艺废水及沼液应优先考虑资源化利用，确实需排放时必须经过处理且满足《污水综合排放标准》（GB 8978—1996）限值要求。

（3）沼渣、脱硫渣处置要求

① 沼渣经预处理后利用或进行无害化处置；

② 脱硫渣应交由有危废处置资质的单位进行规范化处置；

③ 沼渣采用高温堆肥工艺时，主要运行参数应符合现行行业标准《生活垃圾堆肥处理厂运行维护技术规程》（CJJ 86—2014）的有关规定。

152 沼气有哪些应用？

沼气是一种可燃性混合气体，主要成分为甲烷，约占总体积的 50%～70%，其次为二氧化碳，约占总体积的 30%～40%，另外还有少量一氧化碳、氢气、硫化氢、氧气、氮气、水蒸气等。在国民经济生活中，沼气可以广泛地应用于很多方面。

（1）用作燃料

沼气不仅可以用作烹饪、照明、锅炉、干燥等生产和生活中的燃料，还可以用作运输燃料，直接应用于各种内燃机，如煤油机、汽油机、柴油机等。$1m^3$ 沼气产生的热量相当于 1kg 原煤，或 0.5kg 汽油，或者 0.6kg 柴油。沼气不仅方便卫生，而且热效率高，节约时间。

（2）用作化工原料

沼气中的甲烷可以用来制作炭黑、一氯甲烷、二氯甲烷、三氯甲烷、四氯化碳、乙炔、甲醇、甲醛等，其中的二氧化碳可以用来制造干冰、碳酸氢铵肥料等。

（3）发电

沼气用于发电时，$1m^3$ 约可发电 1.5kW·h。特别适合中、小功率发电设备。该类发电动力设备通常采用内燃发电机组，否则经济上不可行。

餐厨垃圾产生的沼气经常就地使用，用于加热厌氧反应罐、物料储存罐，或用于餐厨垃圾的加热预处理和油脂分离等。

153 如何对沼气进行脱硫?

硫化氢（H_2S）通常来源于蛋白质在厌氧条件下的降解，因此总是存在于沼气中。H_2S 可以和大多数金属反应，并且反应会随浓度和压力的变化而改变。尽管其含量因为发酵原料而异，但都必须去除，以免腐蚀压缩机、气体储存罐和发动机。硫化氢的去除有以下几种方法。

（1）生物脱硫

生物脱硫是利用发酵液中的各种微生物（如脱氮硫杆菌、氧化硫硫杆菌、氧化亚铁硫杆菌、排硫硫杆菌等），在微氧条件下将 H_2S 氧化成单质 S 和 H_2SO_4。对于硫的生化氧化而言，往沼气中添加定量的氧是很重要的。根据沼气中不同的 H_2S 含量，可以往沼气中通入 2%～6%（一般大约 5% 即可）的空气，以满足生物氧化硫化物的需要。适当的温度、反应时间和空气量可以使 H_2S 减少至 0～100mg/L，相当于 30～150mg/m^3，去除率高达 80%～99%。

（2）氧化铁吸附

氧化铁法脱硫时，沼气中的 H_2S 在固体氧化铁（$Fe_2O_3 \cdot H_2O$）的表面反应，以 FeS 的形式固定下来，最佳反应温度为 25～50℃。沼气在脱硫器内的流速越小、接触时间越长，反应越充分，脱硫效果越好。当脱硫剂中的硫化铁含量达到 30% 以上时，脱硫效果明显变差，脱硫剂不能继续使用，需要再生。一般是将失去活性的脱硫剂与空气接触，使 Fe_2S_3 氧化析出硫黄（硫单质），从而使失活的脱硫剂再生并重复使用。

（3）活性炭吸附

沼气中的 H_2S 可以用经碘化钾浸泡的活性炭去除，H_2S 被转化为单质硫和水，硫被活性炭吸收。活性炭吸附脱水的特点是吸附容量大、耐酸碱、化学稳定性好、易解吸，在较高温度下解吸再生的晶体结构不发生改变，热稳定性高，经多次吸附、解吸操作，仍能保持原有吸附性能。用于去除气体中硫化物的活性炭需要一定的孔径，适于分离无机硫化物（如 H_2S）的活性炭具有数量大致相同的微孔和大孔，平均孔径为 8～20nm。实践中，常采用蒸汽活化的方法使活性炭中含有一定水分，以提高其吸附效果。为了提高活性炭的脱硫能力，一般使用改性活性炭，常用的改性剂为金属氧化物及其盐，如 ZnO、CuO、$CuSO_4$、Na_2CO_3、Fe_2O 等。

154 对沼液的处理和利用有哪些要求?

对沼液的处理和利用要求如下：

① 餐厨垃圾厌氧消化工艺中产生的沼液和残渣应妥善处理，不得对环境造成污染；

② 餐厨垃圾厌氧消化工艺产生的沼液作液体肥料时，其产品质量应符合国家现行标准《含腐植酸水溶肥料》（NY 1106—2010）的要求。具体见表 3-13。

表 3-13 含腐植酸水溶肥料（大量元素型）液体产品技术指标

项目	指标
腐植酸含量/(g/L)	≥30
大量元素含量①/(g/L)	≥200
水不溶物含量/(g/L)	≤50
pH(1∶250 倍稀释)	4.0～10.0

① 大量元素含量指总 N、P_2O_5、K_2O 含量之和。产品应至少包含两种大量元素。单一大量元素含量不低于 20g/L。

155 餐厨垃圾的产沼残余物应如何处理?

餐厨垃圾经过厌氧消化之后，除了产生沼气之外，剩余的残渣中含有丰富的氮、磷、钾，丰富的蛋白质、矿物盐和较多的腐殖质，具有有机质含量高，有效营养成分高，残余物保湿透气性能好，排水效果好，易被作物吸收利用等特点。因此产沼残余物可以经过固液分离、脱水后，进行堆肥处理制作有机肥，改良土壤等。

156 如何对沼液进行固液分离?

沼液的固液分离一般可以采用以下几种装置。

（1）卧螺离心机

一种卧式螺旋卸料、连续操作的沉降设备，其工作原理为：通过固体悬浮物高速旋转产生离心力从而达成固液分离的效果。物料由进料管连续进入输料螺旋内筒，加速后进入转鼓，转鼓与螺旋内筒同向旋转但存在一定的差速，在离心力场作用下，较重的固相在转鼓壁上沉积并形成沉渣层，沉积的固相物在输料螺旋的作用下不断被推至转鼓锥端，经排渣口排出。较轻的液相则形成内层液环，由转鼓大端溢流口连续溢出转鼓，经排液口排出机外。卧螺离心机具有结构紧凑、连续操作、运转平稳、适应性强、生产能力大、维修方便等特点。

（2）板框压滤机

其基本原理是：混合液流经过滤介质（滤布）时，滤布将固体截留下来，并逐渐堆积形成过滤泥饼，而含固率较少的滤液通过滤布流出。

（3）筛分装置

筛分技术主要包括斜板筛、振动筛和滚筒筛等。筛分设备具有成本低、运行费用低、结构简单和维修方便等优点，但去除固体物效率低，且筛孔易堵塞。

脱水后的沼渣含水率约为 70%～80%，可通过堆肥系统进行稳定化处理，降低含水率后生产固体有机肥，或根据实际情况外运填埋。脱水机滤液经污水处理系统处理后达标排放。滤液中 COD 比较高，可以采用"上流式厌氧污泥床（UASB）-膜生物反应器（MBR）"系统进行处理。

157 ▶ 餐厨垃圾厌氧消化的应用现状如何?

自 2006 年以来,餐厨垃圾厌氧发酵技术在欧洲及亚洲发达国家得到了广泛应用。2014 年,欧洲有 244 个厌氧发酵罐在运行,每年能够处理 775 万吨城市有机固体废物。

餐厨垃圾是资源型固废,其处理方式应遵循可持续发展的原则。厌氧消化具有良好的资源回收性能,可以生产高附加值的产品,因此显示出良好的应用前景,已在美国、欧洲等发达国家和地区推广应用。2018 年,瑞典 20% 的餐厨垃圾通过厌氧发酵和堆肥回收能源和营养物质。近年来,我国政府陆续支持建设多个餐厨垃圾处理处置项目,其工艺主要包括厌氧消化和好氧堆肥,并逐渐形成了以厌氧消化路线为主的工艺体系。

随着"十三五"国家大力推动生活垃圾分类政策,国内的厨余垃圾处理行业得到快速发展。据不完全统计,截止到 2020 年底,国内已建成的厨余垃圾厌氧集中处理设施 216 座,处理能力 $3.9 \times 10^4 t/d$;在建厨余垃圾处理设施 197 座,处理能力 $2.4 \times 10^4 t/d$,共计 $6.3 \times 10^4 t/d$,小规模分散式就地处理项目作为辅助处理措施,在国内也有大量的试点应用。

158 ▶ 现阶段厌氧消化技术在应用上有哪些阻碍?

虽然厨余垃圾厌氧消化具有诸多优点,但仍存在一定的问题,包括经济性、稳定性、沼气的利用和沼渣沼液的处置等方面。

经济效益方面,沼气产量低、循环回用量高等问题导致经济效益低,严重制约着餐厨垃圾处理的市场化发展。

技术方面,餐厨垃圾厌氧发酵技术存在以下三个问题。

① 饮食文化导致餐厨垃圾组成复杂。传统的以无害化、减量化为目的的厌氧工艺路线和国外引进的技术不能适应我国餐厨垃圾的特点,资源化不足,导致成本高而产气率低。

② 餐厨垃圾有机物含量高,易水解酸化,因此在餐厨垃圾单相沼气项目的实际运行过程中,为了保持系统的稳定性,常采用较低的有机负荷率,从而增加了运行成本,经济效益较差。

③ 餐厨垃圾处理过程中的油脂提取、厌氧消化、物料干化以及发电和供热等都需要消耗前端产生的沼气,导致工艺系统中生物燃气净产量低,经济效益差。

159 ▶ 国家对沼气有哪些优惠政策?

为支持生物质发电产业发展,根据生物质发电社会平均成本及合理利润率,2006 年,国家发改委有关部门印发《可再生能源发电价格和费用分摊管理试行办法》,规定农林生物质和沼气发电上网电价由各省 2005 年脱硫燃煤机组标杆上网电价和补贴电价组成，补贴电价标准为 0.25 元/（kW·h）。由于农林生物质发电项目的原料收集和运输成本上涨较多，为促进该产业健康发展，国家发改委于 2010 年发文，单独提高了农林生物质发电上网标杆电价，明确了农林生物质发电项目执行 0.75 元/（kW·h）的标杆电价。

160 制备沼气的技术设备成本及经济性如何计算？

据报道，建一座家用 8m³ 的沼气池只需要硅酸水泥 1t、砂石 4m³，沼气设备和技术人员人工成本约 400 元，总投资大约 800～1000 元，每年可生产沼气 300～450m³，可供 4～5 人的家庭使用。沼气照明年节约电费 120 元；沼气烹调节省木柴 500kg，减少木柴切割劳动力 30 人，计 500 元；可产沼液、沼渣有机肥料 200 担，减少肥料费用 200 元；在农作物上施用沼肥可以减少病虫害的发生，并可节省农药费用约 20 元。上述每年节省的总成本近 1000 元。如果将猪圈、厕所、屋顶现浇平台置于沼气池上，形成"四位一体"沼气池，不仅可以种植蔬菜、花卉、水果，发展种植业，还可以养猪、兔、家禽，发展养殖业。利用沼液浸种，每公顷增产粮食 0.5t；沼液喂猪，每头猪可节约粮食 30～80kg，且能够提前 2～3 个月出栏；沼液养鱼，每公顷可增加产量 0.37t；沼液、沼渣用于果树、农作物叶面施肥，可提高品质和产量；沼渣种菇，每平方米可增产 1.8kg；沼气可以保持水果的新鲜，减少 5% 的损失；沼气杀虫杀菌可减少 5% 的损失。因此，沼气建设投资可以收回当年的成本，可以说是一项低投入、高回报、无风险的农民收入增长点。

而对于规模化养殖场的大、中型沼气工程，也可以实现农业生态良性循环，达到治理环境污染和获取能源的目的，据李长安等报道，位于杭州市临安区於潜镇南山村后塘坞的临安山坞里规模养猪场，总占地面积达到 5.133hm²，年存栏生猪 6000 余头，出栏量约 10000 头。2011 年建成了沼气综合利用工程项目。该项目总投资 384 万元，其中土建工程投资 11.30 万元，设备投资 199.70 万元，其他投资 7.00 万元。折旧年限按 10 年计算，年成本费用为 38.9 万元，其中动力费 1.73 万元，人工费 4.5 万元，检修维护费 2.0 万元，日常管理费 5.76 万元，折旧费 4.3 万元。每天每头商品猪平均排粪 3kg，人工清理猪舍 75% 的干猪粪，发酵后加工生产有机肥半成品，年产量约 1500t，有机肥价格每吨约为 300 元，年产生效益 45.0 万元；该工程年产沼气 8.76×10⁴ m³，可供生活用燃料和沼气发电，沼气中总能量的 30% 左右转化成电能，其中 40% 左右发电，余热用于照明、消毒、食堂燃料，其余的能量以各种形式被损失掉。养殖场沼气发电机组采用 45kW 纯沼气发电机组，日可发电时间 10h，日最大发电量 460kW·h，年最大发电量 167900kW·h，该养猪场每年可节约电费约 11.75 万元。沼气总收益达 19.81 万元。另外沼肥为农户节约化肥及作物增产收益共达 49.97 万元。因此，在不考虑补贴的情况下，从养种一体化角度评价该沼气工程的建设对养殖场和种植场来说经济效益显著。

四、

探索和发展中的餐厨垃圾处理和资源化利用技术

（一）餐厨垃圾饲料化

161 餐厨垃圾有哪些饲料化的方法？

餐厨垃圾饲料化方法主要包括以下三种。

（1）脱水制饲料技术

餐厨垃圾经脱水、高温干燥、杀菌和粉碎处理后，制成动物饲料原料。但这种处理方式得到的饲料质量没有保障，存在较大安全隐患。因此，目前该工艺大多用于生物处理的预处理阶段。

（2）生化制蛋白饲料技术

该技术将餐厨垃圾经微生物处理后，能得到蛋白饲料。处理工艺流程包括：

① 预处理；

② 微生物固体发酵处理、烘干，得蛋白饲料；

③ 液体水油分离得油脂和废水，废水处理后排出，油脂用于工艺生产。

相较于脱水制饲料技术，该技术产品安全性增加，饲料营养价值也有所提高。

（3）昆虫过腹化制备蛋白饲料技术

这是一种通过昆虫养殖处理餐厨垃圾的工艺，常见昆虫/动物包括蚯蚓、黑水虻、蟑螂等。该技术流程主要分两步：

① 杀菌、脱水、发酵、干燥，得到经过预处理后的粉末；

② 将经过预处理的粉末饲喂昆虫，养殖的昆虫排出虫粪，可做有机肥。

经昆虫过腹化处理的饲料安全性高，且具有优良的营养价值，保护环境的同时可带来经济效益。

162 餐厨垃圾饲料化有哪些优缺点？

饲料化技术的优点是可以实现资源的循环利用，产品价格较为低廉，供应量大，且不与现有的粮食生产竞争土地资源。

其缺点是原料可能含有病原性微生物以及有毒有害物质，存在一定的安全隐患。生物制蛋白饲料存在同源性污染风险、菌种安全性不高等问题。为了饲料安全，必须提高消毒要求，必将导致设备、技术、能耗等方面的相应调整，增加处理成本。

163 各国对餐厨垃圾饲料化有什么规定？

（1）美国

餐厨垃圾在美国，通常会进行饲料化或堆肥化。饲料化餐厨废弃物时，可直接将餐厨垃圾用于饲养家畜，或经饲料化制备成动物饲料后饲喂，公共餐厨垃圾饲料化常用于养猪，对于饲养反刍类家畜有较多限制。

（2）日本

日本餐厨垃圾资源化通常用于燃烧发电。但食品制作和消费过程的食品垃圾，需要由回收公司进行回收利用。曾经日本餐厨垃圾常被处理为动物饲料，但是随着养殖业的快速发展，餐厨垃圾饲料化比例有所下降。

（3）韩国

餐厨垃圾通常进行微生物集中处理饲料化。在对餐厨垃圾进行预处理后，粉碎机粉碎并高温杀灭病原菌，随后加入微生物、碎玉米、糖等添加剂完成饲料制备，饲料成品会被送往禽畜牧场。

（4）英国

由于英国及欧洲国家曾饱受疯牛病和口蹄疫困扰，国家明令禁止餐厨垃圾饲料化，因此英国餐厨垃圾饲料化的比例很低。

（5）中国

我国目前并没有形成独立有效的餐厨垃圾处理体系。我国禁止餐厨垃圾饲料化，但由于餐厨垃圾处理体系不健全，导致易腐性餐厨垃圾仍然大量填埋于垃圾填埋场，无法合理资源化生物质资源的同时，还会造成二次污染。目前我国已出现部分餐厨垃圾处理设备提供厂商，未来我国的餐厨垃圾处理体系会进一步发展健全。

164 利用蚯蚓处理固体废物有哪些优点？

蚯蚓包含丰富的酶系统，其自带蛋白酶、脂肪分解酶、纤维分解酶、甲壳酶、淀粉酶等，可促进有机废弃物分解转化为易利用生物质。

固体废物通过蚯蚓处理的优点如下：

① 因蚯蚓的吞食量大，且繁殖迅速，可高效将有机废弃物转化为有机质；

② 工艺简单，操作方便，成本低，环保；

③ 蚯粪经济价值高，且富含营养，可作高级有机肥料和除臭剂；

④ 蚯蚓本身蛋白质含量高，有较高商业价值；

⑤ 蚓粪还可用作饲料添加剂、兽药和种子包衣；

⑥ 蚯蚓可做富集重金属污染的载体，减少土壤和作物的重金属污染情况。

165 ▷ 有哪些品种的蚯蚓适用于固体废物处理？

在利用蚯蚓处理固体废弃物时，应当选育生存能力强、成活率高和适合人工养殖的品种。常用品种包括赤子爱胜蚓、美国红蚓、湖北环毛蚓、威廉环毛蚓、参环毛蚓和白颈环毛蚓。我国改良爱胜蚓属的蚯蚓主要有北星二号、太湖红蚯蚓、北京条纹蚯蚓和川蚓一号等，这些蚯蚓繁殖率高、易饲养、寿命长、喜爱吞食畜禽类粪便。

166 ▷ 影响蚯蚓处理固体废物的主要因素有哪些？

影响蚯蚓处理固体废物的主要因素包括以下几点。

（1）温度

蚯蚓属于变温动物，温度过高或过低都不利于蚯蚓生存，蚯蚓最适宜生存温度为25℃，温度的波动会影响蚯蚓对废弃物的处理效果。

（2）pH 值

蚯蚓的最佳生存 pH 值为 6.8，pH 值的变化影响蚯蚓的活力，导致蚓粪有机肥质量变化。

（3）湿度

水是蚯蚓生存的必要条件。不同群体喜好不同的湿度，因此在利用蚯蚓进行废弃物处理时，需要调整废弃物含水率，避免蚯蚓因缺水而死亡。

（4）氧气

蚯蚓好氧，适宜的通气可提高蚯蚓新陈代谢，缩短成熟期，增加产卵量。

（5）碳氮比

利用蚯蚓处理固体废弃物时，碳氮比应控制在 15～30，蚯蚓适应的最佳碳氮比为 20。

167 ▷ 利用蚯蚓处理固体废物的工艺有哪些？

利用蚯蚓处理固体废物的工艺主要有以下两大类。

（1）蚯蚓生物反应器法

此方法结合了蚯蚓生物处理和机械处理，在利用蚯蚓在环保条件下处理有机废物的同时提高转化效率。利用蚯蚓生物反应器，可避免运输造成的污染，也能节约运输费和填埋费。

蚯蚓生物反应器法处理固体废物的一般工艺流程如图 4-1 所示。

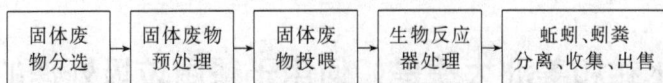

图 4-1 蚯蚓生物反应器法处理固体废物的一般工艺流程

(2) 土地处理法

该方法是在大田中利用蚯蚓在反应床和反应箱中处理固体废弃物。此方法既可以用于处理分类的废弃物，也可以用于处理混合废弃物，便捷性强。该模式能极大降低成本，但效率低下，远不如生物反应器模式，主要原因是大田模式无法调控蚯蚓生长条件，还需定期操作，劳动量大。但对于经济落后的农村地区，该方法可行性大于生物反应器法。

168 ▶ 利用蚯蚓处理餐厨垃圾是否会产生重金属相关问题？

餐厨垃圾重金属含量低。相较于鱼类、藻类，以及人体，蚯蚓处理固体废物后富集的重金属含量更低。因此未受重金属污染的餐厨垃圾，可由蚯蚓处理后进入食物链。蚓粪是营养价值极高的有机肥，调查发现，蚓粪重金属含量在土壤重金属背景值范围内，施用蚓粪有机肥不会污染土壤。

169 ▶ 还有哪些经济昆虫可以处理餐厨垃圾？

除蚯蚓外，常用于处理餐厨垃圾的经济昆虫包括黑水虻、大头金蝇和蟑螂。

(1) 黑水虻

黑水虻可利用餐厨垃圾、动物粪便、动植物尸体等腐烂的有机物为食，其幼虫能将有机质转化为粗蛋白和脂肪，这些幼虫能作为优质饲料饲养畜禽和鱼类，也可产生稳定的生物肥料。联合国粮食及农业组织（FAO）发布的《可食用昆虫粮食和饲料安全的未来前景》报告中，极力推荐黑水虻幼虫处理餐厨垃圾，利用黑水虻处理餐厨垃圾，呈现出良好的发展前景。

(2) 大头金蝇

大头金蝇生活周期短、适应性和繁殖力强，是生活垃圾中的优势蝇种。其幼虫蝇蛆生长快，饲用营养价值极高。研究表明，大头金蝇幼虫处理餐厨垃圾的周期为 $5 \sim 6d$，处理期间产生少量废气，可通过处理后达到零排放。此外，大头金蝇幼虫处理餐厨垃圾所产生的有机肥肥效达到或超过国家有机肥技术指标。

(3) 蟑螂

我国在处理餐厨垃圾废弃物时，常用美洲大蠊（俗称蟑螂）、德国小蠊和澳洲大蠊。蟑螂处理餐厨垃圾技术已在我国产业化，这得益于蟑螂可高效、快速、无污染转化餐厨垃圾，资源化餐厨垃圾有机物质的同时，也推动了相关产业发展。

170 黑水虻和美洲大蠊是如何用于餐厨垃圾处理的?

我国是水产养殖大国，水产养殖产量从 1991 年不到 800×10^4 t 增加到 2021 年 6690×10^4 t，快速发展的水产养殖业对鱼粉需求增加，同时全球捕捞量的下降导致鱼粉饲料资源极度短缺，开发新型饲料蛋白源并进行高效利用成为解决这个问题的关键。黑水虻 (Hermetic illucens)，又名亮斑扁角水虻，水虻科黑水虻属，是一种营腐生生活的昆虫。研究发现，黑水虻虫体粗蛋白含量高达 42.3%，粗脂肪含量高达 30.5%，具有较高的营养价值，可作为猪、鸡、鱼和虾等动物的新型饲料蛋白源。黑水虻抗逆性强、食源广、易饲养、生长速度快、有机废弃物 (如餐厨垃圾) 生物转化率高，具有良好的生态与环保效应。目前的研究表明，利用黑水虻处理餐厨垃圾可以获得可观的经济效益和环保效益。黑水虻可以转化餐厨垃圾、畜禽粪便、市政污泥、菜叶渣等有机废弃物，最后产生优质的虫体蛋白质和生物有机肥，其具有生物量大、转化速度快、成虫飞行能力较弱 (相比家蝇)、饲养容易等优点。

已有研究表明黑水虻是一种优秀的昆虫转化媒介，能将餐厨垃圾中 60.14%~63.47% 的脂肪在 21d 就转化成自身昆虫脂肪，残存粪渣脂肪含量仅为 6.98%~7.11%，转化过程中损失 26.28%~28.14% 的脂肪，形成高脂肪含量虫体，这种虫体能作为原料提取无毒、可降解的生物柴油，同时也可以直接作为饲料原料。从试验结果看饲养时间越长，越有利于虫体脂肪的积累。

美洲大蠊也是一种有潜力的可用于餐厨垃圾处理的昆虫。美洲大蠊是蜚蠊科 (俗称蟑螂) 中体积最大的杂食性群居昆虫，与蝇蛆、黑水虻、黄粉虫等生物相比，具有繁殖快、食性杂、食量大等特点，可将粉碎、搅拌后的餐厨垃圾作为食物喂养卵鞘孵化而成的弱虫。美洲大蠊的生物特性，能够实现高密度、规模化的养殖模式，并且美洲大蠊虫体、卵鞘、粪便尺寸相差较大，方便工业化设备的收集和分离。美洲大蠊每年有 10 个月左右的进食周期，消化能力强大，能够消化餐厨垃圾中所有固体废弃物和渗滤液，而且无污水排放，无需二次处理。美洲大蠊因其独特的习性，成为规模化、工业化生物处理餐厨垃圾的最佳选择。

美洲大蠊躯体蛋白质含量高达 71.2%，甚至高于鱼粉、豆粕等高蛋白饲料，因此可以作为一种高附加值、高蛋白饲料添加剂，有效缓解国内动物蛋白饲料匮乏的问题。美洲大蠊体内还含有很多免疫活性成分和氨基酸，是禽畜类抗生素的优良替代。在禽畜饲料中加入一定比例的虫粉，可大大增强畜禽的免疫力，减少病死率。使用美洲大蠊作为禽畜饲料，不仅极大程度上规避了用餐厨垃圾直接喂养禽畜、传染动物同源性疾病的风险，还解决了因大量使用抗生素而导致的食品安全问题。另外，美洲大蠊排泄物也是一种能促进花木、农作物等生长的有机肥料。最大限度上实现了餐厨垃圾的资源化利用，具有巨大的经济效益和社会效益。生物方法处理餐厨垃圾，本身就具有节地、节能、节空间、节人力等优点，不仅可以解决餐厨垃圾处理难度大的问题，还形成了投资少、附加值高、可快速复制的产业化模式。这种模式作为餐厨垃圾处理的一种突破性应用，为餐厨垃圾处理开拓了新的有效途径。

171 ▶ 什么是单细胞蛋白？其主要来源和发展情况如何？

单细胞蛋白（SCP）是利用各种基质，在控制条件下培养单细胞生物收获的菌体蛋白质。

单细胞蛋白参与人类生产的历史悠久。早在一战期间，缺少粮食的德国已利用食用酵母生产糖；二战期间，德国为提供足够的蛋白质和维生素，成立了首个生产单细胞蛋白的工厂；二战结束后，多个国家效仿成立工厂。单细胞蛋白可在缺少优质粮食时，为人类提供蛋白质，以避免蛋白质不足的负面影响。

172 ▶ 跟传统农业生产蛋白质相比，工业化大规模生产单细胞蛋白有哪些优点？

跟传统农业生产蛋白质相比，工业化大规模生产单细胞蛋白的具体优点如下：

① 所需劳动量小，不会受气候因素影响；

② 可用原料具有广谱性，有利于降低成本；

③ 占地有限，产量高；

④ 微生物增长快，单细胞蛋白产出效率高，所需周期短；

⑤ 单细胞蛋白产品营养价值丰富，在减少污染的同时，还可促进畜牧业发展，甚至满足人体蛋白需求；

⑥ 单细胞蛋白的生产可不依赖自然界而为人类提供必需的蛋白质。

173 ▶ 生产单细胞蛋白的微生物包括哪些？

生产单细胞蛋白的微生物包括酵母、细菌、真菌和藻类，它们的优缺点如表 4-1 所示。

表 4-1　各类微生物生产单细胞蛋白的优缺点

微生物	优点	缺点
酵母	历史悠久，工艺成熟，核酸含量较低，个体大，易回收	一般不能直接利用木质纤维素类物质
细菌	原料广泛，生长周期短	个体较小，收获分离比较困难，核酸含量高，消化性不好
藻类	一般只需要阳光和 CO_2，属于自养型微生物	不易消化纤维质细胞壁
真菌	易回收，可从培养液中滤出，挤压成形	生产速度慢，蛋白质含量不高，易受酵母污染

174 生产单细胞蛋白的原料和工艺应满足哪些条件?

原料和工艺应具备的条件有:

① 价格低廉,易于大量获取;

② 易被微生物降解或者预处理过程简单;

③ 供应源稳定、储藏条件经济安全;

④ 原料运输方便、经济。

想要实现单细胞蛋白工业化生产,还需满足以下几点:

① 微生物繁殖快,培养成本低,可连续发酵;

② 以价格低廉的肥料为原料;

③ 菌体易于分离回收;

④ 不易生物污染;

⑤ 原料利用率高、排污量小;

⑥ 产物蛋白质含量高且氨基酸组成合理;

⑦ 不产生毒性物质、病原微生物及致癌物质;

⑧ 适口性好,易于吸收;

⑨ 易于包装、贮藏、运输。

175 生产单细胞蛋白的工艺流程如何?

生产单细胞蛋白的一般工艺流程如图 4-2 所示。

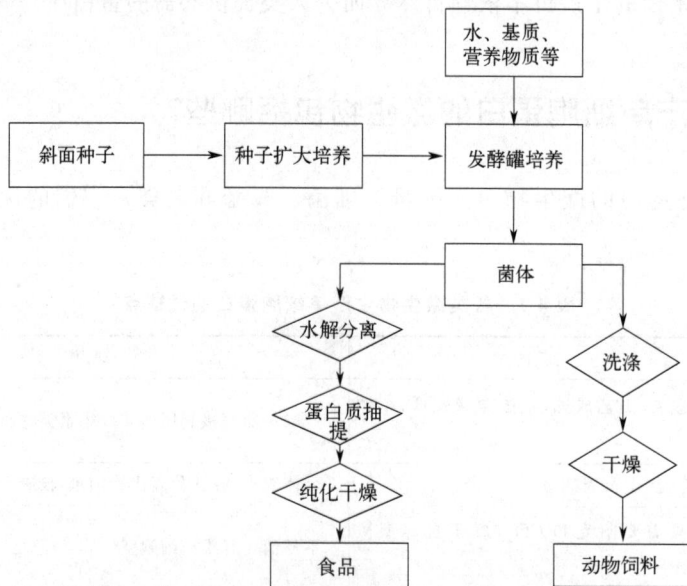

图 4-2　生产单细胞蛋白的一般工艺流程

176 利用固体废物生产单细胞蛋白目前存在哪些问题?

固体废物产单细胞蛋白存在的问题主要包括:

① 产品中核酸含量高,有导致某些生理功能紊乱症患者健康的风险;

② 微生物自身富集有害物质情况,需要耗费大量人力物力检测;

③ 人类食用这些微生物可能会产生消化不良等症状;

④ 单细胞蛋白产品的成本还有较大下降空间;

⑤ 有待开发新的安全而又经济的生产工艺。

(二)餐厨垃圾发酵生产化学品

177 利用餐厨垃圾生产乙醇具有哪些优点?

餐厨垃圾可以通过酶解技术处理获得糖化液,并进行发酵生产乙醇。研究人员对这种利用餐厨垃圾的途径持乐观态度,其原因在于其诸多优势,诸如促进资源的二次利用、开辟新的生产路径以及有效降低生产成本等。其具体优势如下。

(1)政策支持

我国 2010 年出台的《关于组织开展城市餐厨废弃物资源化利用和无害化处理试点工作的通知》中,推荐的处理技术之一为生产新型能源物质,如生物乙醇。

(2)废物利用,节约粮食

随着粮价逐年攀升,以粮食作原料发酵产生乙醇的成本大大增加,降低乙醇成本是亟须解决的问题。同时,随着粮食生产碳排放的增加,粮食发酵产乙醇的环境效益大大降低,而以餐厨垃圾作为乙醇发酵原料,可以节约粮食,并降低乙醇发酵成本。

(3)成分易于利用

餐厨垃圾中的淀粉相较于油脂更易利用生产乙醇。目前已有将餐厨垃圾中的淀粉高效转化为乙醇的技术,剩余的油脂部分也便于回收,开辟了新的乙醇生产路径,并且提高了餐厨垃圾再利用效率。

(4)转化率高

通过研发复合酶,能够提高餐厨垃圾酶解后可发酵糖的浓度,可发酵糖浓度与最终乙醇产量正相关。研究发现,餐厨垃圾中汉堡、比萨等淀粉物质经淀粉酶处理,降解率达 $76.8\%\sim85.2\%$,乙醇产量约在 $27.4\sim46.6g/L$ 之间。因此通过复合酶的研发,可以提高餐厨垃圾的淀粉转化效率,且为后续的油脂分离利用提供便利。

178 餐厨垃圾发酵产乙醇的反应途径是什么?

餐厨垃圾可在厌氧条件下,经酵母菌发酵产生 CO_2 和乙醇。餐厨垃圾产乙醇的步骤为：预处理、水解、发酵、纯化。影响乙醇发酵速率的关键步骤是水解和发酵。餐厨垃圾发酵产乙醇的生物化学反应途径是餐厨垃圾首先经水解（最常用的方法是酶解）生成葡萄糖，这些葡萄糖进入糖酵解（EMP）途径，分解成丙酮酸，丙酮酸经脱羧酶催化生成乙醛与CO_2，乙醛被还原最终生成乙醇。

179 有哪些利用餐厨垃圾制氢的方法？

餐厨垃圾制氢方法主要分为两大类。

（1）生物转化制氢法

生物转化制氢法是产氢微生物利用生物质废弃物产生氢气的方法。餐厨垃圾的制氢过程中，厌氧发酵制氢是主要方法，根据产物类别和含量可分为丁酸型、丙酸型、乙醇型和混合酸型发酵。

① 丁酸型发酵。该发酵类型底物通常为葡萄糖、蔗糖等，产物通常为丁酸、乙酸、H_2、CO_2 和少量丙酸。该发酵生化途径为：可溶性碳水化合物底物经三羧酸循环（TCA）形成丙酮酸，并在丙酮酸铁氧还蛋白氧化还原酶催化作用下脱酸，羟乙基结合到丙酮酸脱氢酶的辅酶（TPP）上，生成乙酰辅酶 A，而脱下的氢还原铁氧还蛋白，随后在氢化酶作用下，还原型铁氧还蛋白被还原并释放氢气。

② 丙酸型发酵。该发酵类型底物通常为含氮有机化合物和难降解化合物，产物通常为丙酸和乙酸。生化反应途径主要是经 TCA 循环产生 NADH 和 H^+，与一定比例小分子酸相偶联，氧化生成 NAD^+。其生化过程中也需要铁氧还蛋白氧化还原酶和铁氧还蛋白氢化酶共同作用，但该发酵类型产气较少。

③ 乙醇型发酵。该发酵类型产物为乙醇、乙酸、H_2、CO_2 和少量丁酸。其生化途径是碳水化合物类物质经细菌细胞内糖酵解途径产生丙酮酸，这些丙酮酸在丙酮酸脱羧酶和焦磷硫酸铵的共同作用下转化为乙醛、H_2、CO_2，随后乙醛经醇脱氢酶还原为乙醇。

④ 混合酸型发酵。该发酵类型产物除乙酸外还有多种产量大的物质，或者其产物不符合以上三种发酵类型时，该发酵可能是混合型发酵。

（2）生物质气化法

生物质气化法是通过热化学转化方式，将餐厨垃圾生物质转化为燃气或合成气的方法，气体成分以 H_2、CO、少量 CO_2、水和烃为主。

180 餐厨垃圾发酵制生物丁醇的途径和方法是什么？

丁醇可用于生产塑料、高聚物、油漆等化工产品，与乙醇类似，可由微生物发酵产生。将丁醇与其他物质的燃烧性能和理化特性进行比较（表 4-2）可以看出，丁醇比乙醇具备更高的热值和能量密度，应用前景十分广阔。

表 4-2　几种常见生物燃料的特性

生物燃料	CH_4	甲醇	乙醇	丁醇	生物柴油	汽油
能量密度/(MJ/L)	35.9	16	21.1～21.7	29.2	32	32.2～32.9
空燃比	23.0	6.5	9.0	11.2	12.5	14.2～15.1
辛烷值(RON)	105～115	136	111	113	—	84～98

　　餐厨垃圾发酵制生物丁醇的常见方法是丙酮-丁醇-乙醇（ABE）发酵，利用的菌种为梭状芽孢杆菌（*Clostridia*），主要包括丙酮丁醇梭菌、拜氏梭菌、糖丁酸梭菌和糖乙酸多丁醇梭菌。丁醇发酵底物通常是葡萄糖、蔗糖和淀粉等易利用碳源，在利用有机废弃物做原料时，需预处理将难利用碳源转变为易利用碳源。根据不同微生物的特性，会采取不同的发酵工艺。餐厨垃圾富含大量可生物降解材料（木质纤维素、淀粉、脂质、果胶和蛋白质）、产量大、价格低廉，是生物丁醇发酵的优质原料。

181　利用餐厨垃圾发酵产酸的反应原理是什么？有哪些应用？

　　厌氧发酵产酸是微生物在厌氧条件下分解溶解性有机物，产生氢气、有机酸和醇类等产物的过程。常见的厌氧产酸阶段如下。

　　（1）第一阶段：水解阶段

　　不易溶解的有机底物在水解发酵细菌和水解酶作用下，转化为以单糖类、醇类、多肽、氨基酸、甘油和长链脂肪酸等为主的溶解性有机物。此阶段为厌氧发酵限速步骤。

　　（2）第二阶段：酸化阶段

　　酸化细菌将水解阶段产生的溶解性有机物进行代谢分解，形成以挥发性脂肪酸（乙酸、丙酸、丁酸、异丁酸、戊酸和异戊酸）为主的产物，同时伴随着乳酸、H_2、CO_2和醇类等的产生。

　　厌氧发酵的条件直接影响挥发性脂肪酸（VFAs）的产量和组成比例。研究发现，厌氧发酵产物中，乙酸和丁酸占比高于70%。此外，pH 值会影响厌氧发酵类型，如pH 值为 4～5 时为乙酸型发酵，5～6 时趋向于丙酸型发酵，8～9 时为丁酸型发酵。温度也会影响 VFAs 的组成，当温度分别为 35℃和 45℃时，对应的乙酸和丙酸含量较高，55℃时主要产物为丁酸。在厌氧发酵后期，通过反向 β 氧化途径，产物中会出现戊酸、异戊酸等长链脂肪酸。此外，微生物群落结构也会影响 VFAs 的产量和组成，如厚壁菌门、变形菌门和拟杆菌门在适宜的条件下，可增加 VFAs 产量。

182　如何利用餐厨垃圾生产生物可降解塑料？

　　能够被微生物完全降解为低分子量物质的聚合物材料被称为生物可降解塑料。常见的生物可降解塑料包括聚酯类、聚酰胺类、聚磷酸酯类等。

聚羟基脂肪酸酯（PHA）是一种能被微生物胞内合成的高分子聚合物，是生物可降解塑料的原材料，部分产品已经小规模生产并应用。PHA 的物理及机械性能与传统石油基塑料类似，还具有可降解、与生物相容性好、降解产物无毒性等优点，被认为是聚丙烯的替代品。因 PHA 的生物可降解性，进入环境后可经微生物作用分解代谢为 CO_2、水（有氧条件）或碳（缺氧条件），具有环境友好的特点。PHA 的分子式如图 4-3 所示。

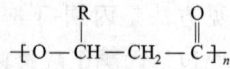

$$+O-CH-CH_2-C+_n$$

图 4-3　PHA 分子式

PHA 与细胞内的能量转化有着密切的联系，是微生物细胞内由 3-羟基脂肪酸组成的一类线型聚酯。当细菌的生长环境中有过量的碳源存在，同时缺乏某些生长所必需的营养物质（如氮、镁、磷等），细菌就会把多余的能量以物质的形式储存起来，这种物质即 PHA。该物质在许多微生物体内都可以积累，无生理局限性；另外，它具有渗透压惰性的特点，大量积累不会影响细胞内的渗透压。因此，PHA 是一种理想的储存材料，它独特的性质也为其工业化生产提供了可能。PHA 还具有合成塑料所不具备的许多优良性能，例如气体相隔性、生物相容性、生物可降解性等，在医疗用品、农化学介质和溶剂、包装材料、器具类材料、耐用消费品、黏合材料、喷涂材料和衣料等领域中均具有广阔的应用前景。近年来，这种新型生物复合材料已经成为生物材料领域的研究热点。3-羟基丁酸酯（poly-β-hydroxybutyrate，PHB），是 PHA 中最常见也是被研究最多的一种，自从 1926 年 Lemoigne 首次从巨大芽孢杆菌中分离出了 PHB 后，国内外学者在其他 PHA 合成菌筛选、发酵工艺条件优化等方面进行了大量的研究，到目前为止，研究人员已经从各种环境中筛选出 60 多属 300 多种能够合成 PHB 的微生物。能够合成 PHA 的主要菌株见表 4-3。

表 4-3　能够合成 PHA 的主要菌株

菌属	中文名称	菌属	中文名称
Acinetobacter	不动杆菌属	*Lampropnedia*	生丝微球菌属
Actinomyces	放线菌属	*Methylobacterium*	甲基杆菌属
Alacligenes	产碱菌属	*Protomonas*	原单胞菌属
Acotobacter	固氮菌属	*Rhicobium*	根瘤菌属
Bacillus	芽孢杆菌属	*Rhodobacter*	红细菌属
Beggiatoa	贝氏硫菌属	*Rhodopseudomonas*	红假单胞菌属
Caulobacter	柄杆菌属	*Sphaetottius*	球衣菌属
Chromatium	着色菌属	*Spirillum*	螺菌属
Derxia	德克斯菌属	*Streptotilu*	链霉菌属
Ectothiorhodsprira	硫红螺菌属	*Vibrio*	弧菌属
Enterobater	肠杆菌属	*Xanthobacter*	黄色杆菌属
Ferrobacillus	亚铁杆菌属	*Zoogloea*	动胶菌属

PHA 合成方法包括活性污泥法、生物合成法、化学合成法、转基因植物法和生物发酵法。其中，利用微生物的自身代谢来合成产物的生物合成法是 PHA 的主流合成方法。由于利用的碳源和细菌不同，PHA 的合成途径和种类也不同，这种差异与特定微生物的代谢途径有关。目前，在自然条件下细菌中已经报道的 PHA 单体的合成途径一共有 14 种。其中，最为成熟、代谢工程改造研究最常见的有三种，分别是脂肪酸 β-氧化合成 MCL-PHA 途径、脂肪酸从头合成途径、与 SCL-PHA 合成相关的乙酰辅酶 A 直接合成 PHB 途径。

不同的 PHA 合成菌利用不同的碳源类型合成 PHA。影响 PHA 生产成本的很大原因是培养微生物的碳源比较昂贵，合成的 PHA 种类也与碳源的碳原子数目有较大关系，当以偶数碳原子的有机物为碳源时，产物主要为 PHB，而当以奇数碳原子的有机物为碳源时，产物主要为聚 3-羟基戊酸酯（PHV）。目前，挥发性有机酸（VFA）都能作为多数 PHA 合成菌株的碳源，且 PHA 产量十分可观。VFA 因其价格低廉成为大部分 PHA 合成实验中理想的碳源物质。比起丁酸、戊酸，VFA 中的乙酸、丙酸更受研究人员的青睐，这主要是因为乙酸和丙酸是短链脂肪酸，可以通过细胞膜进入细胞内部，被微生物直接利用，而丁酸和戊酸需要先在细胞外分解为短链脂肪酸才能进入细胞被微生物利用，而且，当系统中丁酸、戊酸浓度过高时，会对微生物生长产生不利影响，减弱 PHA 的合成作用。为了获得理想的培养 PHA 合成菌的 VFA 碳源物质，可以将厌氧发酵控制在产酸阶段。而厌氧发酵的基质主要为有机物，本着降低成本的目的，可以将餐厨垃圾作为厌氧发酵的基质，这样既以资源化方式利用了餐厨垃圾，又能够减轻环境负荷。

183 如何利用餐厨垃圾发酵产物作为污水处理厂外加碳源？

污水中排放到自然界水体中的氮不仅会造成水体的富营养化、水资源恶化，同时也有可能对人体健康造成影响，硝酸盐氮可被转化为有潜在致癌风险的亚硝胺等物质。鉴于此，随着我国城市化建设的不断发展，污水排放标准不断提高，总氮与氨氮排放标准将更加严格。根据《城镇污水处理厂污染物排放标准》（GB 18918—2002）中一级标准的 A 标准（简称一级 A 标准），氨氮允许排放浓度夏季为 5mg/L，冬季为 8mg/L，总氮为 15mg/L，这也对众多污水处理厂提出了更高的要求。

反硝化，又称脱氮作用，是反硝化菌将硝酸盐氮转化为氮气的一系列生化过程。在污水处理中，反硝化菌在多种酶的共同作用下，伴随着电子传递以及能量转化，将硝态氮逐一转化成亚硝酸盐氮、一氧化氮、一氧化二氮，并最终生成氮气，使水中的硝态氮得以去除。反硝化菌作为反硝化过程的载体，为电子转移及能量运输提供了场所。反硝化过程在生化反应过程中涉及的酶主要包括：硝酸盐氮还原酶（NaR）、亚硝氮还原酶（NiR）、一氧化氮还原酶（NoR）以及一氧化二氮还原酶（N_2OR）。无论是硝酸盐还是中间产物，都需要在这些酶的作用下与外源电子发生一系列生化反应，并最终形成氮气。

在反硝化过程中所需要的大量电子供体，主要由水中的含碳有机物来提供，也称碳源。碳源主要可分为内源碳源和外源碳源。内源碳源来源于微生物在自身代谢过程中产生的可生物降解的溶解性物质，而外源碳源一般指废水本身所携带的溶解性有机碳以及外加的补充碳源，如甲醇、乙酸钠等。碳源在反硝化过程中提供电子，并参与细胞合成等活动，最终得以消耗。反硝化是一类复杂的生化反应过程，涉及反硝化菌、多种还原酶、电子转移以及能量转换等，故反硝化的效率受到各方面因素影响，主要包括碳源类型、碳源投加量（C/N）、温度、初始氮浓度、pH、微生物类型等。

污水处理厂所需的外加碳源，一方面是将其作为 NO_3^- 的电子供体，使之还原为 N_2，从而达到脱氮的目的；另一方面是作为异养反硝化细菌生长繁殖的能量来源。目前常用的外加碳源有以下几种。

① 甲醇。甲醇作为外加碳源，其优点是污泥产量小，成本低。但其代谢产物具有毒性，而且微生物对于甲醇的响应时间较长，不适合作为应急碳源使用。当利用甲醇进行反硝化时，甲醇需被氧化成相应的 VFAs 才能被反硝化菌代谢利用，故反硝化速率比 VFAs 低，且产生的能量有所减少。

② 乙醇。乙醇毒性较低，性质与甲醇相似，常用于代替碳源。

③ 乙酸钠。乙酸钠可以被微生物快速利用，适合作为应急碳源。但是成本较高，且使用后会增加污泥产量。

④ 糖类。如葡萄糖、蔗糖等。微生物在利用多糖作为碳源时，要先将其水解为单糖。若选择葡萄糖作碳源，也需要经过相应的酶促反应才可被反硝化菌代谢利用，且硝酸盐氮异化还原成铵（DNRA）的过程往往会占优，从而造成铵的积累。

除了传统碳源，餐厨垃圾或高浓度废水厌氧水解酸化液等混合物、富含糖类物质的工业废水以及以纤维素类物质为主体的廉价固体碳源等作为新型碳源，得到了国内外诸多学者的广泛关注与研究。餐厨垃圾在厌氧发酵时的中间产物，即挥发性脂肪酸（VFAs）可作为污水处理中的外加碳源，不仅可对餐厨垃圾进行减量化、无害化以及资源化的处理处置，还因其具有较好的反硝化潜能，可实现污水的脱氮除磷，缓解污水处理厂碳源紧缺的现状。

VFAs 主要由乙酸、丙酸、丁酸、戊酸组成。众多实验结果均表明：相比甲醇、葡萄糖等传统单一的碳源，VFAs 的反硝化速率更快。一方面由于碳源不同，降解途径不同。降解乙酸、丁酸、丙酸等 VFAs 时，遵循三羧酸循环这一代谢途径，即 VFAs 先与辅酶 A 结合生成脂酰辅酶 A，随后经过 β 氧化形成乙酰辅酶 A，同时生成比原 VFAs 少两个碳的 VFAs。而乙酰辅酶 A 随即进入三羧酸循环，通过氧化磷酸化生成能量，进而用于反硝化。乙酸等低分子有机酸可直接与辅酶 A 结合，被反硝化菌利用，而丁酸与戊酸等其他大分子的有机物和不易生物降解的有机物必须先转化成低分子有机酸才能通过三羧酸循环开始参与反硝化，被微生物利用。另一方面，不同的反硝化菌可以利用不用的碳源，混合碳源系统中参与反应的菌种多于单一碳源系统，因此脱氮效果更好。VFAs 作为多种酸的混合物，最先被利用的是乙酸，其次是丙酸，最后为丁酸和戊酸，原因是乙酸代谢最简单，可以直接通过 β 氧化生成乙酰辅酶 A。而碳链更长的酸，则需要经过多级氧化才能最终被利用，相应的，反硝化速率降低。

VFAs 作为外加碳源时，反硝化的效果还取决于碳氮比、温度等。理论碳氮比取决于碳源性质和细菌性质。实际应用中，略大于理论碳氮比的 1.2 倍即可；在小于理论消耗量时，反硝化速率和碳源含量成正比。

184 如何用餐厨垃圾发酵产乳酸？其应用有哪些？

乳酸（Lactic acid，LA）又名 2-羟基丙酸，可作为调节剂、消毒剂、防腐剂、添加剂和原料等，广泛应用于环保、医药纺织、化妆品、食品和酿造等领域，是一种重要的有机酸。其中只有 L-乳酸能被人体直接代谢利用。

目前，全球有机酸产量第一位的是乳酸，其工业生产方法主要有微生物发酵法和化学合成法。微生物发酵法主要以蔗糖和葡萄糖等为基质，用微生物发酵的方法制取乳酸。化学合成法采用的原料主要为氰化氢和乙醛，经反应制得乳腈后进行硫酸水解生成乳酸。化学合成法较难合成单一构型的乳酸，而且具有环境污染严重和生产成本高的劣势。微生物发酵法不仅可以克服上述不足，还具有如下优势：

① 选择合适的底物和菌种，在一定的发酵条件下可得到特定的旋光异构体；

② 发酵条件温和、效率高、过程清洁、成本较低。因此，微生物发酵法生产乳酸越来越受到关注。

其中，利用餐厨垃圾等有机废物厌氧发酵产乳酸具有实现有机废物自身减量以及获得品质较高的乳酸的优势，因此逐渐成为研究热点。

餐厨垃圾中有机质含量高，其成分与粮食相似。通过添加不同水解酶将餐厨垃圾中的淀粉类物质水解为葡萄糖、低聚糖或麦芽糖；变性蛋白质被胰蛋白酶水解为氨基酸和多肽；脂肪经脂肪酶催化转化为甘油、脂肪酸等。水解后的小分子产物部分可以直接或间接被乳酸菌利用产生乳酸，比乳酸菌直接以餐厨垃圾为营养物质产乳酸底物利用率高、所用时间短。乳酸产率在加入少量的水解酶后可大大提高，具有经济性和资源性特点。近年有研究发现，餐厨垃圾通过厌氧发酵生产乳酸，进而还可以合成一种新型可降解塑料——聚乳酸，这极大地降低了乳酸及聚乳酸类产品的生产成本，为解决困扰人类的白色污染问题开辟了新途径，对我国有机固体废弃物污染控制及节能减排工作具有重要意义。

微生物发酵产乳酸从生化机制上可分为同型乳酸发酵、异型乳酸发酵和双歧乳酸发酵三大类。同型乳酸发酵理论上转化率为 100%，末端产物只有乳酸，但由于微生物还存在其他的生理活动，实际转化率一般在 80% 以上。利用葡萄糖进行异型乳酸发酵时乳酸的转化率只有 50% 左右，发酵产物除乳酸外还有三磷酸腺苷、CO_2 和乙醇。双歧乳酸发酵过程中乳酸的转化率理论上也仅有 50% 左右，双歧杆菌利用 1mol 的葡萄糖生成 1.5mol 的乙酸和 1mol 的乳酸。因此，工业生产时乳酸一般选择德氏乳杆菌、乳酸乳球菌等同型乳酸发酵的菌种。

通常情况下，微生物发酵法制备乳酸的工艺过程可分为预处理、发酵、分离和提纯等阶段。在预处理阶段通过化学或物理方法对底物进行改良，以降低微生物对底物分解利用的难度，提高乳酸产率。乳酸菌必须经过糖化（包括液化和水解）转变为糖质原料后才能发酵。水解主要有酶解和酸解两种方法。酶解法操作简单、不污染环境、副产物少且反应条件温和、专一性强，是生物发酵预处理工艺发展的重要方向之一。对餐厨垃圾而言，经过过滤粉碎后，加入蛋白酶、α-淀粉酶、纤维素酶等进行酶解，可将淀粉或纤维素等转化为单糖（主要是葡萄糖）、二糖或易被水解的多糖。发酵阶段是利用微生物的主要阶段，一般是将预处理后的餐厨垃圾，配制成合适的培养基后接种产乳酸菌株进行发酵，此时需控制发酵罐内氧含量、温度、pH 值等条件，保证微生物处于最佳活性状态。分离和提纯则是指在微生物发酵完成后，将目标产物从发酵液中分离出来，再利用各种理化手段将乳酸提纯的过程。然而，实际生产中乳酸发酵液成分复杂，分离和提纯过程会产生大量的废液和固体废弃物，并且提取成本较高，制约了发酵法生产乳酸的应用。

餐厨垃圾产乳酸的发酵液成分复杂，除乳酸外还包括无机盐、蛋白质、残糖、色素、菌体、未转化的淀粉及副产物有机酸等，这些杂质的存在为后续乳酸的分离和提纯带来了很大的困难，影响了乳酸的质量和产量。发酵液分离和提纯成本过高是制约乳酸工业化生产的瓶颈，在实际生产中 50%～60% 的成本用来进行发酵液分离和提纯。目前，工业上普遍采用的乳酸提取和纯化工艺为钙盐结晶法，其工艺流程如图 4-4 所示。

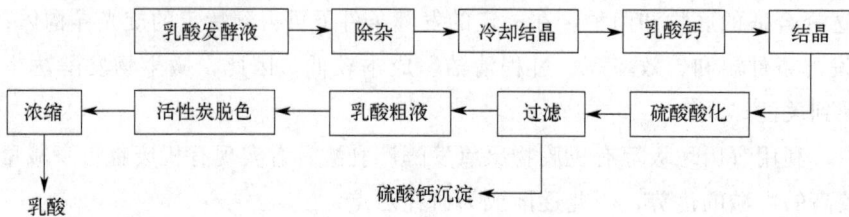

图 4-4　乳酸的提取纯化工艺流程

该流程易于控制、技术成熟，但也存在原料消耗多、操作单元多而复杂、流程较长以及污染环境、产品回收率低和副产物多等问题。为了有效解决上述问题，需进一步探索高效率、低成本的分离和提纯工艺，以提高产品纯度和回收率。目前，国内新型的乳酸分离技术主要有膜分离法、分子蒸馏法、萃取法、酯化水解法、离子交换法等。表4-4 比较了几种从发酵液中回收乳酸的方法的优缺点。

表 4-4　乳酸回收和分离工艺的优缺点

分离过程	优点	缺点
液-液萃取	不生成石膏,减少热分解的危害	萃取剂需要通过蒸馏或反萃取剂(萃取)再生,产品纯度不高,常规的萃取剂存在不利的溶胀
膜分离	在规模上有很大的灵活性,高选择性,提纯水平高,可与传统发酵罐集成,降低设备投资成本	膜成本高,膜污染,极化问题,难以扩大规模
分子蒸馏	减少热分解的危害,提纯水平高,不需要溶剂,不需要进一步的提纯	难以扩大规模,需要高真空条件
反应精馏	反应和分离在同一装置中,提纯水平高,能耗低	过程复杂,专门用于液相中的可逆化学反应,仅限于反应速率相当高的系统应用,使用均相催化剂会引起腐蚀和分离问题

　　浓缩、分离和纯化是餐厨垃圾发酵生产高价值乳酸产品的必要步骤。迄今为止，国内外研究了许多回收乳酸的技术。然而，由于乳酸与挥发性脂肪酸的相似特性、发酵液的复杂性，从发酵液中原位回收纯乳酸仍然有困难。未来仍需要优化现有提取工艺、研究高效的乳酸提取与纯化工艺，如综合利用集成分子蒸馏及膜技术等，同时进行技术经济评估和生命周期评价，实现绿色、经济、高效的乳酸分离与纯化。

185　餐厨垃圾发酵产中链脂肪酸的过程和方法是什么？

　　微生物可以通过链增长反应以乙醇、氢气、乳酸等为电子供体，通过逆 β 氧化途径，将短链脂肪酸（2～6 个 C）转化为中链脂肪酸（6～8 个 C）。中链脂肪酸（medi-umchain fatty acids，MCFAs）具有广泛的工业用途，如生产抗菌剂、缓蚀剂、生物柴油前体物和生物塑料。随着化石能源的日益消耗，生物质能源逐年受到重视。短链脂肪酸 O/C 比值高、能量密度低，不适合用作燃料，因此 MCFAs 被大量研究。同时，中链脂肪酸相较于短链脂肪酸，溶解度更低，更易于提纯，适合工业化生产。

　　研究发现，乙酸、丙酸、丁酸等挥发性脂肪酸也可作为电子受体。另外除常见的梭菌属（*Clostridium*）外还有其他可以进行链增长反应的微生物，它们的电子供体可以是氨基酸、丙酮酸、丙醇等。而研究的底物也从最初的简单底物，逐渐扩展到含有电子供体或能生产电子供体的复杂底物。这些研究都使得应用复杂底物的链增长技术成为可能，具有更广阔的应用前景。通过这种技术生产中链脂肪酸不仅成本小，还可对废弃物进行资源回收，具有非常重要的意义。

　　乳酸正是链增长反应的理想电子供体。餐厨垃圾中碳水化合物含量高，由于乳酸是糖酵解的产物，因此餐厨垃圾在厌氧发酵过程中会产生大量乳酸。将餐厨垃圾厌氧发酵产乳酸与链增长反应技术相结合，是一个切实可行的途径。首先利用餐厨垃圾厌氧发酵产乳酸，进而接种链增长反应微生物将乳酸升级为中链脂肪酸，由此实现餐厨垃圾厌氧发酵产中链脂肪酸。而中链脂肪酸相较于乳酸或挥发酸具有价值高、易提取等优点，因此利用餐厨垃圾厌氧发酵产中链脂肪酸具有非常深远的实际意义。这也为其他有机废弃物资源化提供了一条新的思路。

186　如何用餐厨垃圾产生物柴油？

　　生物柴油（FAMEs）是一种可再生能源，其主要化学成分是脂肪酸甲酯和脂肪酸乙酯，添加到汽车燃油中，可以缓解化石燃料紧缺的压力。生物柴油可以用植物油、动物油、厨房废弃油等多种油脂通过化学或者生物方法进行合成。化学法合成主要是在废弃油脂中加入甲醇，通过 NaOH 或者 H_2SO_4 催化，发生酯交换反应，但是其反应后的副产物——甘油以及酸碱催化剂会造成二次污染。生物法合成生物柴油主要通过微生物代谢油脂生成生物柴油积累在胞内。据报道，有些酵母属的微生物，例如红冬孢酵母属（*Rhodosporidiuum* sp.）、油脂酵母属（*Lipomyces* sp.）可以利用这些油脂生产生物柴油,生物柴油在胞内的积累量可达到细胞干重的70%。

植物油脂是最早制备生物柴油的原材料,缺点是资源有限、成本高等,因此城市剩余污泥制备生物柴油的方法受到广泛关注。产油微生物(细菌、真菌、藻类和酵母菌等)能够在低氮、高碳的生长环境中,以储存脂质的形式积累有机质,并吸附污水中的油脂类物质到剩余污泥中,以达到净化出水的效果。因此,可以利用剩余污泥中的油脂类物质和产油微生物作为合成生物柴油的原料。此外,餐厨垃圾中的含油率(湿重)为2%~10%,也可以作为生物柴油的生产原料。制取生物柴油的工艺流程如图4-5所示。

图 4-5 生物柴油 (FAMEs) 的制取工艺流程

餐厨垃圾制取生物柴油是甘油三酯或者脂肪酸与醇反应(酯交换反应生成甲酯和副产物的过程)。催化剂的优化,尤其在餐厨垃圾制取生物柴油方面,一直是制取生物柴油研究中的热点问题。目前,酸碱催化法是最成熟的催化方法。而不同类型的餐厨垃圾性质(主要因为脂肪酸的差异)各不相同,分别适用于不同的催化方法。餐厨垃圾用不同方法制取生物柴油的产量如表4-5所示。

表 4-5 餐厨垃圾用不同方法制取生物柴油的比较

年份	作者	方法	生物柴油产率
2015	Sneha	多相催化法	80%
2018	Carmona-Cabello	酸-碱催化两步法	87.92%
2018	Deepayan	微波辅助单项共混物法	96.89%
2019	钟昌东	微波辅助法	65.11%
2009	Chen	固定化脂肪酶催化法	91.08%
2017	Wang	水热预处理法	80.9%

此外,利用餐厨垃圾中的废弃油脂生产生物柴油时,每生产10t生物柴油就会产生大约1t的甘油副产物。利用废弃油脂制备生物柴油时,甘油主要在酯交换反应阶段产生。制取生物柴油时将废弃油脂与甲醇充分混合,反应时间约为60min,降温至60℃。在反应过程中,原材料油脂以及反应产物浮在上部,而甘油沉降在反应器的底部,具有很明显的两相产物分界面。通过萃取或其他操作,可以将副产物甘油和反应产物分离,分离出的甘油还可加入预酯化反应中重复利用,剩余部分经过纯化后可用于其他商业用途。

187 ▶ 餐厨垃圾废水资源化利用生产液态菌肥工艺有何意义?

微生物菌肥是按照植物营养学原理、土壤微生态学原理以及现代"有机农业"的基本概念而研制出来的，利用活性（可繁殖）微生物生命活动使作物得到所需养分（肥料）的第三代肥料，是一种新型肥料生物制品。含有十余种高效活性有益微生物菌的微生物菌肥，可提高养分利用率、活化养分，可适用于各种类型的土壤、作物。在国内外农业生产中使用微生物菌肥部分替代化肥已经得到广泛应用，是实施"高效清洁农业"的有效措施。目前，多以富含有机质的液体或者固体为载体，通过接种高效菌株发酵获得微生物菌肥。尽管利用餐厨垃圾制备微生物菌肥已有许多尝试，但是利用餐厨垃圾废水生产液态菌肥的研究还鲜有报道。餐厨垃圾废水中不仅含有丰富的氨基酸、多肽、小分子糖等有机物，而且有毒物质少，十分利于微生物生长。因此利用餐厨垃圾废水生产液态菌肥工艺既可以减少一次资源的投入，还能降低企业废水处理的成本，减少化肥使用、土壤污染，保障食品安全。餐厨垃圾废水资源化利用生产液态菌肥工艺可促进环境保护和资源的可持续利用，符合发展绿色农业、绿色生态的理念，也为高附加值资源化利用提供一条新思路。

（三）热解

188 ▶ 什么是固体废物的热分解技术？

在无氧或缺氧条件下，对固体废物中的有机物进行加热，使其发生不可逆的化学变化，主要是使高分子化合物分解为低分子化合物的处理技术，称为热分解技术，简称热解。

热解是利用餐厨垃圾中有机物的热不稳定性，在无氧或缺氧条件下加热蒸馏，有机物中的连接键断裂。热解产物在冷凝后可分为三种形态的产物：气体（CH_4、CO、CO_2、H_2）、液体（有机酸、焦油）和固体（炭黑、炉渣），从中提取燃料、油脂和气体，气体可用于发电。热解是一种吸热反应，产物是易燃的小分子化合物。

189 ▶ 餐厨垃圾热分解技术的优缺点是什么？

餐厨垃圾热分解技术具有很大潜力。在热解反应之后，餐厨垃圾裂解的主要产物有：CH_4、CO、CO_2、H_2 等气体部分；甲醇、丙酮、醋酸、焦油、溶剂油、水溶液等液体部分；以炭黑为主的固体部分。与只能回收热能的焚烧处理相比，热解技术可以将餐厨垃圾转化为便于储存和转运的气体、燃料油等。适用于应用热解技术的固体废物主要包括废塑料（含氯废物除外）、废橡胶、废轮胎、废油及污泥、有机污泥等。城市生活垃圾、农林废弃物（如纤维素）的热解技术也在蓬勃发展。

然而，热解技术也存在相应问题。由于食物垃圾的低热值，它需要在热解过程中吸收大量热量，因此需要增加额外的助燃物。特别是热解早期的去水阶段需要消耗更多的热能，这提高了操作负担和成本。此外，餐厨垃圾的水分含量一般大于 60%，垃圾中的水分在热解时的蒸发过程会吸收大量的热量。因此热解早期的外部加热能耗将大大增加。同时，水蒸气与热解燃料气混合会使得热解燃料气的热值和利用价值大幅下降。此外，由于餐厨垃圾中有机组分的构成复杂，热解过程参数具有复杂的不确定性，这使得热解过程不稳定且难以控制。

190 热分解的主要影响因素包括哪些方面？

在热解过程中，主要影响因素包括以下几个方面。

（1）温度

温度是影响热解的关键因素，热解产物的产量和成分都可通过控制反应器的温度来有效地改变。热解温度与气体产量成正比，而各种酸、焦油、固体残渣随着温度的增加呈相应减少之势。应该由回收目标明确及设定适宜的反应温度。

（2）加热速度

加热速度提升，气体产量增加，水、有机液体和固体残渣的含量相应降低。同时，加热速度也会影响气体的组成。

（3）湿度

对热解过程而言，湿度的主要影响体现在对产气及组成的影响、对热解内部化学过程的影响以及对整个系统能量平衡的影响。热解过程中的水分主要来自两个方面：一是物料自身的水分，二是额外加入的高温蒸汽。

（4）物料因素

① 固体废物的成分。废物组分的不同会导致热解的起始温度有所不同，产物成分及产率也会发生相应的变化。

② 物料的预处理情况。通常，物料颗粒较大，传热和传质速度均会减慢，热解的二次反应增加，对产物成分有较大影响；物料颗粒较小，则能够促进热量的传递，从而使热解反应进行得更加顺利。因此，有必要对固体废物进行破碎处理，使粒度细小而均匀。

③ 含水率。通常含水率越低，物料加热速度越快，越有利于得到较高产率的可燃性气体。

191 热解技术与焚烧技术相比较有何优缺点？

相较于焚烧，餐厨垃圾的热解技术在废弃物减容、削弱其腐蚀性、提高资源回收率、避免大气污染等方面具有更大的潜在价值和经济效益。具体的优点包括以下几个方面：

① 餐厨垃圾中的有机组分可以转变为由气体、热解油和炭黑组成的高能物质，资源性产品也可以回收利用，如液体产品可作为化工原料。

② 热解处理方法灵活，原料普适性广。可用混合的城市垃圾、废弃聚合物、污水

系统污泥等进行热解处理。即使废物成分波动，系统也能安全运转。

③ 由于热解烟气缺氧裂解，废气少，粉尘少，可以简化烟气净化系统，且反应温度低于焚烧，因此 NO_x 输出较少，减弱了大气的二次污染。

④ 残留量小，重金属不溶解。由于系统始终保持还原条件，Cr^{3+} 不会转化为毒性更大的 Cr^{6+}，垃圾中的硫、重金属和其他有害组分大多保留在炭黑中。

⑤ 热解处理设备构造比焚烧炉简单，投资费用较低。

热解技术虽然具有上述优点，但与焚烧技术相比也有不足之处。例如，由于热解过程的温度较低，在完全减容和无害化处理方面与焚烧技术有一定差距。热解技术的应用范围比焚烧技术要小，因为基本上所有的有机物都能被焚烧，但并不是所有的物质都能被热解。许多物质，包括纸张、木材、纤维素、动物残留物等，都可以通过焚烧更有效、更经济地处理。

192 热解工艺主要有哪几种？

虽然适用于餐厨热解处理的工艺有很多，但不管哪种工艺，产物的组成和数量基本都是由物料的组成特性、预处理、热解反应温度和物料停留时间决定的。根据加热方式的不同，热解可分为直接加热法和间接加热法；根据热解反应体系压力的不同，可将热解分为常压热解和真空（减压）热解；根据热解温度的不同，热解可分为以下三类。

（1）高温热解法

热解温度一般在 1000℃ 以上，常采用的加热方式几乎都是直接加热法。如果采用高温纯氧热解工艺，则反应器中的氧化-熔渣区段温度高达 1500℃。例如炼焦用煤在炭化室被间接加热，通过高温干馏炭化，得到焦炭和煤气的过程就属于高温热解工艺。

（2）中温热解法

热解温度一般在 600～700℃ 之间，主要用于比较单一的物料的能源和资源回收，例如将废轮胎、废塑料等转化成类重油物质。

（3）低温热解法

热解温度一般在 600℃ 以下。可利用农业、林业和农业产品加工废物生产低硫、低灰分的炭，根据原料和加工深度的不同将其制成等级不同的活性炭或者用作水煤气原料。

根据热解设备类型的不同，热解可分为固定床热解、移动床热解、回转窑热解、流化床热解、多级竖炉热解、管状炉瞬时热解、高温熔化炉热解等。其中，回转窑热解和管式炉瞬时热解是针对城市垃圾开发的最早的热解技术，其代表系统为农家系统和市政系统。立式多级竖炉热解主要用于处理含水率较高的有机污泥。流化床有两种类型——单塔流化床和双塔流化床，其中双塔流化床应用广泛。高温熔炼炉热解是城市生活垃圾最成熟的热解方式。典型设备包括新日铁、Purox 和 Torrax 系统。

193 常见的热解反应器有哪些?

美国、加拿大、芬兰、意大利、英国、瑞典等均对反应器有大量研究。代表性的工艺为 Twente、GIT、Ensyn、GIEC、NREL、Laval 等。

① 荷兰 Twente 大学开发的旋转锥式反应工艺不用载气,不仅大大减小了装置体积,而且减轻了冷凝器负荷;但生产规模小,能耗较高。

② 美国 Georgia 工学院(GIT)开发的携带床反应器,内部高温燃烧气将生物质快速加热分解,得到 58% 的液体产物。但需要大量高温燃烧气,而且还产生大量低热值的不可凝气体。

③ 加拿大 Ensyn 工程师协会开发研制的循环流化床工艺设备小巧,气相停留时间短,可防止热解蒸汽的二次裂解;但主要缺点是需要载气对设备内的热载体及生物质进行流化。

④ 其他具有代表性的还有美国国家可再生能源实验室(NREL)开发的涡旋反应器,加拿大 Laval 大学开发的多层真空热解磨反应器。

国内研究的反应器结构包括流化床、固定床、循环流化床、输送床、层流炉、真空移动床、旋锥反应器等。循环流化床工艺是目前应用范围最广、相对评价最高的工艺。该工艺的热传导速率高,处理规模大。

在热解过程中,原料粒度、温度、升温速率、停留时长等操作参数对产物特性和收率影响较大。升温速率对热解有很大影响。温度上升越快,温度滞后越严重,热重曲线和热差曲线的分辨率越低。对于含水化合物,缓慢的加热速率可以检测到一些逐步脱水的中间产物,而快速的加热速率会丢失这些中间产物的信息。原料粒度越大,固产物得率越高,液产物得率越低。热解温度和停留时间的变化会在一定程度上影响产物中化合物的组成。

194 餐厨垃圾热解如何生成生物炭? 其应用有哪些?

餐厨垃圾含有大量的蛋白质、碳水化合物和脂肪,是制备生物炭的优质原料。餐厨垃圾的热解炭化是一个非常复杂的热化学反应过程,主要分为三个阶段:

① 干燥阶段:当温度低于 110℃时,原料内部分子吸热脱水。

② 预炭化阶段:当温度上升到 110~350℃时,半纤维素中的羧基和羰基分解,产生大量的 H_2O、CO_2 和 CO。

③ 炭化阶段:随着温度的升高,纤维素被裂解生成 L-葡聚糖。L-葡聚糖中的 C—C 和 C—O 键断裂分解释放 H_2、CO 和焦油,芳香族化合物转化为少量碳。当温度高于 400℃时,木质素分解达到峰值。这时,大量化学键断裂,大分子被分解成小分子碎片。酚是通过重整、脱碳、脱水、缩合等过程形成的。这些小分子会随着温度的升高逐渐分离,形成水、甲烷、甲醇等产物,大量的苯自由基会形成多环芳香族化合物,进一步形

成炭。

生物炭是一种优良的能源替代品，具有燃烧性能好、热值高、清洁无污染等特点。成型后生产的"炭化生物质煤"堆积密度高，强度大，储运方便，清洁环保，燃烧效率高，可替代煤气、煤等不可再生能源。

在土壤修复方面，生物炭孔隙疏松、表面积大、阳离子交换能力强，可改善土壤的理化性质，吸附土壤中的污染物，降低土壤的生物有效性和迁移转化能力；生物炭的碱度对改善酸性土壤和降低土壤中污染物的生物毒性具有很大潜力；生物炭还可以为微生物提供生长繁殖的场所，有利于微生物降解污染物。在土壤中添加生物炭后，可以保持土壤中 N、P、K 等营养物质，增加土壤水分容量，减少水分入渗速率和养分流失。

在废水处理中，生物炭可用于去除废水中的农药、其他有机溶剂和重金属离子。生物炭具有成本低、孔隙率高、环境稳定性好、比表面积大、活性基团丰富等特点，对水中污染物具有较强的吸附作用。

195　餐厨垃圾热解副产物焦油如何形成？其危害是什么？

焦油是厨余垃圾在高温状态下热解产生的可凝性产物，当温度降至一定程度后，渐渐冷却成黏稠状的液体，与其他产物结合，黏附在输送管道内壁上，堵塞管道，严重缩短设备使用寿命。同时，焦油中含有对人体危害极大的多种多环芳烃和酚、醛、甲醇等，如果不能对焦油进行妥善的处理，将会对环境造成严重的污染。

196　餐厨垃圾热分解技术存在哪些挑战？

餐厨垃圾热分解技术是一种很有前途的技术，可以将餐厨垃圾转化为生物质能，不仅有助于缓解化石燃料过度消耗所造成的能源危机，而且还可以减少温室气体的排放，有助于维护生态平衡。但利用热分解技术处理餐厨垃圾需要定期对系统进行维护，而且整个系统易产生冷凝污染物，增加处理成本，因此限制了热分解技术在餐厨垃圾方面的应用。

五、

餐厨垃圾气体污染物的处理

197 › 餐饮业大气污染物排放标准有哪些?

餐饮业大气污染物的主要排放标准有:

①《饮食业油烟排放标准》(GB 18483—2001);

②《环境空气质量标准》(GB 3095—1996);

③《固定污染源排气中颗粒物测定与气态污染物采样方法》(GB/T 16157—1996);

④《恶臭污染物排放标准》(GB 14554—1993);

⑤《恶臭污染环境监测技术规范》(HJ 905—2017);

⑥《餐厨垃圾处理技术规范》(CJJ 184—2012);

⑦《餐饮业大气污染物排放标准》(重庆)(DB50/ 859—2018);

⑧《餐饮业大气污染物排放标准》(北京)(DB11/ 1488—2018)。

198 › 恶臭气体的排放标准是什么?

我国《恶臭污染物排放标准》(GB 14554—1993)规定了 NH_3、H_2S、MT、DMS 等 8 种恶臭污染物以及其复合恶臭物质无组织排放的厂界标准,如表 5-1 所示。

表 5-1　常见恶臭污染物以及其复合恶臭物质无组织排放的厂界标准

污染物	单位	厂界标准			测定方法
		一级	二级	三级	
氨气	mg/m³	1.0	1.5	4.0	次氯酸钠-水杨酸分光光度法(HJ 534—2009)
三甲胺		0.05	0.08	0.45	气相色谱法(GB/T 14676—1993)
硫化氢		0.03	0.06	0.32	
甲硫醇		0.004	0.007	0.020	气相色谱法(GB/T 14678—1993)
甲硫醚		0.08	0.07	0.55	
二甲二硫		0.03	0.06	0.42	
二硫化碳		2.0	3.0	8.0	二乙胺分光光度法(GB/T 14680—1993)
苯乙烯		3.0	5.0	14	活性炭吸附/二硫化碳解吸-气相色谱法(HJ 584—2010)
臭气浓度	无量纲	10	20	60	三点比较式臭袋法(GB/T 14675—1993)

199 ▶ 嗅觉阈值、臭气浓度、理论臭气浓度分别是什么？

阈值是指一个效能产生的最低值或最高值。嗅觉阈值是指引起人们嗅觉最小刺激的物质浓度或稀释倍数，一般以 1L 空气中气味物质的毫克（mg）数为基础，用 mg/L 表示。在能够感受到有气味，但无法辨别具体是什么时，气体的物质浓度称为感觉阈值，也称检知阈值。这一概念多用来描述、监测餐厨垃圾的恶臭。嗅觉阈值越低，该物质对恶臭的影响越大。

臭气浓度是指，恶臭气体被无臭空气稀释到刚好无臭时的稀释倍数，是一无量纲常量。该数值可由三点比较式臭袋法测得，但主观嗅辨可能存在误差。臭气浓度也可直接通过仪器检测获得。

气体样品中，各成分的阈稀释倍数和则为理论臭气浓度，具体见式(5-1) 和式(5-2)。

$$D_i = \frac{C_i}{C_i^{\mathrm{T}}} \tag{5-1}$$

$$\mathrm{OU_T} = \sum_{i=1}^{n} D_i (D_i \geqslant 1) \tag{5-2}$$

式中，D_i 为第 i 种恶臭物质的阈稀释倍数；C_i 为第 i 种恶臭物质的物质浓度，10^{-6}；C_i^{T} 为第 i 种恶臭物质的嗅阈值，10^{-6}；$\mathrm{OU_T}$ 为理论臭气浓度。

若 $D_i \geqslant 1$，则该成分为恶臭物质，反之则不将其归为致臭成分。

200 ▶ 餐厨垃圾会产生哪些恶臭气体污染物？分别有哪些危害？

餐厨垃圾易腐败，处理过程中易发臭，且臭气成分复杂（硫化氢、氨气为主，少量甲硫醇，微量二甲基硫、甲胺）。人体若长期吸入恶臭气体，呼吸系统、消化系统、神经系统、内分泌系统将会受到严重损害，并且精神状态下降，影响生活质量。各恶臭成分及其危害见表 5-2。

表 5-2　常见恶臭成分及其危害

成分	危害
硫化氢 （H_2S）	对人体的危害分为两类：一类是黏膜刺激症状，使人眼部刺痛、灼热、怕光、视力模糊、流泪、黏膜充血，严重的可引起角膜炎，呼吸道黏膜损伤导致咳嗽、咽痒、胸部有压迫感，甚至出现呼吸困难、急性肺水肿；第二类是神经系统缺氧表现，病症常表现为头晕、头痛、嗜睡、四肢无力、烦躁不安、谵妄、惊厥、昏迷。吸入浓度过大时可致死
氨气 （NH_3）	短期吸入大量氨气后会出现流泪、咽痛、声音嘶哑、咳嗽、痰带血丝、胸闷、呼吸困难，同时伴有头晕、头痛、恶心、呕吐、乏力等症状。严重者可发生肺水肿，成人呼吸窘迫综合征。若吸入的氨气过多，会导致血液中氨浓度过高，进而通过三叉神经末梢的反射作用引起心脏的停搏和呼吸停止，甚至危及生命

续表

成分	危害
甲硫醇 （CH_3SH）	类似于 H_2S 的毒性作用。一方面,少量 CH_3SH 会引起头痛恶心,并具有麻醉作用,严重时会因呼吸麻痹而死亡;另一方面,CH_3SH 有严重的刺激作用,危害皮肤黏膜、眼睛与上呼吸道,严重时会威胁肝肾健康
甲胺 （CH_3NH_2）	CH_3NH_2 毒性较低。一方面会对皮肤、眼睛造成严重的刺激,使咽喉、食道灼伤;另一方面会引起支气管炎、支气管肺炎、支气管周围炎,严重时吸入者会因肺水肿死亡

餐厨垃圾中的油脂也会造成处理过程中的安全隐患。如果直接倒入下水道,残渣、油脂既会因冷凝导致下水道堵塞,也会因发酵产生甲烷,又因下水道空间密闭,大量气体聚集易引发气体喷射、爆炸;如果直接将餐厨垃圾运送至填埋场处理,油脂与沼气混合后,易在高温下燃烧、爆炸。

餐厨垃圾产生的废气种类多样,因其浓度、气体活性、嗅阈值的不同,对恶臭浓度的影响程度也不尽相同。餐厨垃圾在运输、堆放和处理的过程中产生的废气中,挥发性有机物（VOCs）占绝大部分,而无机物则以 H_2S、CS、NH_3 为主。

按照有机物的官能团分类,餐厨垃圾产生的 VOCs 中包括:①烷烃;②烯烃（包括萜烯化合物）;③芳香烃类化合物;④以甲硫醇（MM）、甲硫醚（DMS）、二甲基二硫醚（DMDS）为主的挥发性含硫有机化合物（VOSCs）;⑤乙醇;⑥少量的醛类、酮类化合物。

主要的恶臭物质有含氮类化合物、含硫类化合物,这些物质混合后产生的恶臭对感官刺激更强烈。餐厨垃圾恶臭中的典型物质及其嗅阈值见表 5-3。

表 5-3　餐厨垃圾恶臭中的典型物质及其嗅阈值

化合物种类		物质	化学式	气味	嗅阈值/(10^{-6}mg/L)
含氮化合物		氨气	NH_3	类似尿液气味	1.5
		甲胺	CH_3NO_2	鱼腥味	0.035
含硫化合物	无机物	硫化氢	H_2S	臭鸡蛋味	0.00041
	VOSCs	二硫化碳	CS_2（液体）	烂萝卜味	0.21
		甲硫醇	CH_3SH	烂菜心气味	0.00007
		甲硫醚	CH_3SCH_3	类似海鲜腥味	0.003
		乙硫醚	$CH_3CH_2SCH_2CH_3$	类似大蒜气味	0.000033
		二甲基二硫醚	$CH_3CH_2S_2CH_2CH_3$	硫化物异臭	0.0022
其余 VOCs		二甲苯	C_8H_{10}	苦杏仁味	—

201 ▷ 餐厨垃圾堆放过程中为什么会产生恶臭?

餐厨垃圾在堆放过程中会逐步发酵,此时受温度、pH、系统稳定性等的影响,恶臭浓度发生改变。

(1) 温度

通常夏季温度高,恶臭也比其余季节更严重;白天恶臭比晚上重。

(2) pH

因饮食结构差异,各地餐厨垃圾组分不同,因此 pH 也有所差异。发酵过程中挥发性脂肪酸的累积会导致系统 pH 降低。pH 维持在 4.5~6.0 之间时,乙酸发酵将占主导地位($C_6H_{12}O_6 + 2H_2O \longrightarrow 2CH_3COOH + 2CO_2 + 4H_2$),因此餐厨垃圾散发出刺鼻酸臭味道。

(3) 系统稳定性

若系统稳定性差,恶臭散发会更加严重。

202 ▷ 影响餐厨垃圾恶臭气体迁移和释放的因素有哪些?

根据物质守恒定理,只有碳源、硫源同时存在时,才会产生挥发性有机硫化物(VOSCs)。

以甲硫醇(MM)和甲硫醚(DMS)为例,二者均因含硫有机物的水解、分解产生。消化污泥在厌氧条件下产生恶臭时,含硫蛋白质的降解以及无机硫化物的甲基化是 MM、DMS 等产生的重要来源。

蛋白质水解酶将蛋白质降解为多肽(不具有三维结构),多肽进而被肽酶分解为游离态的氨基酸,含有硫元素的即为甲硫氨酸或半胱氨酸,在甲硫氨酸裂解酶和半胱氨酸裂解酶的作用下,分别产生 MM 和 H_2S。

无极硫化物和醚类物质(至少含有一个甲基)发生反应后,也会产生 MM。MM 再次获取甲基,则生成 DMS。

微生物条件的改变也会以其他方式影响到 VOSCs 的生成和释放。VOSCs 产生释放会受到体系氧化还原环境的影响。当氧化性强时,MM、DMS 等的产生受到抑制。因此,曝气可降低 VOSCs 的浓度。

曝气对 MM、DMS 和氨气的产生均有明显的抑制作用,即厌氧环境不仅利于 VOSCs 的产生,还会促进其从溶解态向气相的释放。

203 ▷ 餐厨垃圾焚烧过程产生的主要污染应如何处理?

焚烧是指在 900~1000℃的温度下,餐厨垃圾中的可燃组分发生氧化分解,从而实现减量化。但在燃烧过程中会产生大量的有毒有害物质,如二噁英、二氧化硫、氮氧化物、氯化氢等酸性气体,还包括颗粒物、废水、噪声等污染。

对这些污染的处理方式简述如下。

(1) 恶臭的防治

废物贮料坑以及焚烧运行过程中产生的恶臭可以采用三种方式进行处理：

① 将臭气抽进正在运行的焚烧炉内进行高温热分解处理；

② 焚烧炉停止操作时，臭气抽至活性炭床进行过滤吸附；

③ 在废物贮料坑以及焚烧车间内喷洒芳香或者化学药剂，改善空气质量。

(2) 颗粒物的去除

采用除尘器（袋式除尘器、旋风除尘器、湿式除尘器、电除尘器等）处理。

(3) 酸性气体和挥发性金属元素的去除和控制

多采用洗气法，如干式喷雾洗气法、半干式洗气法、湿式喷淋洗气法，其中湿式喷淋洗气法应用较广。首先将烟气与石灰浆雾滴混合，促使酸性气体与石灰（液态）反应。随后利用烟气的热量使雾滴中水分蒸发，石灰和生成物变为固态颗粒物，下沉并被除尘器收集后与气态污染物再次反应，以提高污染物的整体净化效率。

(4) NO_x 的控制和去除

通常采用脱硝技术，具体分为干法脱硝和湿法脱硝两种。

① 干法脱硝。根据是否使用催化剂，分为催化还原法（SCR）、选择性非催化还原法（SNCR）。SCR 利用金属催化剂促进尿素或氮气在炉后与 NO_x 反应，生成氮气和水。SCR 成本低、效率高；SNCR 利用含有氨基的化合物作为 NO_x 的还原剂，生成氨气和水。SNCR 的效率受反应温度、时间等影响，在实际应用中需要优化参数设置。

② 湿法脱硝。先将 NO_x 用碱性溶液和稀硝酸处理，随后向焚烧炉内投加还原剂（氨或尿素）。焚烧炉内达到一定温度后，氮氧化物在催化剂的定向作用下被还原为氮气和水。但湿法脱硝会产生大量废液，并且对催化温度要求严格，否则会因副反应产生其他种类的 NO_x。

(5) 二噁英的控制和去除

① 后端控制。由于《生活垃圾焚烧污染控制标准》（GB 18485—2014）中规定生活垃圾焚烧厂只能采用布袋除尘法，二噁英去除则通常使用半干式洗气塔＋布袋除尘＋活性炭吸附的方式，该方法去除率可达 97％。活性炭可吸附烟气中的二噁英和常规污染物、其他金属化合物等，但物理吸附只能将二噁英富集到飞灰中，无法彻底去除。

② 源头控制。避免含氯较高的物质进入焚烧系统，控制焚烧操作程序以确保氧供应量充足，同时采用避免炉外低温再合成的方法进行控制和去除二噁英类污染物。

204 ▷ 堆肥过程中会产生哪些气体污染物？

生物好氧堆肥是利用微生物的发酵作用，将底物中易降解的大分子降解为简单、稳定的无机物。该过程中有机物发生氨化，蛋白质酶催化蛋白质降解为氨基酸、多肽和寡肽等，随后脱氨基作用于氨基酸，使氨基分离并转化为 NH_3、NH_4^+。但 NH_4^+ 会发生硝化作用，被转化为 NO_3^-，NO_3^- 又在反硝化过程中被还原为 NO_2 和 N_2。堆肥过程中，除含氮有害气体外，还容易产生 CH_4 和 CO_2，同样对人类和环境造成污染伤害。

205 好氧堆肥时恶臭的产生机理是什么？

好氧堆肥法处理餐厨垃圾可使其中丰富的有机质在微生物的作用下转化为稳定的腐殖质，实现资源化与减量化，在实际工程中使用广泛。其本身是在有氧条件下发生的生物过程，但会受堆肥条件如 O_2 供应量、堆体含水量与堆体密度等因素的影响。

餐厨垃圾中含有大量的蛋白质、脂肪、纤维素，有机物、水分、盐分含量高。好氧微生物可直接吸收利用餐厨垃圾中的小分子可溶性物质；难溶大分子化合物则需要在好氧微生物分泌的胞外酶作用下，分解为小分子可溶物质后，再进入细胞内被微生物分解。餐厨垃圾中有机物（如蛋白质、氨基酸等）的分解，会产生二氧化碳（CO_2）、氨气（NH_3）等。NH_3 是这一阶段恶臭的主要来源，具有类似尿液的味道。

在对餐厨垃圾进行堆肥处理的过程中，若堆体含水率过高、密度过高或空气供给量不足，会导致氧气无法有效扩散，堆体内形成部分厌氧区域，从而导致厌氧微生物大量生长，餐厨垃圾中的有机物在厌氧微生物的作用下会发酵、分解，并产生以氮、硫化合物和有机物为主的大量恶臭气体。氧气供应量对好氧过程的影响可以从 O_2 的扩散与吸收速率这一方面进行解释。餐厨垃圾及作为底物的堆体吸氧速率驱动了 O_2 从气体-底物颗粒界面向底物颗粒-生物膜界面扩散。当 O_2 的吸收速率远大于扩散速率时，堆体会释放出更多的含氮有机物，如粪臭味的吲哚类、腐鱼臭味的胺类化合物等；当 O_2 的吸收速率大于扩散速率时，好氧微生物无法正常生长，产生厌氧环境，厌氧菌无法彻底分解餐厨垃圾中的有机物，会产生大量挥发性硫化物（VSCs）、含氮化合物、挥发性有机物（VOCs）等。其中硫化氢（H_2S）、甲胺（CH_3NO_2）是典型的恶臭物质。在常温下，H_2S 具有臭鸡蛋味，CH_3NO_2 具有强烈的鱼腥味。餐厨垃圾在运输或是堆肥化处理时如果通风不足、堆体水分过高、密度过大，就极易发生上述厌氧情况。

206 好氧堆肥产生的恶臭气体中的氮、硫化物的转化有哪些途径？其过程与哪些微生物相关？

好氧堆肥大致分为驯化期、升温期、高温期和降温腐熟期。在好氧堆肥时，产生含氮恶臭物质的主要途径有氨化作用、硝化作用、反硝化作用，其过程如图 5-1 所示。

（1）氨化作用

堆肥前期，有机氮在氨化细菌的作用下分解成 NH_4^+，随着高温期堆体温度和 pH

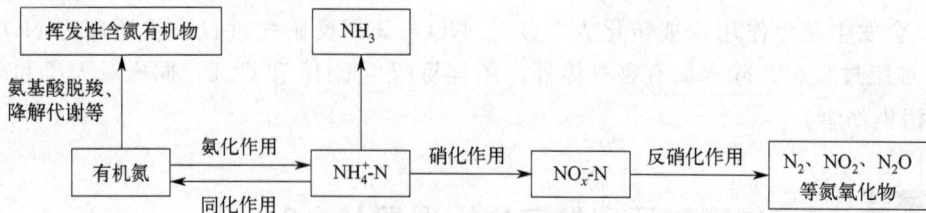

图 5-1 氮转化途径

的升高，NH_4^+ 转化为 NH_3。氨化细菌是升温期与高温期主要的作用微生物。一部分有机氮在氨基酸脱羧、降解代谢等作用下，生成挥发性含氮有机物；另一部分经氨化作用后，将氮转化为 NH_4^+-N。NH_4^+-N 也可以在同化作用下，再转化为有机氮，即生物固氮过程。当高温期温度达到 55℃后，NH_4^+-N 以 NH_3 的形式挥发，进入冷却腐熟期后，NH_3 囤积造成局部厌氧环境，这也为反硝化作用和挥发性硫化物（VSCs）产生创造了良好的环境条件。

（2）硝化作用

在堆肥的冷却期与腐熟期，NH_4^+-N 在硝化细菌的作用下转化为 NO_x-N。硝化细菌大多为嗜温微生物，在温度升高初期，不适应高温的细菌将会被淘汰，留存的细菌则将会在温度下降后表现出新的活性。硝化过程中，NH_4^+-N 转化为 NO_x-N，NO_x-N 在厌氧反硝化细菌的作用下进一步生成 N_2、NO_2、N_2O 等氮氧化物，该过程发生在堆肥后期。有相关研究表明，真菌是降温腐熟期的主要微生物，多表现出嗜温性，负责进一步分解剩余难以降解的有机物。

（3）反硝化作用

反硝化作用多发生在后期，主要作用微生物为厌氧微生物，将 NO_x-N 转化为 N_2，以及以 NO_2 和 N_2O 为主的副产物。

（4）硫酸盐还原作用

含硫化合物的生成主要依靠硫酸盐还原菌作用和甲基化作用。转化过程与反应机制见图 5-2。餐厨垃圾中蛋白质降解后的产物含硫氨基酸，如半胱氨酸、蛋氨酸等，一部分在芳基硫酸酯酶的作用下生成 SO_4^{2-}，一部分生成 H_2S 和甲硫醇（MM）。在局部厌氧条件下，厌氧微生物硫酸盐还原菌（SRB）将 SO_4^{2-} 转化为 H_2S。同时，在甲基化酶等的作用下，H_2S、MM 作为前体物，将逐步生成以 MM、甲硫醚（DMS）、二甲基二硫醚（DMDS）等典型恶臭物质为主的挥发性有机硫化物（VOSCs）。MM 也可以直接通过氧化作用或脱水生成 DMDS。在产甲烷菌的作用下，DMS、MM 发生还原、歧化等反应再次生成 H_2S，实现了 VOSCs 之间的相互转化。

含硫恶臭物质的产生主要发生在堆肥的升温阶段和高温阶段，此时 NH_3 产量高，局部供氧不足，形成厌氧环境，导致有机物分解不彻底，产生了 DMS、DMDS 这样的硫醚类恶臭物质。硫醚类惰性较强，不易被氧化，厌氧环境也不利于其挥发，最终造成了恶臭囤积。

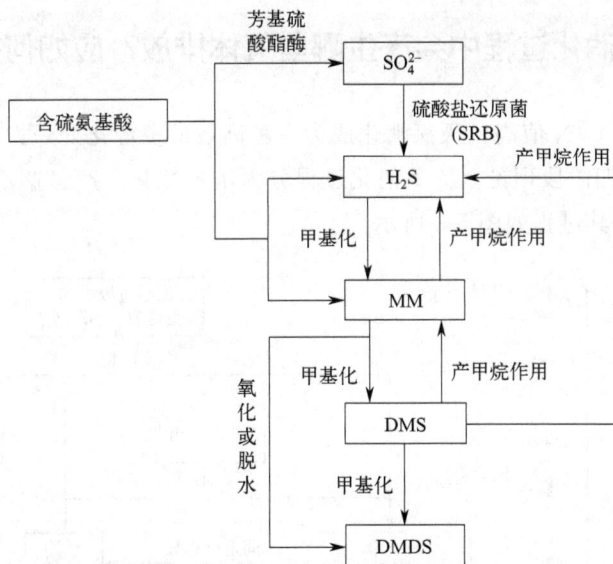

图 5-2　硫化物转化途径

207 ▶ 好氧堆肥过程中，恶臭气体的释放有什么规律？

以堆肥装置出口采集到的气体为准，恶臭气体浓度整体呈先上升、后下降的规律，其峰值出现在堆肥高温期。

由于餐厨垃圾含水率高，因此堆肥初期氧气无法有效传输，不利于好氧微生物的生命活动，无法产生热能。该阶段堆肥中的水分主要以渗滤液的形式外排。堆体含水率降低到一定程度后，O_2 方可有效传输，此时易分解有机物含量很高，好氧微生物活性增强，消耗大量 O_2 并产生大量的 NH_3、VOCs，此时呈现出恶臭气体浓度升高的趋势。虽然大多数好氧堆肥工艺会进行定期翻堆或强制通风，但堆肥初期，在堆肥内部，还是会因 O_2 被大量消耗而呈现出局部厌氧环境。此时厌氧微生物分解堆肥中还未被完全分解的有机物，生成 H_2S、VOSCs 等。但由于硫醚类物质惰性较强，易囤积，因此此时可以检测到的恶臭气体含量降低。

堆肥的其余性质也会影响恶臭的产生与排放，理论上影响因素还包括 C/N、颗粒度、pH、有机物成分与含量、微生物种类与含量等。但在实际应用中，堆肥性质相对稳定，pH、温度和通风状况成为主要影响因素。

餐厨垃圾处理过程中产生的恶臭具有时空变化规律。恶臭对周围工作人员及居民的影响与昼夜有关。夜间地面气温低于高空，气体水平扩散，影响更大；反之白天地面气温较高，恶臭气体可呈垂直扩散至高空，一定程度上降低了人们的感知。随着季节的变化，待处理餐厨垃圾所处环境的气温、空气湿度不同，也会影响恶臭气体的浓度与成分。由于夏季气温高、湿度大、气压相对较低，餐厨垃圾更易腐败降解，H_2S、NH_3 等气体更易扩散，恶臭气体含量增高。一般情况下，夏季恶臭气体排放浓度最高，其次为春、秋，冬季最低。

208 厌氧消化过程中会产生哪些气体排放？ 应如何控制和处理？

由于餐厨垃圾 C/N 值高，厌氧消化成为一种高效的资源化处理方法。根据 1979 年 J. GZeikus 提出的四阶段理论，厌氧消化过程分为水解酸化、产氢产乙酸、同型产乙酸和产甲烷四部分，其过程如图 5-3 所示。

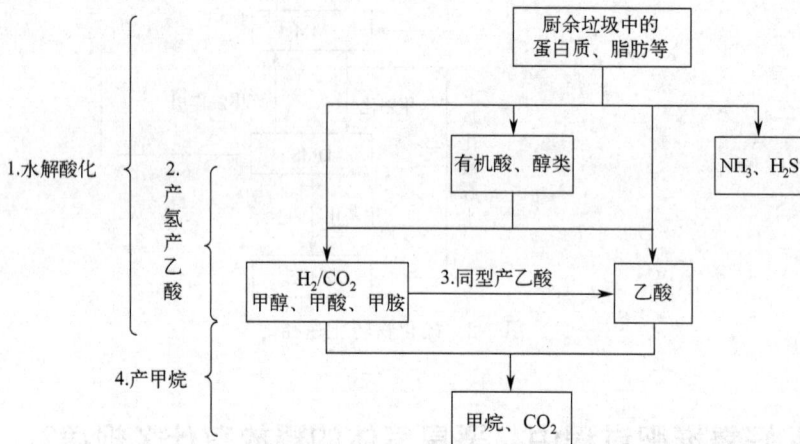

图 5-3　厌氧消化四阶段理论

首先，水解发酵菌分解餐厨垃圾中的蛋白质、脂肪等为有机酸、醇类、H_2/CO_2 与挥发性脂肪酸（VAFs）、乙酸以及恶臭气体氨气（NH_3）、硫化氢（H_2S）。产酸阶段，有机酸和醇类等短链有机化合物降解为 H_2/CO_2、VAFs 和乙酸。之后，VAFs 被同型产乙酸菌利用，继续生成乙酸。在产甲烷阶段，产甲烷菌将 H_2、乙酸最终转化为甲烷、CO_2 以及少量的 H_2S。

厌氧消化过程中的气体产物主要有 CH_4（65%～70%）、CO_2（30%～35%）、少量的 H_2S 和 NH_3。其中 CH_4 被收集起来进行能源利用，一般不会排放到环境中。H_2S 的处理方法如下。

（1）干法脱硫

干法脱硫也称干式氧化废气处理法。利用 H_2S 可燃和其还原性，将其直接燃烧或用吸附剂、氧化剂脱硫。具体包括氢氧化铁法、活性炭法、克劳斯法和氧化锌法等。

① 氢氧化铁法：氢氧化铁添加木屑、石灰石，充分混合后加入 0.5% 的氧化钙，再加入水使湿度为 30%～40%，由此制得脱硫剂，用以去除 H_2S，氢氧化铁可重复利用。氢氧化铁法适用于低 H_2S 含量气体，但因占地面积大、操作条件差、脱硫剂需定期再生与更换，已逐渐被湿法脱硫取代或用作联合处理。

该过程发生的反应如下：

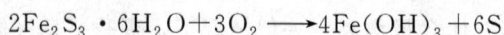

$$2Fe(OH)_3 + 3H_2S \longrightarrow Fe_2S_3 \cdot 6H_2O$$

$$2Fe_2S_3 \cdot 6H_2O + 3O_2 \longrightarrow 4Fe(OH)_3 + 6S$$

② 活性炭法：利用活性炭的吸附性质，吸附收集 H_2S 后通入氧气，将 H_2S 转化为

S 和水。活性炭可以在单质 S 用硫化氨洗去后重复利用。若气体中含有焦油，该方法不适用。

③ 克劳斯法：先氧化 1/3 的 H_2S，使之转化为 SO_2。生成的 SO_2 与剩余的 2/3 的 H_2S 在转化炉内反应，在气相中制得熔融态的单质硫。

④ 氧化锌法：H_2S 与粒状氧化锌（脱硫剂）反应生成水、硫化锌。该方法能高效处理低 H_2S 浓度的废气，但氧化锌脱硫剂不能再生回用，花费较大。

（2）湿法脱硫

湿法脱硫包括溶剂法、中和法和氧化法。

① 溶剂法：将 H_2S 通入 15％～20％的二乙醇胺水溶液后，将混合液加热至 100～130℃，此时 H_2S 可被解析，经冷凝处理得到高浓度 H_2S 后再制成单质硫，其余溶液再生并通过换热器冷却后再次使用的工艺，称为胺洗。二乙醇胺水溶液还可替换为磷酸酯、冷甲醇、环丁砜、聚乙醇醚、氨基异丙醇、碳酸丙烯酯，但部分溶剂不适用于芳香烃或重烃含量高的气体。总体而言，溶剂法工艺成熟、效率高、蒸发与降解损失小，且溶剂价格低廉、易得，可广泛应用于石油炼制过程中的脱硫处理。

② 中和法：根据酸碱中和原理，可利用碱性溶液吸收 H_2S。富液在加热减压处理后，H_2S 脱吸，碱液可以重新利用。氨水、碳酸钠溶液、氢氧化钙溶液、磷酸钾溶液均可作为碱液。氨水法应用相对较多，以废气中的氨为碱液吸收 H_2S，既不需要额外添加碱源，也不会产生废液，且具有效率高、操作温度广、催化剂易得等优点。

（3）达克哈克斯法（萘醌法）

将萘醌二磺酸钠作为催化剂，吸收塔中填充泰勒填料，并以氨水或碳酸钠溶液作为吸收液，用以脱硫、脱氰。按照废液处理方法和碱源的不同可分为：

① 氨型达克哈克斯燃烧法，产生 SO_2、S 和 N_2，SO_2 还可用作制备硫酸；

② 钠型达克哈克斯还原热解法，产生 H_2S、S 和 N_2，H_2S 可用于制备硫酸或再次吸收利用；

③ 氨型达克哈克斯湿式氧化法，产生硫酸和硫酸铵。

厌氧消化过程中产生的 NH_3，根据其易溶于水的特点，可采用喷淋法去除。喷淋塔内部填充填料过滤系统、加药系统（用于添加稀硫酸溶液）、水喷淋装置。氨气进入喷淋塔后自上而下运动，在下层填料区过滤后，被上部喷淋的稀硫酸吸收，形成氨水后流入底部水箱并在循环泵的作用下重复利用（水箱需要定期换水），其余气体则随风机排放。

209 ▶ 如何设计餐厨垃圾处理过程中恶臭的监测点与采样时间？

无论是好氧堆肥还是厌氧消化，餐厨垃圾在处理过程中产生的恶臭都属于无组织的连续排放源。根据《大气污染物综合排放标准》（GB 16297—1996）、《恶臭污染物排放标准》（GB 14554—1993）中的相关规定，恶臭采样时应遵循：

① 采样点应设置在厂区厂界的下风向，或有恶臭方位的边界线上；

② 监测点应设于周界浓度最高点，为确定最高点，可最多设置 4 个；

③ 设点高度范围为 1.5～15m，并位于厂界外 10m 范围内；

④ 每 2h 采样一次，共采集 4 次后取其最大测定值。

恶臭采样方法分为直接采样法和间接采样法。

直接采样法是利用气体的压强差，将待测气体直接吸入容器（如注射器采样、气袋采样、不锈钢罐）中进行采样。但这类方法易导致待测气体吸附于器壁，且距离正式测样有一定时间。正式采样前，可以先将待测气体通入容器中清洗几次，以减少误差。

间接采样法也称反应式集气，包括溶液吸收采样、吸附管采样、固相微萃取等方法，是依靠溶液、吸附管等的吸附、富集作用收集待测气体。间接采样法具有较强的针对性，一次只能采集恶臭气体中的一种或几种。且吸附作用易受温度、湿度等环境因素的影响。

对于餐厨垃圾产生的恶臭，直接采样法、间接采样法均可使用，但目前气袋法使用频率较高。

210 餐厨垃圾恶臭气体如何采样？

常用的餐厨垃圾恶臭气体采样方法如下。

（1）真空采样钢罐采样法

取样前必须对不锈钢金属罐多次充气、放气，然后抽真空。可以现场打开阀门立即取样，或安装限流阀取平均样品。当气体充入罐后关闭阀门，完成采样。真空采样钢罐采样法多用于采集空气中的挥发性有机化合物和硫黄气味化合物。

（2）TEDLAR 袋采样法

先将采样袋置于真空箱中以防止交叉污染与吸附残留，再将真空箱抽真空使之具有负压效果，可以引样品进袋。该方法适用于高浓度气体采样。

（3）吸附管采样法

利用吸附剂的吸附选择性，选择合适的吸附剂以采集气体样品，并将其低温保存后尽快在实验室内进行热解吸分析。该方法适用于无机酸、挥发性有机物、半挥发性有机物等气体的采样。

211 餐厨垃圾恶臭气体收集系统的结构如何？

餐厨垃圾恶臭气体收集系统的结构如下。

（1）真空瓶采样系统

真空瓶采样系统由真空瓶、洗涤瓶、干燥过滤器和抽气泵等组成，如图 5-4 所示。

（2）气袋采样系统

气袋采样系统由气袋采样箱、采样袋、抽气泵等组成，如图 5-5 所示。

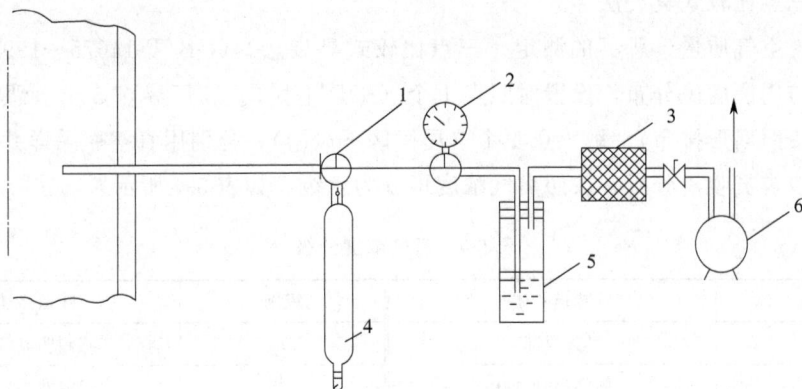

图 5-4　真空瓶采样系统

1—三通阀；2—真空压力表；3—干燥过滤器；4—真空瓶；5—洗涤瓶；6—抽气泵

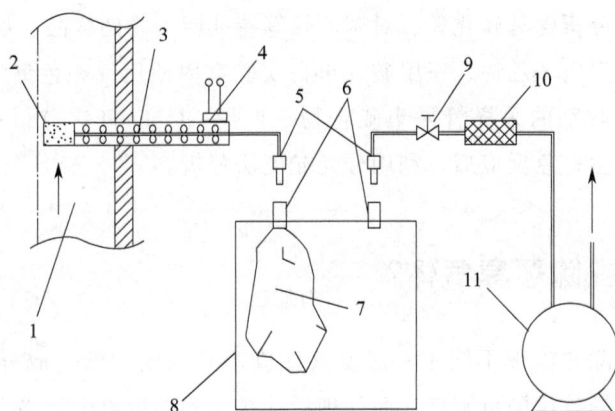

图 5-5　气袋采样系统

1—排气管道；2—玻璃棉过滤头；3—Teflon 连接管；4—加热采样管；5—快速接头阳头；
6—快速接头阴头；7—采样气袋；8—真空箱；9—阀门；10—活性炭过滤器；11—抽气泵

212 ▶ 恶臭气体有哪些分析方法？

恶臭气体的分析方法主要有以下四种。

（1）人工嗅辨法

人工嗅辨法是最早的一种测定方法，具有一定的灵敏度。但会存在主观偏差，且只能有效测定臭气浓度与强度，无法量化。

（2）电子鼻（EN）

电子鼻由气味取样器、传感器阵列、信号处理系统组成。气体通过真空泵进入电子鼻的气味传感器阵列中，传感器依靠表面的活性材料对气体产生响应，且阵列中的每一个传感器因灵敏度不同，会产生不同的响应。系统记录响应后与标准物质图谱对比，可对臭气定性、定量分析。

（3）三点比较式臭袋法

依据《空气质量　恶臭的测定　三点比较式臭袋法》（GB/T 14675—1993），结合工厂位置与周围居民分布，设置对照点 1 个（工厂上风向）、厂界点 3 个（恶臭污染源下风向，按照扇形排布）、敏感点 1 个（居民区下风向），分别用真空瓶采样并在实验室内由 6 名嗅辨员嗅辨分析。按照臭气浓度可分为六级，如表 5-4 所示。

表 5-4　臭气浓度分级

级别	味道描述	级别	味道描述
0 级	无臭味	3 级	感到明显气味
1 级	勉强感到气味	4 级	较强烈的气味
2 级	感到较弱的气味	5 级	强烈的气味

（4）仪器法

仪器法适用于分析含有硫化氢、对苯乙烯等特征污染物的样品。如用带有固相或液相吸收剂的采样管采集苯乙烯、三甲胺，再在实验室内使用气相色谱法（FID）检测分析；用带有液相吸收剂的采样管采集硫化物，再用 GC/FPD 法分析；硫化氢、氨气、二硫化碳吸收并发生显色反应后，利用分光光度法分析。

213　如何去除恶臭气体？

恶臭气体的去除和治理不同于一般空气污染，其浓度较低、成分复杂，且污染源多，易随空气飘散导致污染范围广，而处理后的排放标准也更为严格。

通常恶臭的去除方式分为物理法、化学法两种。物理法是利用另一种物质掩盖或稀释恶臭的味道，或将其从气相转移至液相或固相，但不改变恶臭本身的化学性质；化学法则是改变恶臭的化学结构，将其氧化为臭味较低或无臭的物质。

近些年生物法、等离子体法、纳米材料净化法或多种技术联用除臭也逐渐发展应用。

214　设计恶臭气体收集和处理系统时应考虑哪些问题？

设计恶臭气体收集和处理系统时应考虑下列问题：

① 在不影响操作与维护的前提下，尽可能减小除臭空间；

② 尽量使气体在扩散前被收集起来；

③ 收集系统保持适宜负压，以保证收集、输送时气体不外泄；

④ 合理设计换气率（与臭气浓度成正比）；

⑤ 提高工人活动区的换气率，以避免恶臭气体泄漏伤害工作人员；

⑥ 结合工人活动区布置换风、抽风系统的气流场。

215 堆肥中产生的温室气体如何控制和处理?

可通过干式中和法、吸收法、吸附法、离子除臭法、微生物降解法、燃烧法及冷凝法对堆肥中产生的温室气体进行控制和处理。

① 堆肥过程中产生的沼气，可通过燃烧产生热能，用于工业供热和室内供热；

② 作为运输工具的动力燃料；

③ 经脱水净化处理后作为管道燃气；

④ 制造商业 CO_2；

⑤ 制造甲醇。

216 如何控制和处理堆肥中的臭气?

堆肥过程中所采用的脱臭技术主要有以下几种：

① 稀释淡化法：将臭气利用排气管通入水、海水或酸、碱液等，以进行淡化处理。

② 臭氧氧化法：利用臭氧的强氧化性对臭气进行破坏性氧化。

③ 氧化法：利用高锰酸钾、次氯酸钠、氯、次氯酸钙、过氧化氢等进行氧化。

④ 直接燃烧法：在焚烧炉或锅炉燃烧室内燃烧臭气。

⑤ 吸附法：利用强吸附性物质（活性炭、硅胶、活性黏土等）对臭气进行吸附。

⑥ 掩蔽法和中和法：利用芳香族物质作为掩蔽剂或者中和剂吸附臭气，以降低浓度。

⑦ 离子交换树脂法：采用树脂材料吸附臭气后，再通过带电离子交换作用除去。

⑧ 生物脱臭法：利用生物滴滤床、土壤过滤、熟化堆肥覆盖等进行处理。

在餐厨垃圾堆肥中，需要控制好氧气的浓度，尤其是在高温阶段，进而减少厌氧反应的发生和恶臭的产生。

217 如何通过控制环境条件减少堆肥过程中恶臭的产生?

堆肥温度、含水率、O_2 浓度、pH、C/N 是影响堆肥过程的主要环境因素。

堆肥最佳含水率为 $50\%\sim60\%$，相关研究表明堆体中的水分会影响微生物的群落结构。水分过低，会抑制微生物活性；水分过高则会导致堆体内通风受阻，造成局部厌氧。适当的含水率下，堆体内的氮元素可进行较好的内源转化和外源固定，尽可能保证氮元素以有机氮、$NO_x\text{-}N$ 形式存在，减少含氮恶臭物质的产生。

堆肥中的 C/N 以 $5\sim35$ 为宜，否则会影响微生物分解有机物的速率。在适宜范围内，适当提高碳氮比可以促进细胞碳代谢，以产生、积累更多能量用于氮转化细菌的生长与繁殖，有利于减少含氮类恶臭物质的生成。

在了解环境因素对堆肥过程的影响后，可以通过调控环境因素干预产生恶臭的某些阶段。实际工艺中的调节手段有堆前调节和堆后调节两种。

① 堆前调节主要通过向堆体中加入调理剂，改变原垃圾底物的含水率、C/N，提高有机物的降解速率，改善堆肥环境。在控制恶臭的同时，增加腐殖质中的氮含量。

② 堆后调节主要是改善通风条件，在向堆体输送 O_2 的同时，还有助于底物的散热、脱水。适宜通风速率为 $0.05\sim0.2m^3/$（min·m^3 堆体）。在上述范围内，适当提高风速，可以加快 NH_3 挥发，并且抑制厌氧微生物的活性，减少 NO_x、硫化物的产生。

218 化学法除臭的适用范围及优缺点是什么？

化学法除臭主要有化学药品除臭法和天然植物提取液除臭法等，其适用范围及优缺点见表 5-5。

表 5-5　化学法除臭的适用范围及优缺点

具体技术	化学药品法	植物提取液法
去除物质	烃类	卤代烃、胺类
优点	去除速度快、效率高	安全无毒
缺点	成本高、易产生二次污染	成本高、技术难度大
适用范围	化学工艺中、中高浓度场合	家具装潢等

化学法的原理是利用强氧化剂或强酸、强碱发生氧化还原反应或酸碱中和反应，将易溶于水的恶臭物质转化为盐类。如酸洗可以去除 NH_3、胺类等碱性恶臭物质；碱洗则适合去除 H_2S、低级脂肪酸等酸性恶臭物质。实际应用中多采用两级化学喷淋填料塔，第一级酸液喷淋，第二级碱液喷淋。

植物液是从自然花草树木中提取出来的汁、油，微乳化后通过物化喷淋装置喷洒到除臭区域。植物液中的有效成分不仅可以与恶臭成分发生反应，还可以通过本身的芳香掩盖恶臭，从感官上去除恶臭。植物液喷淋法更适合处理恶臭不易集中的环境，或作为防止恶臭外溢的应急装置，是一种环境友好型处理方式。

219 物理法除臭的适用范围及优缺点是什么？

物理法除臭主要包括稀释扩散法、高能离子除臭法和活性炭吸附法等，其适用范围及优缺点见表 5-6。

表 5-6　物理法除臭的适用范围及优缺点

具体技术	稀释扩散法	高能离子除臭法	活性炭吸附法
去除物质	不限	氮化物	硫化物、卤化物
优点	利用气象条件和地形使受控点达标	高效、彻底	快速、效果好
缺点	没有有效去除浓度，只是稀释浓度	耗能高、成本高	成本高、活性炭再生困难
适用范围	工业有组织排放源	规模较小、臭气浓度低的环境	突发性环境事件

吸附法包括物理吸附（活性炭）和化学吸附（除臭剂、脱硫剂等）两种。在实际处理餐厨垃圾产生的恶臭时，主要利用气体与吸附剂分子间的作用力完成吸附，不发生化学反应。活性炭结构疏松多孔、比表面积大，可以将恶臭气体分子截留，有效吸附比自身孔隙更小的物质，是物理吸附常用的吸附剂。活性炭吸附能力是有限的，随着吸附气体的增多，吸附能力逐渐下降，因此总会存在剩余气体。但物理吸附过程可逆，活性炭吸附一定量恶臭后，再经脱附处理，仍然可以反复利用，但其再生较为困难。

等离子法依靠分子激发器完成，在高频、高压的电场下，电解质产生一批可以使恶臭气体分子电离的活性粒子，并反应生成小分子物质，实现去除恶臭。高能粒子可以在和有机气体分子接触时打开其化学键，因此对恶臭中的有机成分有很好的去除效果，而对 NH_3、H_2S 等无机成分效果一般。

220 生物法除臭的适用范围及优缺点是什么？

生物法高效稳定、成本较低、使用寿命长、无二次污染。生物法除臭时，会根据臭气成分培养不同的处理菌种，因此适用于处理大多数垃圾处理厂的恶臭气体。生物法包括液体吸收和生物处理两部分，具体可分为生物滤床除臭法、除臭菌制剂法、土壤除臭法，不同除臭方法的适用范围及优缺点见表 5-7。

（1）生物滤床除臭法

通过微生物的代谢作用转化、分解并去除恶臭物质，技术关键在于选择、培养适用且高效的菌种。生物滤床运行时间越久，废气的适应性越好，处理效果也更加稳定，且该方法适用各浓度的废气，运行维护简单。

（2）除臭菌制剂法

除臭菌剂可从根源上分解恶臭物质，除臭效果持续，且无毒、无害、无腐蚀性，可氧化分解多种恶臭物质。

（3）土壤除臭法

将土壤层作为滤床载体，利用其吸附性质和土壤中微生物的分解作用，吸附并降解通过的恶臭物质。

表 5-7 不同除臭方法的适用范围及优缺点

具体技术	除臭菌制剂法	生物滤床除臭法	土壤除臭法
去除物质	硫醇类、硫醚类	硫醇类、硫醚类	硫醇类、硫醚类、醇和酚
优点	高效、针对性强	占地少、基建费用低	成本低、可同景观结合、耗能低
缺点	成本高、菌剂开发周期长、不易保存	运行管理要求高	占地多
适用范围	养殖场、环卫站	污水处理厂	有可利用土地的情况

221 餐厨垃圾除臭工艺未来的发展方向是什么？

恶臭物质成分复杂、种类多样，单一处理手段通常无法达到预计控制效果，因此，未来除臭工艺发展的大方向为多技术联合。

纳米技术的高速发展使纳米材料的应用更加广泛，表面活性强且比表面积高的纳米材料具有更高的吸附与催化性能。此外，也可将吸附法与催化氧化法相结合，先利用吸附、脱附原理富集废气中的恶臭，再对恶臭气体的热值进行利用，既可以减少废气处理量，又减少了设备体积、降低了耗能。

生物除臭法也是一种较为先进的除臭技术，但在实际应用时需要考虑能否高效去除臭源物质，且如何有效驯化微生物也是生物法的一大重点。

此外，光催化法、电晕法近些年也逐渐受到关注与利用。

六、

餐厨垃圾废液处理

222 餐厨垃圾会产生哪些废液？其危害是什么？

餐厨垃圾产生的废液分为油、液两相。油相为废弃食用油脂，包括煎炸废油、油水混合物、餐厨垃圾中的油脂和经隔油池、油水分离器等分离后产生的油脂。液相为高浓度有机废水，悬浮物浓度高且富含营养物质，主要包括淀粉、无机盐、脂类、蛋白质、纤维素等。

餐厨垃圾废液的主要危害如下。

（1）污染环境、影响市容

餐厨垃圾含有较高的水分和有机质，受到微生物的作用容易发生腐烂变质现象，产生的渗滤液以及恶臭气体会滋生蚊虫，对环境卫生造成恶劣影响。此外，餐厨垃圾放置时间越久，变质腐烂现象就越严重。

（2）危害人体健康

餐厨垃圾中含有动物性脂肪类物质，未经全面处理作牲畜饲料，易发生"同类相食"的同源性污染，这些动物进入食物链后，有导致某些致命疾病传播的风险，给人体健康带来较大危害。

（3）造成污水处理负担

餐厨垃圾堆放会产生渗滤液，这些渗滤液进入污水处理系统，会加重污水处理负担，提高处理成本。

223 餐厨垃圾废液存在哪些问题？

餐厨垃圾废液处理主要存在以下问题：

① 产量大、污染重、处理成本高，需要经过处理达到市政接管要求后方可排放；

② 餐厨垃圾废液会提高垃圾填埋场成本，目前我国的餐厨垃圾有较大比例直接填埋处理，因为餐厨垃圾的含水率较高，这种处理方式会产生大量渗滤液，增加了垃圾填埋场无害化处理的成本。

224 ▶ 影响餐厨垃圾废液产生的因素有哪些?

餐厨垃圾废液的产生主要与餐厨垃圾的含水量和餐厨垃圾的产量相关。影响餐厨垃圾废液产生的主要因素包括:

① 内在因素,指直接导致餐厨垃圾废液产生变化的因素,如餐厨垃圾的存放和收集方式、城市居民人均消费支出和人口数量等;

② 社会因素,主要指法律规章制度、社会道德规范、社会行为准则等;

③ 个体因素,主要指个体的受教育程度、行为方式、生活习惯等。

225 ▶ 如何处理餐厨垃圾产生的废液?

先将餐厨垃圾废液进行油水分离,然后采用相应技术对分离后的废水和废弃油脂进行处理。可选用絮凝沉淀分离、电解分离、膜分离、聚集分离、离心分离和重力分离等技术进行油水分离。分离出的餐厨垃圾废水中含有大量有机物及氮、磷元素,难降解物质较少,可生化性较好,适宜采用生物处理技术。目前常用的生物处理技术包括厌氧处理、好氧处理、好氧-厌氧组合处理工艺等,其工作原理是利用微生物,即厌氧菌、好氧菌以及兼性菌的新陈代谢,消耗废液中的污染物,实现净化污水的效果。分离出的废弃油脂可以通过加工生产为生物用油、肥皂和硬脂酸等进行资源化利用。

226 ▶ 餐厨垃圾废液水质指标标准是什么?

餐厨垃圾废液排入有污水处理厂的城市管网需经过处理达到三级标准,主要指标为pH 为 6~9,SS 为 100mg/L,油脂为 100mg/L,BOD_5 为 300mg/L,COD 为 500mg/L。

227 ▶ 传统水处理技术处理餐厨垃圾废水的缺陷是什么?

传统水处理技术虽然可以去除大多数污染物,但是对餐厨垃圾渗滤液中的某些养分去除率很低,尤其是氮,残留的氮排放到河流中会导致富营养化。各种常见处理方法的缺陷如下:

① 好氧生物处理:活性污泥法、生物膜法和曝气稳定塘等处理技术的缺陷为难降解有机物去除率低,处理周期长,占地面积大。

② 厌氧消化:厌氧生物滤池、上流式厌氧污泥床和厌氧序批式反应等处理技术的缺陷为系统运行维护困难,产生臭气多,运行成本较高。

③ 膜生物反应器:能耗高,膜易受到污染,耐冲击负荷能力差。

④ 物化处理法:活性炭吸附、絮凝沉淀法和化学氧化法等技术,成本高、能耗大。

228 ▷ 如何收集餐厨垃圾废液?

一方面对于煎炸废油等废弃油脂进行单独收集;采用防腐密闭的专用容器盛装餐厨垃圾,采用专用收集车收集,以防废液泄漏。

另一方面,在分拣和破碎过程中设置废液收集系统,对废液进行初步收集;针对不同的餐厨垃圾处理(例如堆肥和填埋)技术,对产生的废液设置专门的收集装置。

229 ▷ 什么是低成本、高 COD、高氨氮餐厨废水达标排放处理工艺? 有什么意义?

低成本、高 COD、高氨氮餐厨废水达标排放处理工艺是在保证餐厨废水处理效果和效率的同时实现低成本化。可将现有的生化法、物化法和其他处理技术组合搭配起来应用,利用不同处理方式的优势达到理想的处理效果并有效节约处理成本,实现对高浓度 COD、高氨氮餐厨废水处理达标的同时对废水中有用成分的资源化再利用。

这种组合处理工艺的意义在于,可以优化处理方案和操作流程,升级现有处理技术,在废水各项指标处理达标的基础上,进一步实现废水有机物质的回收再利用,实现环境效益、经济效益和社会效益的有机融合。

230 ▷ 餐厨垃圾废液处理的技术要求有哪些?

餐厨垃圾废液处理的技术要求主要有以下几点。

(1)餐厨废水排放标准的选择

由于餐饮业大多集中在人口稠密的住宅集中区和繁华区域,离居民区很近,缺乏隔离和扩散区域,因此餐厨废水必须达到国家规定的规范与标准,才能够直接排入其他水体或者排入城市下水道,否则将会给人们日常生活带来严重的危害,破坏生态环境。

(2)处理系统的集成度要求

在满足环境保护要求的同时必须采用经济和实用的处理系统,其系统集成度要高,各个装置布置紧凑,占地面积要小,运行简易,操作管理要方便,这样才能够体现出处理系统的优越性。

(3)处理系统的经济性要求

对于餐厨废水的处理,在保证废水处理效果的同时,必须考虑降低装置成本。

(4)二次污染的控制

餐厨废水处理技术以及处理系统的开发,必须将处理设施对居民生活和生态环境的影响降至最低,防止处理设施自身成为二次污染源。否则,在治理环境的同时又在污染环境,势必给环境造成更加严重的影响。因此,在开发和选择废水处理系统时必须严格控制二次污染的产生，也可以采取实用、经济、有效的措施来进行预防和治理，真正做到环保要求。

231 ▷ 填埋场产生的渗滤液具有哪些特点？

填埋场渗滤液通常具有以下特点。

（1）成分复杂

目前检出的有机物已达上百种，一般用综合指标 TOC、BOD_5、COD 表示；其水质因填埋方式、填埋时间、水文地质、当地气候和垃圾组分等因素的影响而发生明显的变化。由于影响因素较多，不同填埋时期和不同填埋场的渗滤液水量和水质的变化幅度很大。

（2）有机物种类多、浓度高、含量高

渗滤液中主要含有的有机物有酰胺类、酮醛类、酚类、醇类、酯类、酸类以及芳烃、烷烃、烯烃类等，其性质波动很大。这些有机物中有可疑致癌物质、辅助致癌物质、致畸物质等。每升垃圾渗滤液中的 BOD 和 COD 值最高在万毫克级别，远远高于城市生活污水。

（3）金属离子含量高

垃圾渗滤液中含有 10 余种金属离子，尤其在酸性发酵阶段锌和铁的浓度较高。

（4）水质变化较大

渗滤液水质与填埋场构造，垃圾的数量、质量、种类和填埋年限，填埋时的天气，当地气候都有关系。这些因素导致渗滤液水质变化大，其规律难以把握。

（5）氨氮含量高

随着填埋时间的推移，渗滤液中过高的氨氮浓度会影响微生物活性，降低生物处理效果。

（6）营养元素比例失衡

垃圾渗滤液中有较高的 BOD 含量，导致缺磷，需要额外补给处理。

232 ▷ 填埋场渗滤液有哪些性质？

填埋渗滤液的化学成分与填埋废物的种类和性质、填埋方式等因素有关。随着填埋场的使用年限和取样时填埋场所处的阶段，其浓度和性质与时间呈高度的动态变化关系。垃圾渗滤液中的主要污染物包括重金属离子、氨氮和有机物等，其浓度、种类与填埋垃圾的类型、组分、填埋时间和方式相关，其水质主要呈现以下性质：水量和水质变化大，氨氮含量高，微生物营养元素比例失调，有机物种类多，COD、BOD 浓度高和金属含量高等。

对于普遍采用的厌氧填埋来说，渗滤液的性质一般如下。

① 色嗅：有较浓的腐化臭味，呈淡茶色或暗褐色，色度一般在 2000～4000 之间。

② pH 值：填埋时 pH 值为 6～7，随时间推移升高至 7～8。

③ BOD_5：渗滤液中的 BOD_5 随着时间和微生物活动的增加逐渐增加。一般填埋 6～30 个月达到峰值，此时多以溶解性 BOD_5 为主。随后渗滤液中的 BOD_5 开始下降，一般 6～15 年后填埋场达到稳定化。

④ COD：渗滤液的生物降解性可用 BOD/COD 的比值来反映。填埋初期的比值大于等于 0.5。当 BOD/COD 介于 0.4～0.6 之间时，表明渗滤液中的有机物质开始生物降解；对于成熟的填埋场，该比值通常为 0.05～0.2，其中常含有不被生物降解的富里酸和腐殖酸。

⑤ TOC：浓度一般为 265～2800mg/L。BOD_5/TOC 可反映渗滤液中有机碳氧化状态。其比值逐渐降低并趋于稳定，渗滤液中的有机碳以氧化态存在。

⑥ 溶解总固体：填埋初期，溶解性盐的浓度可达 10000mg/L，同时含有大量的铁、硫酸盐、氯化物、钙和钠。此后，溶解性盐的浓度随时间先增加后减小，在填埋 6～24 个月达到峰值。

⑦ SS：一般多在 300mg/L 以下。

⑧ 氮化物：以氨态为主，氨氮浓度较高，一般为 0.4～1mg/L，有机氮占总氮的 10%。

⑨ 重金属：生活垃圾与污泥或者工业废物混合填埋时，重金属含量会增加并超标。生活垃圾单独填埋时，重金属含量一般不会超标。

233 ▶ 影响渗滤液产生的因素有哪些？

填埋场渗滤液的产生量通常与填埋场操作条件、固体废物条件、场地地表条件、填埋场构造和获水能力等因素有关，同时也受其他一些因素的制约，包括土地、气候、垃圾本身、时间、地表径流、贮水量以及蒸发量等。

234 ▶ 如何处理填埋场渗滤液？

填埋场渗滤液的处理方法和工艺，由其水量和水质特性决定。常见处理方法包括渗滤液循环、渗滤液蒸发、排入城市污水处理系统和处理后处置等。

① 渗滤液循环：通过将收集到的渗滤液循环灌入填埋场，利用垃圾填埋场内微生物的生化、物化作用，将这些重新灌入填埋场的渗滤液进行二次处理、稀释，该方法通常会增加填埋场气体产生量。

② 渗滤液蒸发：该方法是通过收集渗滤液送入渗滤液容纳池进行自然蒸发，剩下的浓缩液回喷入填埋场进行二次蒸发，以此不断循环。

③ 排入城市污水处理厂：将渗滤液排入城市污水处理厂，可以合理调控渗滤液进行有效稀释，因为渗滤液的高浓度污染物需要预处理以减少有机物含量。

④ 处理后处置：渗滤液的处理方法分为生物法和物化法。生物法包括活性污泥法、生物膜法、曝气稳定塘法、A/O 生物塘法、SBR 法等；物化法包括中和法、反渗透法、沉淀法、超滤法、氧化还原法、吸附法、过滤法等。

235 填埋场渗滤液合并处理有哪些要求？

填埋场渗滤液合并处理的要求如下：
① 总汞、六价铬、总镉、总砷、总铬、总铅等重金属污染浓度达标；
② 渗滤液汇入污水处理厂的每日处理量，不得超过污水日处理量的 0.5%，且要考虑污水处理厂的额定处理能力；
③ 在注入渗滤液时应当尽量均匀；
④ 不得影响污水处理厂处理效果。

236 焚烧工艺产生的废液如何处理？

焚烧工艺中的废液大多是在垃圾堆放过程中产生的，具有水质复杂、污染物浓度高等特点。垃圾池产生的少量废水，可直接通过焚烧炉进行高温蒸发；其他工序产生的废水若量大，需要通过废水间集中处理。经处理后的废水，在排放前需确定其各项指标符合排放要求。焚烧厂渗滤液的处理方法，可参照垃圾填埋场。

237 微生物菌肥相比化肥的优势有哪些？

微生物菌肥相较于化肥的优势包括：提高土壤肥力，促进难溶性矿物质营养释放，减少病虫害发生并增强植物抗性，改善作物品质和增产作用等。

（1）提高土壤肥力

一些固氮生物肥料、溶磷解钾菌肥以及含有根际微生物的菌肥，都有增加土壤中氮素、使难溶性磷及封闭态钾释放以及提高土壤酶活性的作用。以上优势有利于提高土壤肥力，促进植物吸收养分。

（2）促进难溶性矿物质营养释放

微生物菌肥中活体微生物的施加，能显著提升土壤微生物的生物量以及土壤酶活性，更有一些根际促生菌可以分泌有机酸和生长素等物质，有效促进土壤中难溶性矿物质养分的释放，利于作物生长。

（3）减少病虫害发生并增强植物抗性

菌肥中的大量有益促生菌，因其较大的生物量，以及优良的抗生素、杀虫物质和激素分泌能力，可以有效竞争抑制植物病原微生物活性，在能防治植物病害的同时提高作物的生物量和抗逆性。

（4）改善作物品质和增产作用

多组数据表明，生物菌肥可显著提高作物产量。结合施用生物菌肥与化肥，比单一施加化肥增产 5%～10%。

238 ▶ 什么是促生菌？促生菌的作用有哪些？

促生菌是能提高植物生长力以及抗病性的土壤细菌，可通过多种途径提高作物生物量，促进作物生长及抗病。促生菌的主要作用有：

① 通过分泌生长素、解钾溶磷、生物固氮以及在植物中定殖等，直接起到促生作用；

② 通过提高土壤酶活性，影响细菌群落，使其向有益于植物生长的方向演替，进而达到促生目标。

239 ▶ 资源化利用餐厨废水有哪些经济效应和社会效应？

首先是资源化利用餐厨废水带来的经济效应，餐厨废水中的有机物资源化，可以产生具有经济效益的商品，且在资源化过程中降低的原料成本、增加的产品销售及减少的废弃物处理费用，都可以带来可观的经济效应。其次是社会效应，餐厨垃圾资源化利用的社会效应要远大于其带来的环境及经济效应，因为餐厨垃圾处理不当不仅会造成环境影响，甚至会以"地沟油"等形式返回餐桌，造成食品安全隐患，而资源化利用则从源头保障了食品安全。也就是说，统一回收并资源化利用餐厨垃圾，可保障食品安全、改善市容、提高卫生水平、增加就业机会、促进经济发展、推进生态文明建设。

七、

餐厨垃圾处理现状分析

240 国内餐厨垃圾资源化处理较为完善的地区及其主要处理方式有哪些？在实际处理中遇到了哪些问题？

国内一些城市，近年来开始逐步探索餐厨垃圾资源化新模式，我国国内已初步形成了青岛模式、西宁模式、北京模式等符合自身城市餐厨垃圾特点的新模式。

（1）青岛模式

青岛市是 2011 年全国第一批餐厨废弃物资源化利用试点城市之一，青岛市政府通过公开招标的方式与山东济南十方公司确定了 BOT 的运营模式，并于 2014 年正式运行，对全市餐厨垃圾采取统一收运、集中处置的模式。青岛市环卫主管部门负责部分基础设备的支持，如垃圾收运车等，同时进行收运线路最优化设计，并协调废弃油脂收购价格。青岛市政府公布相关管理规定，积极完善青岛市的餐厨垃圾管理体系。2012 年在青岛市市南区、崂山区进行试点，政府确定对餐厨垃圾的收运发放 100 元/t 的财政补贴，由区级财政单位和企业进行经费预算。青岛市逐步建立形成了由城管执法、环卫、食品药品监管、工商等多政府监管机构协同治理的形式，已经基本建立了"属地管理、分级负责"的餐厨垃圾管理体制。青岛市餐厨垃圾处理厂采用湿式高温单相厌氧消化工艺，全物料厌氧处理，设计处理能力为 200t/d，目前已累计处理餐厨垃圾 $5.53 \times 10^4 t$，制备天然气 $130.7 \times 10^4 m^3$，取得经济收益 1380 余万元。截至 2020 年 6 月底，青岛全市已实现生活垃圾分类全覆盖，建成 742 条垃圾分类收运线路，其中 197 条是餐厨垃圾收运线路。餐厨垃圾处理设施共 13 座（含就地处理设施），日处理能力达到 476t。

青岛模式中存在的问题：①长期形成的非法收运利益链强大，难以撼动；②职能部门涉及多，组织协调难度大；③垃圾分类工作收效不明显、严重影响末端处理；④餐厨垃圾处理企业需要政府财政扶持等。

（2）西宁模式

西宁市城管执法局于 2005 年决定以市场化运作的方式，解决餐厨垃圾的分类收集、无害化处理和资源化利用。西宁市政府 2007 年通过公开招标的形式，选定了青海洁神公司作为西宁市餐厨垃圾处理项目的建设单位。西宁市餐厨垃圾处理项目于

2008 年 6 月正式投入使用，实现市区范围餐厨垃圾统一收运、集中处理。2007 年及 2009 年，青海市政府发布了《西宁市餐厨垃圾管理办法》及《西宁市餐厨垃圾管理条例》来促进市场餐厨垃圾规范化、制度化管理。西宁市城管执法局与环保卫生、公安、质检、工商等 8 个部门形成专项执法队伍，加强了日常监管、整治查处，并加大了处罚力度。据青海都市报收集的数据，2014 年青海政府补偿城市餐厨垃圾处理费用标准为 260 元/t，每年补贴资金 1328.6 万元。2015 年青海省通过省人大会议确立了餐厨垃圾管理实行行政首长负责制模式。截至 2022 年，西宁市主城区生活垃圾处理率提升到 100%，每年 7 万余吨餐厨垃圾得到无害化处置，产生了 $290 \times 10^4 \, m^3$ 沼气、1000t 生物油脂。

西宁模式中存在的问题：①西宁餐厨垃圾资源化利用管理模式主要依赖于政府财政扶持力度，市场化比例较低；②市场监管系统依赖于政府各职能部门巡查。

（3）北京模式

北京市政协在 2007 年 8 月召开的重点提案督办座谈会上提出，2008 年北京将在大兴区、朝阳区、通州区、海淀区 4 个区内建成餐厨垃圾处理厂，由四家公开中标企业经营。逐步形成了政府主导、社会监督、企业化运作的全市各区统一集中化处理模式。2011 年北京市颁布了《关于加快推进本市餐厨垃圾和废弃油脂资源化处理的工作方案》，并积极推进餐厨垃圾源头就地资源化处理设施的建设，推进就餐人员较为集中且有条件建设就地处理系统的餐饮单位积极建设餐厨垃圾就地处理系统，政府层面将对建设单位给予技术指导及资金补贴等。2012 年 3 月 1 日，北京开始实施《北京市生活垃圾管理条例》（简称《条例》），明确了产生生活垃圾的单位和个人是生活垃圾分类投放的责任主体，经过两次修订，2020 年 5 月 1 日，新版《条例》正式实施。据统计，到 2021 年，北京市已创建 835 个示范小区、村，约占小区、村总数的 5%。2021 年 4 月，家庭餐厨垃圾日产出量为 3878t，是《条例》实施前的 11.6 倍。

北京模式中存在的问题：①居民自主分类习惯尚未完全养成，区域间、小区间还不平衡，差异比较大，"二次分拣"在一定范围内依然存在；②分类设施规范性还不够，分类驿站、大件垃圾、装修垃圾暂存点建设和管理水平还需提高；③源头减量还有较大潜力，餐饮服务单位厨余垃圾、外卖餐盒、商品包装等方面仍需加大减量力度；④餐厨垃圾资源化利用措施内容较少并缺乏针对性，职能部门职责划分不清晰，联合执法困难。

大兴区、朝阳区、通州区、海淀区 4 个区内建成餐厨垃圾处理厂，由四家公开中标企业经营。逐步形成了政府主导、社会监督、企业化运作的全市各区统一集中化处理模式。2011 年北京市颁布了《关于加快推进本市餐厨垃圾和废弃油脂资源化处理的工作方案》，并积极推进餐厨垃圾源头就地资源化处理设施的建设，推进就餐人员较为集中且有条件建设就地处理系统的餐饮单位积极建设餐厨垃圾就地处理系统，政府层面将对建设单位给予技术指导及资金补贴等。

241 ▶ 国内餐厨垃圾资源化处理中亟待解决的关键问题是什么?

餐厨垃圾含水率和有机质含量高,资源化潜力高,不及时处理会导致环境污染,且对人体健康造成危害。虽然我国的餐厨垃圾资源化处理已取得较大发展,但餐厨垃圾的不同资源化处理技术仍旧存在一些不足(缺点)亟须解决,具体待解决问题见表 7-1。

表 7-1 城市餐厨垃圾处理技术优缺点

技术工艺	优势	不足
焚烧法	工艺简单,易操作;产生热能,实现资源二次利用	投资大,成本高;易产生粉尘、有毒有害气体等
填埋法	处理成本低,易管理;生成沼气可以再利用	造成有用资源浪费;产生恶臭气体,污水、重金属等危害土壤及水体
机械破碎法	易操作,投入资金小	加重城市污水处理负荷;易造成管网堵塞
饲料化处理	工艺简单,易操作;占地面积小,投资少,易管理	餐厨垃圾中的有毒有害物质产生的安全隐患较大,危害人体健康
堆肥处理	工艺技术简单	易产生气味,影响大气环境;加剧土壤盐碱化
好氧生物处理	处理时间短,效率高,自动化程度高	投入成本较高
厌氧消化处理	自动化程度高,技术成熟,经济效益高	投资大,工艺复杂,投资回收周期长

242 ▶ 国内餐厨垃圾就地处理的可行性如何?

目前来看,就地处理是较为理想的餐厨垃圾处理方式,但我国国民的垃圾分类意识较差,想要全面推行餐厨垃圾就地处理的可能性较低。我国地域辽阔,不同区域的餐厨垃圾差异较大,集中处理的难度大、成本高,就地处理可以避免以上负面影响。基于以上背景,小型就地好氧发酵处理设备现阶段适用于作为我国向餐厨垃圾就地处理过度的方式。

国内高温好氧发酵处理设备多采用烘烤模式。其特点是设备通过高温加热(65℃以上)的处理模式快速实现垃圾的减量化,其本质上为一烘箱,以消耗大量电能为代价,仅仅起到蒸发水分、浓缩有机质的作用,物料根本未经过任何微生物好氧发酵,绝大多数机械成肥产品未腐熟,不适合农用。有研究针对杭州市 12 个处理农村易腐垃圾的小型设备的堆肥产品进行质量抽样分析,发现在 12~48h 内快速制肥的餐厨垃圾处理设备所生产的产品腐熟度很低,无法达到国家规定的有机肥料标准,不适合农用。

基于此,通过高温好氧发酵处理设备就地处理餐厨垃圾的质量还有待提高。只有餐厨垃圾处理过程智能化、封闭化,产品实用性提高,才能增加居民的接受度,做到真正的"就地"处理，从源头上解决"收集难"的问题。

243 餐厨垃圾资源化处理最具发展潜力的技术和未来的发展方向是什么？

餐厨垃圾资源化常见的四种工艺路线包括：好氧堆肥、厌氧消化、生产饲料和制备生物柴油。其中，好氧堆肥和厌氧消化是目前应用和研究较多的技术，也是今后餐厨垃圾资源化的主流技术。这两种主流技术可以生成有机肥、生物肥料以及清洁能源。

未来餐厨垃圾资源化发展中，需要结合不同的先进有效技术，提高餐厨垃圾资源回收效率。例如，通过微生物处理技术分解餐厨垃圾为清洁代谢物和可利用的有机残余物后，进一步通过生化技术使废油脂生产出工业原料油脂及深加工产品，最后通过脱水干燥等深加工，将有机残余物制成饲料和有机肥料等。

244 餐厨垃圾处理运行的发展方向有哪些？

随着人民生活水平明显提高，我国餐厨垃圾的产生量也逐年上升。2023年，全国生活垃圾清运量达25407.8万吨，餐厨垃圾占比超过35%，部分大城市甚至高达60%。截至2024年，以长三角、珠三角为代表的城市群已建成150座以上规模化餐厨垃圾处理厂，单厂日均处理能力普遍提升至500t级，厌氧发酵技术占比达65%，成为主流工艺路线。目前国内餐厨垃圾处理技术有好氧制肥、厌氧消化、脱水协同焚烧、生物转化等，在所有已建和在建的设施中，厌氧消化工艺占总量的87.5%，其余工艺仅占12.5%。今后我国需推动多种技术融合创新，不断完善餐厨垃圾管理体系。

（1）推动多种技术融合创新

目前的应用技术大多存在处理不彻底、效率低、流程长等问题。未来应以可持续发展为前提，用多项处理技术处理餐厨垃圾，从而提高资源利用率。可以将去除杂物后的餐厨垃圾利用压榨或者离心等手段得到油水混合物和有机质干渣。微生物好氧发酵利用有机干渣生产有机肥；油水混合物再次分离后得到水和油脂，其中油脂用来生产生物柴油，二次分离后的水中含有丰富的有机质，可进行厌氧发酵生产能源气体，作为高品质热源循环用于发酵装备，产生的沼渣可以进入好氧系统发酵。多种技术联合使用具有广阔的开发前景，能够进一步达到可持续化发展的目标。在工艺技术上要结合当地情况，注重结合餐厨垃圾的自身特点，针对具体问题优化。

（2）完善餐厨垃圾管理体系

加大餐厨垃圾合理回收的宣传力度，普及餐厨垃圾的危害性，提高民众的环保意识；通过制定出台相关条例，推动餐厨垃圾资源回收技术标准化进程；尽快落实全国垃圾分类；严格控制餐厨垃圾运输及处理的各个环节，避免二次污染；因地制宜发展符合当地餐厨垃圾特点的本土资源化模式；提高相关部门的监管力度和执行力度；同时政府部门应加大资金投入，购入先进设备技术，提高餐厨垃圾资源化的资金投入。

245 ▷ 餐厨垃圾运行的规模如何确定？

根据餐厨垃圾的生产量，产量大的地区推荐采用集中处理方式。是否建设餐厨垃圾处理厂及其建设规模，需要根据餐厨垃圾收集率预测或收集效果确定。餐厨垃圾处理生产线的数量及规模应根据所选工艺特点、设备成熟度，经技术经济比较后确定。

246 ▷ 餐厨垃圾处理厂的分类规定是什么？

根据处理能力的不同，餐厨垃圾处理厂分为以下四类：
① Ⅰ类垃圾处理厂，全厂总处理能力应为 300t/d 以上（含 300t/d）；
② Ⅱ类垃圾处理厂，全厂总处理能力应为 150～300t/d（含 150t/d）；
③ Ⅲ类垃圾处理厂，全厂总处理能力应为 50～150t/d（含 50t/d）；
④ Ⅳ类垃圾处理厂，全厂总处理能力应为 50t/d 以下。

247 ▷ 应如何选择餐厨垃圾处理的主体工艺？

应从以下几个方面选择餐厨垃圾处理的主体工艺。

（1）厌氧方式选择

厌氧发酵技术可分为干式厌氧工艺和湿式厌氧工艺两种。干式厌氧工艺以预处理之后的有机浆料为原料，形成对应的固相物。通过合理利用各种不同类型的加热方式，如水蒸气等，促使其产生沼气。而湿式厌氧工艺能够为餐厨垃圾的预处理、细分混合液等提供保证，促使其在合适的温度条件下产生沼气。对比分析发现湿式厌氧工艺成本比较低，能耗相对较大，具有良好的系统稳定性。要结合项目整体特点，选择和应用具体工艺，保证餐厨垃圾处理工艺的合理性和科学性。

（2）厌氧发酵温度选择

我国在厌氧消化方面主要以中、高温条件为主。中温条件下温度范围通常控制在 33～38℃，而在高温条件下温度范围在 55～75℃。对比分析两种温度的发酵工艺后发现，目前高温厌氧消毒效果较好、消化速度较快、占地面积相对较小。但是成本相对较高，而且对温控要求更加严格。调试难度也普遍比较大，对厌氧菌的生存而言，可以起到良好的抑菌消毒效果。而中温厌氧调试过程较便利、费用较低，运行稳定，但其缺点是占地普遍较大、消毒效果较差、消化速度较慢、投入成本过高等。

（3）沼气净化工艺选择

沼气净化工艺主要包括干式脱硫、湿式脱硫和生物脱硫。干式脱硫主要是指在实践中，直接将沼气以及脱硫剂全部通入对应的填充塔内进行反应处理，然后去除其中的硫化氢。湿式脱硫是直接将沼气与 $2\%\sim3\%$ 的碳酸钠等进行混合接触，去除硫化氢。生物脱硫则是合理利用硫细菌代谢作用，溶解处理硫化氢。经过一系列的对比分析发现，湿式脱硫在具体应用中成本及维护费用普遍过高、能耗高、造成严重的二次污染，而生物脱硫法的自动化水平普遍比较高，同时能耗较低。

248 餐厨垃圾处理工艺流程应满足哪些要求？

餐厨垃圾处理工艺流程应满足以下要求：

① 技术成熟、设备可靠；

② 应做到资源化程度高、二次污染及耗能小；

③ 应符合无害化处理要求；

④ 工艺流程的设计应满足无害化、资源化处理的需要，要做到环保达标、流程合理、工艺完善，各中间环节和单体设备可靠。

249 餐厨垃圾处理车间设备的布置要求有哪些？

餐厨垃圾处理车间设备的布置要求如下：

① 物质流线顺畅，各工段不相互干扰；

② 应留有足够的设备检修空间；

③ 主处理工段与预处理工段、进料工段分开；

④ 应具备利于车间全面通风的气流组织，并维护环境。

250 餐厨垃圾运行的自动化控制系统由哪些部分组成？

垃圾处理站的自动化控制系统由人机界面（监控）设备、信号采集控制和仪表、现场执行机构（动力设备、自动阀门）三部分组成。人机界面主要是指控制室和值班室的监视设备。信号采集控制系统主要包括基本控制系统、控制设备和通信网络。现场执行机构主要由自动阀门、传输设备、风机、水泵等设备组成，需要预留自控系统的接口。典型的自控系统构建原理如图 7-1 所示。自控系统的构建主要是指上述三部分系统的组建和相应设备的选择。

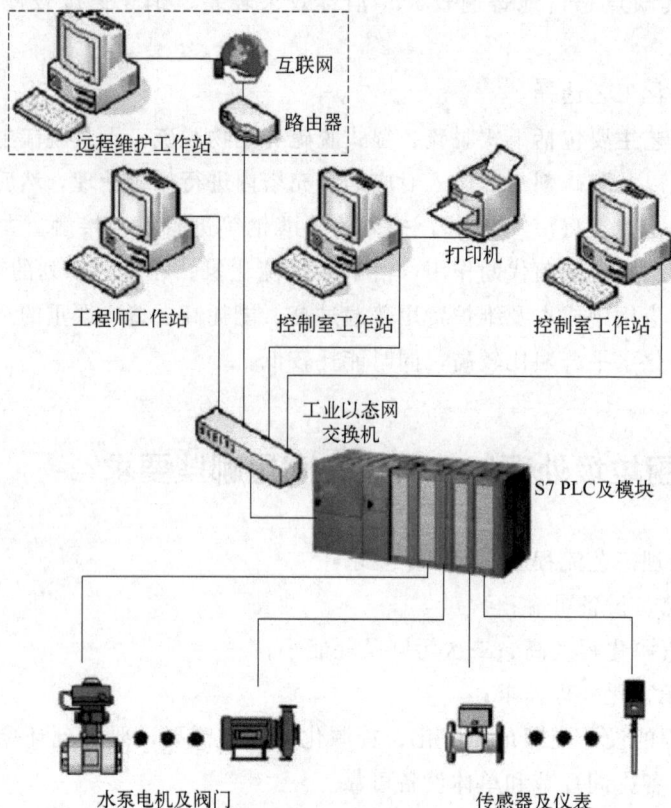

图 7-1　自控系统构建原理示意图

251 ▶ 面对国内餐厨垃圾处理的现状，各级政府和餐饮企业应采取什么做法？

　　随着环保概念逐渐深入人心以及垃圾分类的政策不断深入推进，餐厨垃圾在收集阶段的流失不断减少，可统计及利用的餐厨资源逐年递增，这也对餐厨垃圾的处理技术有了更高的要求。

　　① 政府层面上，应继续推动法律法规的完善，并且落实在执行和监督上。对环保行业提供资金、税收等支持，鼓励企业加大研发投入，提高技术创新。引入国外知名企业，引进先进的技术和管理理念，与国内企业形成良性竞争，提升国内企业的品牌形象及产品竞争力。建立完整的餐厨垃圾收运和处理处置系统。探索新型运行模式，比如政府牵头（立法、出台政策法规）、环卫系统管理（统筹、协调、监管、培训）、企业运作（设备、设施投入，安装、运行），社区参与（垃圾收运、处置、服务）的运行模式，充分发挥企业创造力与群众的主观能动性。

　　② 餐饮行业的从业者要积极响应国家政策法规，坚决实行垃圾分类，探索新型经营模式，比如采取中央厨房的管理方式，将餐厨垃圾集中在中央厨房，减少各门店的垃圾量，降低垃圾收运成本。在各个环节做到精细化管理，准确备餐，提高食材储存、加

工能力，从源头上减少浪费。餐饮行业在经营时也要尽到提醒消费者的义务，提倡"光盘行动"，减少饭桌上的浪费。

252 ▶ 餐厨垃圾处理中采用的主要技术有哪些规范要求？

常见的规范要求有《餐厨垃圾处理技术规范》（CJJ 184—2012）、《生活垃圾处理处置工程项目规范》（GB 55012—2021）、《厨余垃圾湿式厌氧处理技术标准》（T/HW 00070—2024）等。《餐厨垃圾处理技术规范》（CJJ 184—2012）规定了餐厨垃圾处理的一般规定、规模与分类、总体工艺设计、餐厨垃圾计量、接收与输送、处理工艺、辅助工程等方面的技术要求。《生活垃圾处理处置工程项目规范》（GB 55012—2021）为强制性工程项目规范，全部条文必须严格执行。《厨余垃圾湿式厌氧处理技术标准》（T/HW 00070—2024）主要针对厨余垃圾湿式厌氧处理技术作出具体规范与要求。

253 ▶ 餐厨垃圾运行工艺各自的优缺点是什么？

焚烧、填埋、用作动物饲料虽然是最直接的处理方式，但不仅使资源在一定程度上被浪费，而且并不绿色环保。厌氧消化产沼气、好氧堆肥以及油脂分离制生物柴油是当前各个国家处理餐厨垃圾的主要研究方向，然而存在一些技术瓶颈，比如堆肥具有周期长、灭菌难和占地面积大等缺点；厌氧消化处理工业化难度大、效率低等；制备生物柴油原料预处理成本高等。

254 ▶ 餐厨垃圾运行的综合效益如何？

餐厨垃圾处理厂的运营成本包括固定成本和变动成本，固定成本分为直接人工及制造费用。随着垃圾收运量的提升，这部分成本随之下降。变动成本分为直接材料费、固渣、污水处理费用、渗滤液处理费用、动力及运输费等。

餐厨垃圾处理厂的利润来源主要包括以下几个方面。

（1）垃圾处理费用

餐饮企业等产生的餐厨垃圾量较大，通常会选择与餐厨垃圾处理厂合作，由处理厂进行收运和处理。餐厨垃圾处理厂可以根据处理的垃圾数量和种类，向这些企业收取一定的垃圾处理费用。

（2）政府补贴与奖励

城市垃圾回收处理是城市精神面貌建设的重要环节，餐厨垃圾处理作为环保项目，政府会根据餐厨垃圾的日处理量，按吨向餐厨垃圾处理厂提供一定的补贴和奖励，以支持和鼓励环保事业的发展。政府补贴通常包括收运补贴和处理补贴两部分，具体补贴标准因地区和政策而异。

（3）资源二次处理再利用收益

① 有机肥原料销售：餐厨垃圾经过好氧堆肥发酵后，可以转化为有机肥原料。这些有机肥原料可以用作花卉种植、园林绿化、农作物培育等，通过出售这些有机肥原料，餐厨垃圾处理厂可以增加一部分收益。

② 生物柴油销售：餐厨垃圾中通常会附着大量油脂，经过分离处理后的油脂可以制成生物柴油。生物柴油具有环境友好等特征，可以用在多个领域。餐厨垃圾处理厂可以将处理后的油脂进行出售，赚取收益。我国餐厨垃圾油脂含量为 2%～8%，经过高温蒸煮、分离后，提取得到粗油脂，粗油脂市场价在 2000～5000 元/t 区间波动，粗油脂经一系列物理化学反应后，可以制成生物柴油，其售价约为 4200 元/t。

③ 沼气利用和销售：餐厨垃圾经厌氧消化处理后，气体产物是以甲烷、二氧化碳、硫化氢为主的沼气，参照餐厨垃圾厌氧发酵产沼行业标准，每吨餐厨垃圾可以产生 $75m^3$ 的沼气，其中约三分之一用于厂内锅炉燃烧供热，剩余沼气可以用于发电、制成压缩天然气售卖等。沼气发电的电价为 0.532 元/(kW·h)，而每立方米沼气可以产生 2kW·h 的电。单独售卖沼气的单价约为 1.38 元/m^3。

④ 动物蛋白饲料销售：餐厨垃圾分离出的固体残渣，可用于黑水虻的养殖。将黑水虻加工成动物蛋白饲料进行出售，也是餐厨垃圾处理厂的一个潜在收益来源。厌氧消化工艺中，沼渣的产生比例约为 15%，理论上这些沼渣可以制成肥料、土壤改良剂、蛋白饲料等，但由于缺少销路，大部分沼渣被填埋或直接焚烧，反而需要向垃圾填埋厂或焚烧厂付费，增加企业的成本。

大部分餐厨垃圾处理厂可以做到收支平衡，甚至盈利。一般主要盈利来源于餐饮企业缴纳的垃圾处理费、政府购买服务以及资源再利用收益。餐厨垃圾在我国不同城市的收费制度各不相同，一般由各地政府结合本地情况制定标准，比如广州市按容积计量餐厨垃圾，收费标准为每桶（0.3m^3）6 元，容积小于 0.3m^3 的，按比例折算；北京市按重量计量收取餐厨垃圾处理费，标准为 300 元/t；深圳市则按照"一厂一价"的原则，具体价格以各餐饮企业与餐厨垃圾处理企业的协议价格为准。例如维尔利公司在常州市的餐厨项目通过与地方政府合作，加强餐厨垃圾的收运，并且从中提取粗油脂（提取率达 12%），2019 年上半年实现 920 万元的盈利。

八、

附录

附录一　生活垃圾处理处置工程项目规范（GB 55012—2021）

1　总　则

1.0.1　为在生活垃圾处理处置工程建设、运行维护过程中，实现生活垃圾的减量化、资源化、无害化，防止二次污染，保障人身和公共安全、保护环境，制定本规范。

1.0.2　生活垃圾处理处置工程项目必须执行本规范。

1.0.3　生活垃圾处理处置工程的建设、运行维护应遵循有效发挥服务功能、安全生产、保护环境和资源利用的原则，应采用适宜可靠的新技术、新工艺、新材料、新装备。

1.0.4　工程建设所采用的技术方法和措施是否符合本规范要求，由相关责任主体判定。其中，创新性的技术方法和措施，应进行论证并符合本规范中性能的要求。

2　基本规定

2.1　规模与布局

2.1.1　生活垃圾处理处置工程的规模，应根据服务范围内垃圾的现状产生量及其预测量，处理处置技术的可行性、经济性和可靠性等因素综合考虑确定。

2.1.2　生活垃圾处理处置工程设施设备的处理能力，应根据生活垃圾的产生量及性质波动、设备停机时间、备用设施等综合确定，确保服务范围内生活垃圾得到及时有效处理。

2.1.3　生活垃圾处理处置工程应与城乡功能结构相协调，满足城乡建设发展、环境卫生行业发展等需要。选址距居民居住区、人畜供水点等敏感目标的卫生防护距离，应通过环境影响评价确定，且不应设在下列地区：

1　生活饮用水水源保护区，供水远景规划区；

2　洪泛区和泄洪道；

3　尚未开采的地下蕴矿区和岩溶发育区；

4 自然保护区；

5 文物古迹区，考古学、历史学及生物学研究考察区。

2.1.4 实施生活垃圾分类收集的区域应实施分类运输和分类处理。

2.2 建设要求

2.2.1 生活垃圾处理处置工程应具备下列功能：

1 应在入口设置称重计量设施；计量设施应具有计量、记录、打印、数据处理、传输与存储功能，并应定期对计量设施进行鉴定；

2 关键设备或系统应设置备用，确保工程正常运行；

3 应根据生活垃圾处理处置工程的特点，配置适用、可靠、先进的自动化控制系统；

4 应以主要生产单元为主体进行布置，各项设施应按生活垃圾处理流程、功能分区合理布置，并应做到整体效果协调；

5 厂房的平面布置和空间布局应满足工艺设备的安装与维修的要求，应有利于减少垃圾运输和处理过程中的恶臭、粉尘、噪声、污水等对周围环境的影响，防止各设施间的交叉污染；

6 厂（场）区道路的设置，应满足交通运输和消防的需求，并应与厂区竖向设计、绿化及管线敷设相协调；

7 应分别设置人流和物流出入口，确保安全，并方便车辆的进出；

8 应具备应对突发公共卫生事件的功能。

2.2.2 应采取有效措施防止对土壤、水环境和大气环境的污染，保护好周边的环境。

2.2.3 生活垃圾处理处置工程设置的污水调节池应符合下列规定：

1 生活垃圾卫生填埋场渗沥液调节池容积不应小于 3 个月的渗沥液处理量；

2 生活垃圾焚烧厂、厨余垃圾处理厂等处理设施的渗沥液调节池容积不应小于 5d 的渗沥液处理量；

3 调节池应设计为 2 个或设置分格；

4 调节池应设置清淤设施或设备。

2.2.4 生活垃圾处理处置工程的污水处理系统应符合下列规定：

1 渗沥液处理设施应配置接收及储存系统、预处理系统、主处理系统、污泥和浓缩液处理系统、臭气处理系统等，确保正常运行；

2 渗沥液处理设施应设置渗沥液产生量和排出量计量装置，尾水排放应按照规定设置规范化排水口；

3 应根据渗沥液的进水水质、水量及排放要求等，选取生物处理、生物处理＋深度处理、物化处理等主处理工艺；

4 渗沥液处理中产生的污泥应进行脱水等预处理，具体指标应符合后续处理工艺要求；

5 纳滤和反渗透工艺产生的浓缩液应采用焚烧、蒸发或其他方式处理。

2.2.5 生活垃圾处理处置工程设置的臭气控制与收集系统应符合下列规定：

1 产生臭气的车间、构筑物、设备等应采取良好的密封措施，需要经常冲洗的地方应设置冲洗水收集设施；

2 生活垃圾处理处置工程的垃圾卸（受）料设施、卸料部位、贮槽（坑）、输送设备、分选设备、堆肥发酵仓（容器）、渗沥液调节池及敞开式渗沥液处理设施等部位（情况），应配置局部排风设施用于臭气收集和控制；

3 臭气收集管道应选择抗腐蚀的材料，拼接缝应采取密封措施，且不应设在管道底部；

4 臭气收集和控制用风机应设置备用，抽气风机应具有防腐性能；

5 用于收集可能含有可燃气体臭气的风机，应具有防爆性能。

2.2.6 生活垃圾处理处置工程的臭气处理系统应符合下列规定：

1 除臭设备的臭气处理能力应根据收集系统的最大风量和最大臭气污染物浓度确定；

2 封闭式生活垃圾处理处置工程应选择以集中通风除臭为主，除臭剂喷洒为辅的总体除臭方案；

3 集中通风除臭应根据臭气强度及臭源分布情况选择除臭方法；

4 除臭剂不应具有毒性、刺激性和腐蚀性，喷洒系统应有除臭剂流量调节功能；

5 除臭设施（设备）应具有较强的抗负荷冲击能力，且应便于操作和维护；

6 除臭系统主除臭设备的配置数量不应少于2台。

2.2.7 垃圾储坑、渗沥液调节池与生化池等构筑物应采取防渗、防腐等措施。

2.2.8 具有可燃气体产生或泄漏可能性的封闭建（构）筑物内，应设置可燃气体在线监测报警装置，并应与强制排风设备联动。

2.2.9 沼气产生、储存、输送等环节及相关区域的设备、设施应采取防爆措施。

2.2.10 生活垃圾处理处置工程应采取雨污分流措施，并应设置初期雨水储存池。

2.2.11 应配备员工便利设施和设备维修设施，并应提供充足的照明。

2.2.12 设施系统和子系统应确保在发生故障时的待机能力，还应考虑备用水和电力的供应。

2.2.13 应配置对相关工艺流程进行采样的采样口及平台等设施，采样点的设置应确保采样安全，且不影响正常生产。

2.2.14 应设置化验室或委托有检测能力的单位，对生活垃圾物理和化学性质、工艺技术参数、二次污染控制指标等进行检测和分析。

2.3 运行维护

2.3.1 生活垃圾处理处置工程应制定与生活垃圾特性和工艺要求相适应的操作维护规程和事故应急预案。

2.3.2 生活垃圾处理处置工程应设置道路行车指示、安全标志、防火防爆及环境卫生设施设置标志。各检测点以及易燃易爆物、化学品、药品等储放点应设置醒目的安全标志。

2.3.3 厂房各作业区应合理分隔，应组织好人流和物流线路，避免交叉；竖向交通路线应顺畅、避免重复。

2.3.4 特种设备必须经相关部门检测合格，并应在许可的有效期内使用。

2.3.5 厌氧调试应注意沼气的生产安全，及时监测沼气的产生量，发现漏气现象及时排除。

2.3.6 皮带传动、链传动、联轴器等传动部件必须有防护罩，不得裸露运转。机罩安装应牢固、可靠。

2.3.7 工作人员进入垃圾储坑、焚烧锅炉、脱酸塔、脱氮塔、袋式除尘器、渗沥液收集池、调节池、生化池、厌氧反应器等受限空间或存在有毒有害气体场所进行检修时，应符合下列规定：

1 进入作业前必须采取事先通风、有害气体检测及佩戴个人防护用品等安全防护措施；

2 必须使用安全电压照明；

3 作业时应在外部设有监护人员，并应与进入的检修人员时刻保持联系；

4 进出人员应办理工作票，实行签进签出规定。

2.3.8 生活垃圾处理处置工程污水处理系统运行维护应符合下列规定：

1 水解酸化水力停留时间应为 2.5～5.0h；pH 应为 6.5～7.5；

2 混凝沉淀预处理药剂的种类、投加量和投加方式应根据渗沥液混凝沉淀的工艺情况、实验结果等确定。

2.3.9 生活垃圾处理处置工程除臭系统运行维护应符合下列规定：

1 对于长期堆放和储存生活垃圾和渗沥液的设施或场所，在启动风机收集臭气前，应测试臭气中的甲烷浓度，当甲烷浓度超过 1.25% 时，应先进行通风，并应使甲烷浓度降低至 1.25% 以下后，再启动风机；

2 除臭系统计划长时间停用时，应对设备及系统管路进行清洗，并对各种传感器、探头及仪表采取保护措施；

3 除臭设备检修前必须停止运行，并应先排除内部气体，通入空气，确认安全后再进入设备内部检修，且进入设备内部检修的人员应佩戴安全防护用品；

4 废弃的除臭塔填料应进行无害化处理和处置，不得随意堆放、污染环境。

3 生活垃圾焚烧厂

3.1 一般规定

3.1.1 焚烧厂应配置接收及储存系统、焚烧系统、余热利用系统、烟气净化系统、灰渣处理系统、污水处理系统、臭气处理系统以及配套设施等，确保正常运行。

3.1.2 焚烧厂应对卸料大厅、垃圾储坑、污水处理系统等区域臭气进行收集，经入炉燃烧或单独处理达标后排放。

3.1.3 焚烧厂必须设置自动控制系统，确保垃圾焚烧、烟气净化、余热利用、污水处理、消防等系统的安全、正常运行。自动控制系统应具有对过程控制参数和污染物排放指标数据储存 3 年以上的功能。

3.2 接收及储存系统

3.2.1 接收及储存系统应设置垃圾卸料间及平台、垃圾卸料门、垃圾储坑、垃圾抓斗起重机、渗沥液导排、臭气控制等设施。

3.2.2 垃圾储坑应符合下列规定：

1 卸料口处必须设置车挡和异常情况报警设施；

2 储存容量不应小于 5d 设计处理量；

3 应密闭，设置臭气控制与收集装置，保持负压状态；

4 底部应设置渗沥液导排收集设施，导排收集设施应采取防渗、防腐措施；

5 应设照明、火灾探测器、事故排烟、灭火器等装置。

3.3 焚烧系统

3.3.1 垃圾焚烧系统应设置垃圾进料装置、焚烧装置、出渣装置、燃烧空气装置、辅助燃烧装置及其他辅助装置。

3.3.2 焚烧线年运行时间不应小于 8000h。

3.3.3 焚烧炉应保证炉膛主控温度区的温度能达到 850℃以上，烟气在 850℃以上空间内的停留时间大于 2s。

3.3.4 焚烧炉应配置助燃燃烧器和点火燃烧器，燃烧器应使用轻质燃料（轻柴油或燃气），助燃燃烧器和点火燃烧器最大总功率应满足无其他燃料燃烧的情况下将炉膛主控温度区温度独立加热至 850℃及以上。

3.3.5 应在焚烧炉最上（后）二次风喷入口与炉膛主控温度区出口之间至少设置 2 个温度监测断面，两温度监测断面之间应满足最大烟气量下停留时间不小于 2s，每个断面至少设置 2 个温度监测点，实时监测炉膛主控温度区内的温度。

3.3.6 焚烧炉启动时，炉膛应按规定的升温速率升温，在炉膛主控温度区温度达到 850℃之前不得投入垃圾。焚烧炉停炉时，炉膛应按规定的降温速率降温，在炉内垃圾燃烬之前，应通过助燃燃烧器维持炉膛主控温度区温度在 850℃以上。

3.3.7 点火、助燃燃料、活性炭的储存及供应设施应配备防爆、防雷、防静电和消防设施。

3.3.8 焚烧厂运行过程中，对电气、燃烧、热力、烟气净化等设备和系统的操作和检修应分别执行操作票和工作票制度。

3.3.9 检修人员进入垃圾焚烧炉及余热锅炉炉膛、烟道内部进行检修时，应做好安全措施。

3.4 余热利用系统

3.4.1 余热锅炉的额定出力应根据额定垃圾处理量、设计垃圾低位热值和余热锅炉设计热效率等因素确定。

3.4.2 余热锅炉热力参数应根据热能利用方式、利用设备要求及锅炉安全运行要求确定。

3.4.3 余热锅炉 A、B、C 级检修应符合下列规定：

1 A、B、C 级检修时，应进行余热锅炉受热面金属监督工作，应对水冷壁、过热器等管子检查并应抽样测厚，水冷壁管测厚抽检率不得低于 20%；

2 A 级检修时，余热锅炉受热面应割管送检；

3 A 级检修时，应进行主蒸汽管道、受监压力管道监督检查工作。

3.4.4 当余热锅炉受热面检查发现有变形、鼓包、胀粗等情况时，受热管应立即更换；对因冲刷、磨损、高温腐蚀致使壁厚减薄量超过设计壁厚 30% 的受热管应更换。

3.4.5 利用垃圾热能发电时，应符合可再生能源电力的并网要求。利用垃圾热能供热时，应符合供热热源和热力管网的有关要求。

3.5 烟气净化系统

3.5.1 烟气净化系统应具有脱除酸性气体、粉尘、重金属、二噁英类和 NO_x 的功能。

3.5.2 每条焚烧线应配置独立的烟气在线监测系统，并应能满足全厂运行控制和环保监测的要求。在线监测点的布置、监测仪表的选择、数据处理及传输应确保监测数据真实可靠。在线监测系统终端显示的颗粒物、有害气体浓度等数据应为换算成标准状态下、氧含量在 11% 时的数据，并可显示瞬时值和排放标准要求的时间均值。

3.5.3 焚烧厂检修过程中，应对袋式除尘器滤袋、仓室等部位进行检查，并应符合下列规定：

1 应进行滤袋检漏试验、寿命评估；

2 应更换破损、脱落的滤袋；

3 应修复仓室泄漏点并应对仓室进行防腐维护；

4 滤袋的每次检查和更换应做好记录。

3.6 灰渣处理系统

3.6.1 生活垃圾焚烧炉渣和飞灰应单独收集，飞灰应密闭储存和运输。

3.6.2 生活垃圾焚烧炉渣应定期检测物理、化学性质，其中热灼减率应小于 5%。生活垃圾焚烧飞灰应定期检测物理、化学性质、有害物质含量，确保各项指标符合相关要求后，方能进入后续处理环节。

4 生活垃圾卫生填埋场

4.1 一般规定

4.1.1 填埋场应配置垃圾坝防渗系统、地下水与地表水收集导排系统、渗沥液收集导排系统、填埋作业、封场覆盖及生态修复系统、填埋气导排处理与利用系统、安全与环境监测、污水处理系统、臭气控制与处理系统等。

4.1.2 填埋场用地面积和库容应满足工作年限不小于 10 年。

4.1.3 填埋场应设置围栏、大门等设施，防止自由进入现场非法倾倒、发生安全事故等。

4.2　地基处理与垃圾坝工程

4.2.1　填埋场的场底、四周边坡、垃圾堆体边坡必须满足整体及局部稳定性要求。

4.2.2　填埋场场底必须设置纵、横向坡度，排水坡度不应小于2%。

4.2.3　填埋场场底坡度较大时，应在下游建垃圾坝，垃圾坝应能有效防止垃圾向下游的滑动，确保垃圾堆体的长期稳定。

4.3　防渗系统

4.3.1　填埋场必须具备防渗功能，防渗系统应符合下列规定：

1　应能有效地阻止渗沥液透过，以保护地下水和地表水不受污染，同时还应防止地下水进入填埋场；

2　应覆盖填埋场场底和四周边坡，形成完整的防渗屏障，并在填埋场运行期间及封场后维护期间内均应有效。

4.3.2　膜防渗层主要材料采用 HDPE 土工膜时，厚度不应小于1.5mm。

4.3.3　防渗系统铺设和施工应符合下列规定：

1　HDPE 膜铺设过程中必须进行搭接宽度和焊缝质量控制，并按要求做好焊接和检验记录；

2　防渗系统工程施工完成后，在填埋垃圾前，应对防渗系统进行全面的渗漏检测，并确认合格方可投入使用。

4.4　地下水与地表水收集导排系统

4.4.1　当填埋库区地下水水位距防渗层底部小于1m，或地下水对场底和边坡基础层稳定性产生影响时，必须设置有效的地下水收集导排系统。

4.4.2　填埋场应设置地下水监测设施。

4.4.3　填埋场防洪系统设计标准应按不小于50年一遇洪水水位设计，按100年一遇洪水水位校核。

4.4.4　填埋场防洪系统应根据地形设置截洪坝、截洪沟以及跌水和陡坡、集水池、提升泵站、穿坝涵管等设施。

4.5　渗沥液收集导排系统

4.5.1　填埋场必须设置有效的渗沥液收集导排系统，确保渗沥液顺利导排，防止渗沥液诱发堆体失稳滑坡和污染环境，渗沥液收集导排系统应符合下列规定：

1　应能及时有效地导排防渗层上的渗沥液，降低防渗层上的渗沥液水头；

2　应能及时有效导排垃圾堆体中渗沥液，确保垃圾堆体中液位低于安全警戒水位之下；

3　应具有防淤堵能力；

4　不应对防渗层造成破坏。

4.5.2　填埋场调节池应设置有效的防渗系统、覆盖系统及清淤设施，防渗等级不应低于填埋库区。

4.6　填埋作业

4.6.1　填埋场应采取综合防臭除臭措施，有效防止臭气对周边环境的影响。

4.6.2　作业人员进行药物配备和喷洒作业应穿戴安全卫生防护用品，并应严格按照药物喷洒作业规程作业。

4.6.3 填埋作业过程中，应及时进行日覆盖与中间覆盖，保持雨污分流设施完好。

4.6.4 填埋垃圾未达到降解稳定化前，填埋库区及防火隔离带范围内严禁设置封闭式建（构）筑物。

4.6.5 填埋库区应按生产的火灾危险性分类中戊类防火区的要求配套防火设施。

4.6.6 生活垃圾焚烧飞灰经处理满足相关要求后，在生活垃圾填埋场中应单独分区填埋。

4.7 封场覆盖及生态修复系统

4.7.1 填埋场封场应设置长期有效的封顶覆盖系统，控制雨水入渗和填埋气无组织释放量。填埋场封场覆盖结构由下至上应依次包括排气层、防渗层、排水层与植被层。

4.7.2 填埋场封场后维护期间，全场应严禁烟火，并应对填埋气和渗沥液收集处理设施采取安全保护措施。

4.7.3 填埋场封场后，应及时对场地进行生态修复。

4.8 填埋气导排处理与利用系统

4.8.1 填埋场必须设置有效的填埋气导排设施，防止填埋气聚集、迁移引起的火灾和爆炸。

4.8.2 填埋气导排设施应随着垃圾填埋范围和高度的增加而及时增设，确保填埋气导排设施作用范围覆盖全部填埋垃圾，并应避免填埋作业损坏气体导排设施，保持填埋气导排设施的有效性。

4.8.3 设置填埋气主动导排设施的填埋场，必须设置火炬系统或填埋气利用设施。

4.8.4 填埋气火炬系统应具有点火、熄火保护功能，火炬的进气管路上应设置与填埋气燃烧特性相匹配的阻火装置。

4.8.5 填埋气收集与利用系统应符合下列规定：

1 填埋气抽气设备前的进气管道上应设置氧含量监测报警设备，并与沼气收集控制系统连接。

2 输气管道不得穿过大断面管道或通道。

3 维修设备时，不得随意搭接临时电力线路；维修人员严禁穿戴化纤类工作服，在密闭室内严禁携带通信设备。

4 导气井井口氧气浓度超过 2% 时，应减少阀门开度。当查明存在进氧点时，应视情况关闭导气井阀门直至进氧故障排除。

5 预处理系统启动前必须进行氮气冲扫。

6 填埋气发电厂房及辅助厂房的电缆敷设，应采取阻燃、防火封堵措施。

4.9 安全与环境监测

4.9.1 应对填埋场垃圾堆体、垃圾坝及周边山体边坡的稳定安全进行监测，包括堆体中渗沥液液位、堆体位移、垃圾坝位移、周边山体边坡位移等。

4.9.2 应对垃圾填埋场周围地下水、地表水、大气、排放污水、场界噪声、苍蝇密度等进行定期监测。

5 厨余垃圾处理厂

5.1 一般规定

5.1.1 处理厂应配置接收及储存系统、预处理及输送系统、厌氧消化或好氧堆肥或饲料化系统、沼气利用系统或制肥系统、固渣与污泥处理系统、污水处理系统、臭气收集处理系统等，确保正常运行。

5.1.2 处理厂应对臭气进行收集，经处理达标后排放。

5.2 接收及储存系统

5.2.1 接收及储存系统应设置垃圾卸料间及平台、垃圾卸料门、垃圾储坑或料斗、输送设备、渗沥液导排、臭气控制等设施。

5.2.2 卸料间应封闭，卸料口、卸料斗应能关闭。

5.2.3 卸料间应设置地面和设备冲洗设施及冲洗水排放系统。

5.2.4 卸料场地和厂区道路表层应采用防腐耐磨的水泥混凝土、金刚砂、环氧树脂或等效材料，并应当天进行清理。

5.3 预处理及输送系统

5.3.1 预处理工艺应根据垃圾成分和主体工艺要求确定。预处理系统应配置分选、破碎处理等设备，分选后垃圾中不可降解杂物含量应符合后续设备运行要求。

5.3.2 预处理设备应具有防粘、防缠绕、耐腐蚀、耐负荷冲击等功能，易损部件应易于拆卸和更换，预处理设备的运行参数应可调节。

5.3.3 预处理及输送设备应设置渗沥液收集装置，且便于清洁。设备四周应留有维修需要的空间或通道。

5.3.4 预处理设备应采取防噪减振措施。

5.3.5 油脂分离工艺应根据厨余垃圾处理主体工艺的要求确定，分离出的油脂应进行有效处理或安全利用。

5.4 厌氧消化、好氧堆肥与饲料化处理系统

5.4.1 厌氧消化主工艺为湿式厌氧的，物料破碎粒度应小于 10mm；主工艺为干式厌氧的，物料破碎粒度应小于 25mm 并应混合均匀。

5.4.2 厌氧消化工艺类型应根据垃圾的特性、当地条件经过技术经济比较后确定。

5.4.3 应对厌氧消化系统的物料温度进行控制。

5.4.4 厌氧消化反应器应符合下列规定：

1 应有良好的防渗、防腐、保温和密闭性，在室外布置的，还应具有耐老化、抗强风、雪等恶劣天气的性能；

2 结构应有利于物料的流动，避免产生滞流死角；

3 应具有良好的物料搅拌、匀化功能，防止物料在消化器中形成沉淀；

4 应有检修孔和观察窗；

5 应配置安全减压装置，安全减压装置应根据安全部门的规定定期检验。

5.4.5 厌氧消化产生的沼气，应设置发电、提纯等沼气利用设施或火炬系统，不得直接排入大气。

5.4.6 好氧堆肥处理工艺类型应根据原料组成、当地经济状况、产品要求和处理场地等条件确定。

5.4.7 好氧堆肥处理工艺应对垃圾进行水分调节、盐分调节、脱油、碳氮比调节等处理，物料粒径应控制在 50mm 以内。

5.4.8 好氧堆肥初级发酵设施设备应符合下列规定：

1 发酵仓数量及设计容积，应根据进料量和设计主发酵时间确定；

2 发酵仓应配置测试温度和氧浓度的装置，并应具有保温、防渗和防腐措施及水分调节、渗沥液和臭气收集功能；

3 发酵车间应配置通风和除臭设施。

5.4.9 好氧堆肥初级发酵堆层各测试点温度均应达到 55℃ 以上，且持续时间不应少于 5d；或达到 65℃ 以上，持续时间不应少于 3d。

5.4.10 强制机械通风的静态堆肥工艺，好氧堆肥初级发酵，堆层高度不应超过 2.5m；当原料含水率较高时，堆层高度不应超过 2.0m。

5.4.11 好氧堆肥初级发酵的运行终止指标应符合下列规定：

1 耗氧速率上升至最大后逐步下降，与最大耗氧速率相比应下降 90% 并趋于稳定；

2 发酵产物卫生指标蛔虫卵死亡率不应低于 95%，粪大肠菌值不应低于 10^{-2}，沙门氏菌不得检出。

5.4.12 好氧堆肥次级发酵工艺应符合下列规定：

1 当次级发酵在室内车间进行时，车间应具有良好的通风条件；

2 露天次级发酵的发酵区应具有雨水截流、收集和导排措施。

5.4.13 好氧堆肥次级发酵的终止指标应符合下列规定：

1 耗氧速率应小于 0.1% O_2/min；

2 种子发芽指数不应小于 80%。

5.4.14 制备生化腐殖酸应符合下列规定：

1 制备生化腐殖酸时，应加入腐殖酸转化剂和碳源调整材料，控制碳氮比；

2 工艺过程使用的微生物菌剂应符合相关标准要求，且应具有遗传稳定性和环境安全性；

3 发酵完成后，应将物料中大于 5mm 的杂物筛除。

5.4.15 饲料化处理的餐厨垃圾在处理前应严格控制存放时间，应确保存放和处理过程中不发生霉变。餐厨垃圾在进入饲料化处理系统前，应对其进行检测，发生霉变的餐厨垃圾及过期变质食品不得进入饲料化处理系统。

5.4.16 餐厨垃圾饲料化处理必须设置病原菌杀灭工艺。

5.4.17 对于含有动物蛋白成分的餐厨垃圾，其饲料化处理工艺应设置生物转化环节，不得生产反刍动物饲料。

5.4.18 加热去除餐厨垃圾水分时，加热温度应得到有效控制，避免产生焦化和生成有毒有害物质。

5.4.19 接触物料的设备停运后，应及时对残留的物料进行清理，防止残留物料霉变影响产品质量，便于设备再次启动。

5.5 沼气利用与制肥系统

5.5.1 湿式气柜、膜式气柜、带储气柜的厌氧消化反应器与厂内主要设施的防火间距应符合安全要求，干式气柜与厂内主要设施的防火间距应按湿式气柜的规定值增加25％。

5.5.2 堆肥产品农用或林用时，主要指标应符合下列规定：

1 杂物含量不大于3％；

2 粒度不大于12mm；

3 蛔虫卵死亡率不低于95％；

4 大肠菌值为$10^{-1}\sim10^{-2}$；

5 水分为25％～35％。

5.5.3 生化腐殖酸成品主要质量指标应符合下列规定：

1 有机质含量不低于80％；

2 水分不大于12％；

3 粪大肠菌群数不高于100个/g(mL)；

4 蛔虫卵死亡率不低于95％。

5.6 残渣与沼渣处理系统

5.6.1 处理厂各工段分选出的残渣应按物质类别或最终出路分别存放。

5.6.2 处理厂残渣、沼渣、污泥经预处理后，最终应进行利用或无害化处置。

6 建筑垃圾处理工程

6.1 一般规定

6.1.1 建筑垃圾应按照工程渣土、工程泥浆、工程垃圾、拆除垃圾和装修垃圾等从源头分类收集、分类运输、分类处理处置。

6.1.2 工程渣土、工程泥浆、工程垃圾和拆除垃圾应优先就近利用。

6.1.3 建筑垃圾储存、卸料、上料及处理过程中应采取抑尘除尘、降噪措施。

6.1.4 建筑垃圾原料、产品储存堆场应确保堆体的稳定安全性。

6.2 转运调配

6.2.1 转运调配场应配置接收及储存系统、堆垛设备、粉尘控制系统、配套设施等。

6.2.2 进场建筑垃圾应根据工程渣土、工程泥浆、工程垃圾、拆除垃圾和装修垃圾及其细分分类堆放，并应设置标识。

6.2.3 转运调配场应合理设置开挖空间及进出口。

6.2.4 转运调配场应配备装载机、推土机等作业机械，配备机械数量应与作业需求相适应。

6.3 资源化利用

6.3.1 资源化利用厂应配置接收及储存系统、破碎系统、筛分系统、粉尘控制系统、噪声控制系统、配套设施等。

6.3.2 建筑垃圾应按成分进行资源化。

6.3.3 资源化利用应选用节能、高效的设备。

6.3.4 工程渣土应结合废弃矿坑（山）复垦工程、堆坡造景工程、路基回填工程等再利用。

6.3.5 工程泥浆应脱水处理后再利用，脱水处理产生余水应净化处理后排放。

6.4 堆 填

6.4.1 堆填场应配置垃圾坝、地下水与地表水收集导排系统、填埋作业、封场覆盖及生态修复系统、安全与环境监测等。

6.4.2 进行堆填处理的物料中废沥青、废旧管材、废旧木材、金属、橡（胶）塑（料）、竹木、纺织物等含量不应大于5%。

6.4.3 堆填前应清除基底的垃圾、淤泥、树根等杂物，抽除坑穴积水。

6.4.4 堆填前应验算地基承载力、堆体厚度和坡度，确保堆体稳定和安全。

6.4.5 堆填场地应设置有效的截排水措施，堆体应进行覆盖，防止雨水及地表水入侵，确保堆体稳定。

6.5 填埋处置

6.5.1 填埋处置场应配置垃圾坝、防渗系统、地下水与地表水收集导排系统、渗沥液收集导排系统、填埋作业、封场覆盖及生态修复系统、填埋气导排处理与利用系统、安全与环境监测、污水处理系统、臭气控制与处理系统等。

6.5.2 工程泥浆和高含水率的工程渣土填埋处置前应进行预处理，处理后抗剪强度指标应满足堆填体边坡稳定安全控制要求。填埋作业应控制堆填速率，当堆填速率超过1m/月时，应对堆体和地基稳定性进行监测。

6.5.3 填埋库区地基应是具有承载填埋体负荷的自然土层或经过地基处理的稳定土层，并应进行承载力计算、最大堆高验算、地基沉降及不均匀沉降计算。

6.5.4 应对填埋堆体边坡、堆体沉降、封场覆盖进行稳定性分析，确保填埋堆体和封场覆盖层的安全稳定。

6.5.5 不同类别建筑垃圾应分区填埋，各区根据填料的抗剪强度特性设置不同的堆填高度和坡度。

6.5.6 建筑垃圾填埋场地应设置有效地下水收集导排系统和环场截洪沟，堆体表面应采取防渗、排水及雨污分流措施，场地下游应设置泥沙沉淀池。

6.5.7 填埋结束后应对填埋场进行封场覆盖和生态修复。

7 粪便处理厂

7.0.1 粪便处理厂应配置接收及储存系统、处理系统、残渣处理系统、臭气处理系统等，确保正常运行。

7.0.2 粪便处理厂应设置粪便、固渣、污水的计量装置。

7.0.3 粪便处理厂应设置密闭的粪便接收口或池，并采用密闭对接方式卸粪。

7.0.4 粪便主处理系统前，应设置储存调节池或调节罐，并应符合下列规定：

1 应设置液位显示装置；

2 应设置循环泵、应急排放管线和清空管线。

7.0.5 固液分离机应符合下列规定：

1 固液分离机应能截留粪便中粒径在15mm以上的固体杂物，并应将栅滤后液体中的细砂高效分离和排出；

2 固液分离过程应在密闭的条件下进行。

7.0.6 脱水设备的选型应根据粪便的特性和脱水要求，经技术经济比较后选用。螺压式脱水设备应符合下列规定：

1 脱水机应低转速、全封闭、可连续地运行；

2 脱水机应有限制和调节泥层厚度的功能；

3 脱水机应备有单独的滤网自动冲洗系统，滤网应选用强度高的不锈钢材料；

4 压榨螺杆的转速应可调节。

7.0.7 粪便处理过程中产生的固渣应进行焚烧、堆肥或填埋等处理。

附录二　餐厨垃圾处理技术规范（CJJ 184—2012）

1 总 则

1.0.1 为贯彻国家有关餐厨垃圾处理的法规和技术政策，保证餐厨垃圾得到资源化、无害化和减量化处理，使餐厨垃圾处理工程建设规范化，制定本规范。

1.0.2 本规范适用于新建、扩建、改建餐厨垃圾收集和处理工程项目的设计、施工及验收。

1.0.3 餐厨垃圾处理工程建设，应采用先进、成熟、可靠的技术和设备，做到工艺技术先进、运行可靠、消除风险、控制污染、安全卫生、节约资源、经济合理。

1.0.4 餐厨垃圾收集和处理工程的设计、施工及验收除应符合本规范外，尚应符合国家现行有关标准的规定。

2 术 语

2.0.1 餐饮垃圾　restaurant food waste

餐馆、饭店、单位食堂等的饮食剩余物以及后厨的果蔬、肉食、油脂、面点等的加工过程废弃物。

2.0.2 厨余垃圾　food waste from household

家庭日常生活中丢弃的果蔬及食物下脚料、剩菜剩饭、瓜果皮等易腐有机垃圾。

2.0.3 餐厨垃圾　food waste

餐饮垃圾和厨余垃圾的总称。

2.0.4 泔水油　oil in food waste

从餐厨垃圾中分离、提炼出的油脂。

2.0.5 煎炸废油　waste fried oil

餐馆、饭店、单位食堂等做煎炸食品后废弃的煎炸用油。

2.0.6 地沟油 oil made from restaurant drainage sewage

从餐饮单位厨房排水除油设施分离出的油脂和排水管道或检查井清掏污物中提炼出的油脂。

2.0.7 干热处理 dry thermal treatment

将餐厨垃圾预脱水后，利用热能进行干燥处理，同时杀灭细菌的处理过程。

2.0.8 湿热处理 hydrothermal treatment

基于热水解反应，在适当的含水环境中，利用热能对餐厨垃圾进行处理，并改变垃圾后续加工性能的餐厨垃圾处理过程。

2.0.9 含固率 ratio of dry solid to total material（TS）

物料中含有的干物质的重量比率。

2.0.10 反刍动物饲料 ruminant animal feed

用来喂养具有反刍消化方式动物的饲料。反刍动物一般包括牛、羊、骆驼、鹿、长颈鹿、羊驼、羚羊等。

3 餐厨垃圾的收集与运输

3.0.1 餐饮垃圾的产生者应对产生的餐饮垃圾进行单独存放和收集，餐饮垃圾的收运者应对餐饮垃圾实施单独收运，收运中不得混入有害垃圾和其他垃圾。

3.0.2 餐饮垃圾不得随意倾倒、堆放，不得排入雨水管道、污水排水管道、河道、公共厕所和生活垃圾收集设施中。

3.0.3 对餐饮单位的餐饮垃圾应实行产量和成分登记制度，并宜采取定时、定点的收集方式收集。

3.0.4 煎炸废油应单独收集和运输，不宜与餐饮垃圾混合收集。

3.0.5 厨余垃圾宜实施分类收集和分类运输。

3.0.6 餐厨垃圾应采用密闭、防腐专用容器盛装，采用密闭式专用收集车进行收集，专用收集车的装载机构应与餐厨垃圾盛装容器相匹配。

3.0.7 餐厨垃圾应做到日产日清。采用餐厨垃圾饲料化和制生化腐植酸的处理工艺时，其餐厨垃圾在存放、运输过程中应采取防止发生霉变的措施。

3.0.8 餐厨垃圾运输车辆在任何路面条件下不得泄漏和遗洒。

3.0.9 餐厨垃圾宜直接从收集点运输至处理厂。产生量大、集中处理且运距较远时，可设餐厨垃圾转运站，转运站应采用非暴露式转运工艺。

3.0.10 运输路线应避开交通拥挤路段，运输时间应避开交通高峰时段。

3.0.11 在寒冷地区使用的餐厨垃圾运输车，应采取防止餐厨垃圾产生冰冻的措施。

3.0.12 餐厨垃圾运输车装、卸料宜为机械操作。

4 厂址选择

4.0.1 餐厨垃圾处理厂的选址应符合当地城市总体规划，区域环境规划，城市环境卫生专业规划及相关规划的要求。

4.0.2 厂址选择应综合考虑餐厨垃圾处理厂的服务区域、服务单位、垃圾收集运输能力、运输距离、预留发展等因素。

4.0.3 餐厨垃圾处理设施宜与其他固体废物处理设施或污水处理设施同址建设。

4.0.4 厂址选择应符合下列条件：

1 工程地质与水文地质条件应满足处理设施建设和运行的要求。

2 应有良好的交通、电力、给水和排水条件。

3 应避开环境敏感区、洪泛区、重点文物保护区等。

5 总体设计

5.1 一般规定

5.1.1 餐厨垃圾总产生量较大的城市可优先采用集中处理方式处理餐厨垃圾。

5.1.2 餐厨垃圾处理厂的建设宜根据餐厨垃圾收集率预测或收集效果确定是否分期建设以及各期的建设规模。

5.1.3 餐厨垃圾处理生产线的数量及规模应根据所选工艺特点、设备成熟度，经技术经济比较后确定，并应考虑设备和生产线的备用性。

5.2 规模与分类

5.2.1 餐厨垃圾处理厂建设规模应根据该工程服务区域和用户的餐厨垃圾现状产生量及预测产生量确定。

5.2.2 餐饮垃圾产生量应根据实际统计数据确定，也可按人均日产生量进行估算，估算宜按下式计算：

$$M_c = Rmk \tag{5.2.2}$$

式中 M_c——某城市或区域餐饮垃圾日产生量，kg/d；

R——城市或区域常住人口；

m——人均餐饮垃圾产生量基数，kg/(人·d)；人均餐饮垃圾日产生量基数 m 宜取 0.1kg/(人·d)；

k——餐饮垃圾产生量修正系数。经济发达城市、旅游业发达城市或高校多的城区可取 1.05～1.15；经济发达旅游城市、经济发达沿海城市可取 1.15～1.30；普通城市可取 1.00。

5.2.3 餐厨垃圾处理厂分类宜符合下列规定：

1 Ⅰ类餐厨垃圾处理厂：全厂总处理能力应为 300t/d 以上（含 300t/d）；

2 Ⅱ类餐厨垃圾处理厂：全厂总处理能力应为 150～300t/d（含 150t/d）；

3 Ⅲ类餐厨垃圾处理厂：全厂总处理能力应为 50～150t/d（含 50t/d）；

4 Ⅳ类餐厨垃圾处理厂：全厂总处理能力应为 50t/d 以下。

5.3 总体工艺设计

5.3.1 餐厨垃圾处理主体工艺的选择应符合下列规定：

1 应技术成熟、设备可靠；

2 应做到资源化程度高、二次污染及能耗小；

3 应符合无害化处理要求。

5.3.2 生产线工艺流程的设计应满足餐厨垃圾资源化、无害化处理的需要，做到工艺完善、流程合理、环保达标，各中间环节和单体设备应可靠。

5.3.3 餐厨垃圾处理车间设备布置应符合下列规定：

1 物质流顺畅，各工段不应相互干扰；

2 应留有足够的设备检修空间；

3 进料和预处理工段应与主处理工段分开；

4 应有利于车间全面通风的气流组织优化和环境维护。

5.4 总图设计

5.4.1 餐厨垃圾处理厂总图布置应满足餐厨垃圾处理工艺流程的要求，各工序衔接应顺畅，平面和竖向布置合理，建构筑物间距应符合安全要求。

5.4.2 Ⅱ类以上餐厨垃圾处理厂宜分别设置人流和物流出入口，两出入口不得相互影响，且应做到进出车辆畅通。

5.4.3 餐厨垃圾处理厂各项用地指标应符合国家有关规定及当地土地、规划等行政主管部门的要求。

5.4.4 厂区道路的设置，应满足交通运输和消防的需求，并应与厂区竖向设计、绿化及管线敷设相协调。

5.4.5 当处理工艺中有沼气产生时，沼气产生、储存、输送等环节及相关区域的设备、设施应符合国家现行相应防爆标准要求。

6 餐厨垃圾计量、接受与输送

6.0.1 餐厨垃圾处理厂应设置计量设施，计量设施应具有称重、记录、打印与数据处理、传输功能。

6.0.2 餐厨垃圾卸料间应封闭，垃圾车卸料平台尺寸应满足最大餐厨垃圾收集车的卸料作业。

6.0.3 餐厨垃圾处理厂卸料口设置数量应根据总处理规模和餐厨垃圾收集高峰期车流量确定，Ⅰ类餐厨垃圾处理厂卸料口不得少于3个。

6.0.4 卸料间受料槽应设置局部排风罩，排风罩设计风量应满足卸料时控制臭味外逸的需要，卸料间的通风换气次数不应小于3次/h。

6.0.5 宜设置餐厨垃圾暂存、缓冲容器，缓冲容器的容积应与餐厨垃圾处理工艺和处理规模相协调，且应有防臭气散发的设施。

6.0.6 餐厨垃圾卸料间应设置地面和设备冲洗设施及冲洗水排放系统。

6.0.7 餐厨垃圾输送和卸料倒料过程中应避免飞溅和逸洒。

6.0.8 采用带式输送机输送餐厨垃圾时，应符合下列要求：

1 应有导水措施，防止污水横流。

2 带式输送机上方应设密封罩，并对密封罩实施机械排风。

3 设有人工分拣工位的带式输送机的移动速度宜为0.1～0.3m/s。

6.0.9 采用螺旋输送机输送餐厨垃圾时，应符合下列要求：

1 螺旋输送机的转速应能调节；

2 螺旋输送机应具有防硬物卡死的功能；

3 应具有自清洗功能。

7 餐厨垃圾处理工艺

7.1 一般规定

7.1.1 单位或居民区设置的小型厨余垃圾处理设备应做到技术可靠、排放达标，处理后的残余物应得到妥善处理。

7.1.2 餐厨垃圾处理残渣做有机肥时，其有机肥产品质量应符合国家现行标准《有机肥料》NY 525 的要求。

7.1.3 餐厨垃圾制肥中重金属、蛔虫卵死亡率和大肠杆菌值指标应符合现行国家标准《城镇垃圾农用控制标准》GB 8172 的要求。

7.2 预处理

7.2.1 餐厨垃圾处理厂应配置餐厨垃圾预处理工序，预处理工艺应根据餐厨垃圾成分和主体工艺要求确定。

7.2.2 餐厨垃圾预处理设施和设备应具有耐腐蚀、耐负荷冲击等性能和良好的预处理效果。

7.2.3 餐厨垃圾的分选应符合下列规定：

1 餐厨垃圾预处理系统应配备分选设备将餐厨垃圾中混杂的不可降解物有效去除。

2 餐厨垃圾分选系统可根据需要选配破袋、大件垃圾分选、风力分选、重力分选、磁选等设施与设备。

3 分选出的不可降解物应进行回收利用或无害化处理。

4 分选后的餐厨垃圾中不可降解杂物含量应小于 5%。

7.2.4 餐厨垃圾的破碎应符合下列规定：

1 餐厨垃圾破碎工艺应根据餐厨垃圾输送工艺和处理工艺的要求确定。

2 破碎设备应具有防卡功能，防止坚硬粗大物破坏设备。

3 破碎设备应便于清洗，停止运转后应及时清洗。

7.2.5 泔水油的分离应符合下列规定：

1 应根据餐厨垃圾处理主体工艺的要求确定油脂分离及油脂分离工艺。

2 餐厨垃圾液相油脂分离收集率应大于 90%。

3 应对分离出的油脂进行妥善处理和利用。

7.2.6 餐饮单位厨房下水道清掏物可用于提炼地沟油，地沟油的提炼应符合下列规定：

1 地沟油提炼过程中产生的废气应得到妥善处理，并应达标排放。

2 提炼出的地沟油和残渣均不得用于制作饲料或饲料添加剂。

3 提炼后的残渣和废液应进行无害化处理。

7.2.7 严禁将煎炸废油、泔水油和地沟油用于生产食用油或食品加工。

7.2.8 利用湿热处理方法对餐厨垃圾进行预处理时，湿热处理温度宜为 120～160℃，处理时间不应小于 20min。

7.2.9 利用干热处理方法对餐厨垃圾进行预处理时，物料温度宜为 95～120℃，此温度下物料的停留时间不应小于 25min。

7.2.10 应根据处理后产品质量的要求确定控制盐分措施。

7.3 厌氧消化工艺

7.3.1 厌氧消化前餐厨垃圾破碎粒度应小于 10mm，并应混合均匀。

7.3.2 餐厨垃圾厌氧消化的工艺应根据餐厨垃圾的特性、当地的条件经过技术经济比较后确定。

7.3.3 湿式工艺的消化物料含固率宜为 8%～18%，物料消化停留时间不宜低于 15d。

7.3.4 干式工艺的消化物含固率宜为 18%～30%，物料消化停留时间不宜低于 20d。

7.3.5 消化物料碳氮比（C/N）宜控制在（25～30）：1，pH 值宜控制在 6.5～7.8。

7.3.6 可采用中温厌氧消化或高温厌氧消化，中温温度以 35℃～38℃为宜，高温温度以 50～55℃为宜。厌氧消化系统应能对物料温度进行控制，物料温度上下波动不宜大于 2℃。

7.3.7 餐厨垃圾中钠离子含量高对厌氧发酵影响较大时，宜采取降低钠离子的措施。

7.3.8 餐厨垃圾厌氧消化器应符合下列规定：

1 应有良好的防渗、防腐、保温和密闭性，在室外布置的，应具有耐老化、抗强风、雪等恶劣天气的性能。

2 容量应根据处理规模、发酵周期、容器强度等因素确定。

3 厌氧消化器的结构应有利于物料的流动，避免产生滞流死角。

4 厌氧消化器应具有良好的物料搅拌、匀化功能，防止物料在消化器中形成沉淀。

5 应有检修孔和观察窗。

6 应配置安全减压装置，安全减压装置应根据安全部门的规定定期检验。

7.3.9 对厌氧产生的沼气应进行有效利用或处理，不得直接排入大气。

7.3.10 工艺中产生的沼液和残渣应得到妥善处理，不得对环境造成污染。

7.3.11 沼液做液体肥料时，其液体肥产品质量应符合国家现行标准《含腐植酸水溶肥料》NY 1106 的要求。

7.4 好氧生物处理

7.4.1 好氧堆肥应符合下列规定：

1 餐厨垃圾采用好氧堆肥方式处理时，应对餐厨垃圾进行水分调节、盐分调节、脱油、碳氮比调节等处理，物料粒径应控制在 50mm 以内，含水率宜为 45%～65%，碳氮比宜为（20～30）：1。

2 餐厨垃圾宜与园林废弃物、秸秆、粪便等有机废弃物混合堆肥。

3 餐厨垃圾好氧堆肥应符合国家现行标准《城市生活垃圾好氧静态堆肥处理技术规程》CJJ/T 52 的有关规定。

4 餐厨垃圾好氧堆肥成品质量应符合现行国家标准《城镇垃圾农用控制标准》

GB 8172 的要求。当堆肥成品加工制造有机肥时，制成的有机肥质量应符合国家现行标准《有机肥料》NY 525 和《生物有机肥》NY 884 的要求。

5 餐厨垃圾堆肥过程中产生的残余物应进行回收利用，不可回收利用部分应进行无害化处理。

7.4.2 制备生化腐殖酸应符合下列规定：

1 餐厨垃圾制生化腐殖酸时，应加入腐殖酸转化剂和碳源调整材，C/N 比宜控制在（25～30）∶1，物料含水率宜控制在 60%±3%，并应经历复合微生物好氧发酵过程，发酵过程中物料温度宜控制在 75℃±3℃，并持续 8～10h。

2 工艺过程使用的微生物菌剂应是国家相关部门允许使用的菌种，且应具有遗传稳定性和环境安全性。

3 发酵完成后，应将物料中大于 5mm 的杂物筛除。

4 餐厨垃圾制生化腐殖酸所使用的生化处理设备应符合国家现行标准《垃圾生化处理机》CJ/T 227 的有关规定。

5 生化腐殖酸成品质量应符合表 7.4.2 的要求

表 7.4.2　生化腐殖酸成品质量要求

项目	指标
有机质含量/%	≥80.0
总腐植酸 HA_t/d%	≥45.0
游离腐植酸 HA_f/d%	≥40.0
pH	5.0～7.5
Na^+ 的质量分数/%	≤0.6
灰分/%	≤7.5
水分(H_2O)的质量分数/%	≤12.0
粪大肠菌群数/[个/g(mL)]	≤100
蛔虫卵死亡率/%	≥95
沙门氏菌	不得检出
黄曲霉毒素/(μg/kg)	≤50

7.5　饲料化处理

7.5.1 饲料化处理的餐厨垃圾在处理前应严格控制存放时间，应确保存放和处理过程中不发生霉变。

7.5.2 应对饲料化处理的餐厨垃圾进行有效地预处理，将混杂其中的塑料、木头、金属、玻璃、陶瓷等非食物垃圾进行去除，去除后的杂物含量应小于 5%。

7.5.3 选择饲料化作为主处理工艺的餐厨垃圾处理，应考虑对霉变餐厨垃圾的无害化处理措施。

7.5.4 餐厨垃圾在进入饲料化处理系统前，应对其进行检测，发生霉变的餐厨垃圾及过期变质食品不得进入饲料化处理系统。

7.5.5 餐厨垃圾饲料化处理必须设置病原菌杀灭工艺。

7.5.6 对于含有动物蛋白成分的餐厨垃圾，其饲料化处理工艺应设置生物转化环节，不得生产反刍动物饲料。

7.5.7 用于处理餐厨垃圾的微生物菌应是国家相关部门列表允许使用的菌种，确保菌种的有效性和安全性。

7.5.8 采用加热工艺去除餐厨垃圾水分时，加热温度应得到有效控制，避免产生燋化和生成有毒物质。

7.5.9 生产工艺中任何接触物料的设备，在停运后应及时对残留的物料进行清理，防止残留物料霉变影响产品质量。

7.5.10 饲料成品质量应符合现行国家标准《饲料卫生标准》GB 13078 以及国家现行有关饲料产品标准的规定。

7.5.11 饲料化产品包装及标签应符合现行国家标准《饲料标签》GB 10648 的规定。

8 辅助工程

8.1 电气与自控

8.1.1 餐厨垃圾处理厂的生产用电应从附近电力网引接，并根据处理工艺需要考虑保安电源，其接入电压等级应根据餐厨垃圾处理厂的总用电负荷及附近电力网的具体情况，经技术经济比较后确定。

8.1.2 餐厨垃圾处理工程的高压配电装置应符合现行国家标准《3～110kV 高压配电装置设计规范》GB 50060 的有关规定；继电保护和安全自动装置应符合现行国家标准《电力装置的继电保护和自动装置设计规范》GB/T 50062 的有关规定；过电压保护、防雷和接地应符合现行国家标准《建筑物防雷设计规范》GB 50057 和《交流电气装置的接地》DL/T 621 的有关规定；爆炸火灾危险环境的电气装置应符合《爆炸和火灾危险环境电力装置设计规范》GB 50058 中的有关规定。

8.1.3 对于餐厨垃圾厌氧发酵沼气发电工程，电气主接线应符合下列规定：

1 发电上网时，应至少有一条与电网连接的双向受、送电线路。

2 发电自用时，应至少有一条与电网连接的受电线路，当该线路发生故障时，应有能够保证安全停机和启动的内部电源或其他外部电源。

8.1.4 厂用电电压应采用 380/220V。厂用变压器接线组别的选择，应使厂用工作电源与备用电源之间相位一致，车间内安装的低压厂用变压器宜采用干式变压器。

8.1.5 电测量仪表装置设置应符合国家现行标准《电力装置的继电保护和自动装置设计规范》GB/T 50062、《电力装置的电气测量仪表装置设计规范》GB/T 50063 和《电测量及电能计量装置设计技术规程》DL/T 5137 有关规定。

8.1.6 照明设计应符合现行国家标准《建筑照明设计标准》GB 50034 中的有关规定。正常照明和事故照明应采用分开的供电系统。

8.1.7 电缆选择与敷设，应符合现行国家标准《电力工程电缆设计规范》GB 50217 的有关规定。

8.1.8 餐厨垃圾处理厂应设置中央控制室对全厂各工艺环节进行集中控制。

8.1.9 餐厨垃圾处理厂的自动化控制系统，宜包括进料系统、预处理系统、处理工艺系统、副产品加工系统、通风除臭系统和其他必要的控制系统。

8.1.10 自动化控制系统应采用成熟的控制技术和可靠性高、性能好的设备和元件。

8.2 给排水工程

8.2.1 厂内给水工程设计应符合现行国家标准《室外给水设计规范》GB 50013 和《建筑给排水设计规范》GB 50015 的规定。

8.2.2 厂内排水工程设计应符合现行国家标准《室外排水设计规范》GB 50014 和《建筑给排水设计规范》GB 50015 的规定。

8.3 消 防

8.3.1 餐厨垃圾处理厂应设置室内、室外消防系统，并应符合现行国家标准《建筑设计防火规范》GB 50016 和《建筑灭火器配置设计规范》GB 50140 的有关规定。

8.3.2 油脂储存间、燃料间和中央控制室等火灾易发设施应设消防报警设施。

8.3.3 设有可燃气体管道和储存设施的车间应设置可燃气体和消防报警设施。

8.3.4 餐厨垃圾处理厂的电气消防设计应符合现行国家标准《建筑设计防火规范》GB 50016 和《火灾自动报警系统设计规范》GB 50116 中的有关规定。

8.4 环境保护与监测

8.4.1 餐厨垃圾的输送、处理各环节应做到密闭，并应设置臭气收集、处理设施，不能密闭的部位应设置局部排风除臭装置。

8.4.2 车间内粉尘及有害气体浓度应符合国家现行有关标准的规定，集中排放气体和厂界大气的恶臭气体浓度应符合现行国家标准《恶臭污染物排放标准》GB 14554 的有关规定。

8.4.3 餐厨垃圾处理过程中产生的污水应得到有效收集和妥善处理，不得污染环境。

8.4.4 餐厨垃圾处理过程中产生的废渣应得到无害化处理。

8.4.5 对噪声大的设备应采取隔声、吸声、降噪等措施。作业区的噪声应符合国家有关标准的规定，厂界噪声应符合现行国家标准《工业企业厂界环境噪声排放标准》GB 12348 的规定。

8.4.6 餐厨垃圾处理厂应具备常规的监测设施和设备，并应定期对工作场所和厂界进行环境监测。

8.4.7 餐厨垃圾处理厂工作场所环境监测内容应包括：噪声、粉尘、有害气体（H_2S，NH_3 等）、空气中细菌总数、苍蝇密度等。排气口监测内容应包括：粉尘、有害气体（H_2S，SO_2，NH_3 等）。厂界环境监测内容应包括：噪声、总悬浮颗粒物（TSP）、有害气体（H_2S，SO_2，NH_3）等、苍蝇密度、排放污水水质指标（BOD_5、COD_{Cr}、氨氮等）。

8.5 安全与劳动保护

8.5.1 餐厨垃圾处理厂的安全生产应符合现行国家标准《生产过程安全卫生要求总则》GB/T 12801 的规定。

8.5.2 餐厨垃圾处理厂的劳动卫生应符合国家现行有关标准的规定。

8.5.3 餐厨垃圾处理厂建设与运行应采取职业病防治、卫生防疫和劳动保护的措施。

8.6 采暖、通风与空调

8.6.1 各建筑物的采暖、空调及通风设计应符合现行国家标准《采暖通风与空气调节设计规范》GB 50019 中的有关规定。

8.6.2 易产生挥发气体和臭味的部位应设置通风除臭设施。散发少量挥发性气体和臭味的部位或房间，可采用全面通风工艺，全面通风换气次数不宜小于 3/h。散发较多挥发性气体和臭味的部位或房间，应采用局部机械排风除臭的通风工艺。

9 工程施工及验收

9.0.1 建筑、安装工程应符合施工图设计文件、设备技术文件的要求。

9.0.2 对工程的变更、修改应取得设计单位的设计变更文件后再进行施工。

9.0.3 餐厨垃圾处理厂涉及的建（构）筑物、道路、设备、管道、电缆等工程的施工及验收均应符合相应的国家现行施工和验收规范或规程的要求。

9.0.4 餐厨垃圾处理专用设备应由设备生产商负责安装或现场指导安装和设备调试，调试不满足设计要求的不得通过设备验收。

9.0.5 餐厨垃圾处理厂竣工验收前，严禁处理生产线投入使用。

9.0.6 餐厨垃圾处理厂工程验收依据应包括（但不限于）下列内容：

1 主管部门的批准文件；

2 批准的设计文件及设计变更文件；

3 设备供货合同及合同附件，设备技术说明书和技术文件；

4 专项设备施工、安装验收规范；

5 施工、安装记录资料；

6 设备调试及试运行记录资料。

9.0.7 餐厨垃圾处理生产线的验收应具备下列条件：

1 进料、储料、输送、预处理、主体处理、后处理、配套环保设施等均安装完毕，并带负荷试运行合格；

2 处理量和各项技术参数均达到设计要求；

3 电气系统和仪表控制系统均安装调试合格。

9.0.8 重要结构部位、隐蔽工程、地下管线，应按工程设计要求及验收标准，及时进行中间验收。未经中间验收，不得作覆盖工程和后续工程。

参考文献

[1] 苏玉萍，游雪静，詹旋灿，等. 福州市餐厨垃圾主要成分与资源化利用可行性分析 [J]. 福建师范大学学报（自然科学版），2014，30（01）：58-64.

[2] 姜青苗，刘常青，钱庆荣. 福建省餐厨垃圾资源化利用管理现状、问题及对策研究 [J]. 再生资源与循环经济，2021，14（08）：22-26.

[3] 刘郡，刘高峰. 餐厨垃圾处理行业的现状与展望 [J]. 农村科学实验，2021，（15）：2.

[4] 梁玉炫. 餐厨垃圾资源化技术现状及研究进展 [J]. 价值工程，2021，40（15）：2.

[5] 祝晓燕，陈婷，赵莹莹，等. 我国餐厨垃圾资源化处理规模的影响因素统计学分析 [J]. 环境工程，2021，39（3）：172-177.

[6] 赵婉雨，王向伟. 国外餐厨垃圾处理政策探析 [J]. 黑龙江科学，2019，10（16）：2.

[7] 张璇. 餐厨垃圾废水的微生物处理与资源化技术研究 [J]. 北方环境，2019，031（08）：236-237.

[8] 贾随堂，汤力同. 餐饮业含油污水处理技术与设备 [J]. 环境污染治理技术与设备，2002（11）：74-77.

[9] 杨萍，郭永艳，彭巾英. 餐厨垃圾废水综合处理技术进展 [J]. 技术与市场，2021，28（09）：57-59.

[10] 姚亚光，纪威，张传龙，等. 餐饮业废油脂的再生利用和回收管理 [J]. 可再生能源，2006（02）：62-64.

[11] 钟庆有. 餐厨垃圾油水分离过程探讨 [J]. 绿色科技，2014，000（04）：257-258.

[12] 曹书翰，陈立功，刘先杰，等. 餐厨垃圾油水分离技术与方法研究 [J]. 环境卫生工程，2012，20（02）：39-42.

[13] 郭旭，郝粼波，张波. 国内外废弃油脂的处理情况及利用方式概述 [J]. 中国环保产业，2014（07）：29-33.

[14] 刘波. 提高生活垃圾热值的几种途径 [J]. 科技创新导报，2012（06）：236.

[15] 陈福仲，刘杰，陈晶晶. 餐厨垃圾沼气热电联产经济分析 [J]. 能源研究与利用，2020（2）：4.

[16] 黄小英，黄涛，彭道平. 基于餐厨垃圾的多基质协同厌氧发酵产气研究进展 [J]. 四川环境，2017（S1）：4.

[17] 吉林省农委科教处. 沼气带来的经济效益 [J]. 吉林农业，2007（10）：12.

[18] 李长安，王德刚，李小龙. 规模化养猪场沼气工程成本效益典型案例研究 [EB/OL]. https://www.mycoal.cn/news/250280.html，2020-08-06.

[19] 李来庆，张继琳，许靖平. 餐厨垃圾资源化技术及设备 [M]. 北京：化学工业出版社，2013.

[20] 陈必鸣. 餐厨垃圾预处理技术综述 [J]. 环境卫生工程，2015，23（05）：10-12.

[21] CJJ 184—2012. 餐厨垃圾处理技术规范 [S]. 北京：中国建筑工业出版社，2013.

[22] NY 1106—2010. 含腐植酸水溶肥料 [S]. 北京：中国农业出版社，2011.

[23] DB62/T 4116—2020. 餐厨垃圾厌氧消化处理技术规程 [S].

[24] 王凯军，王婧瑶，左剑恶，等. 我国餐厨垃圾厌氧处理技术现状分析及建议 [J]. 环境工程学报，2020，14（07）：1735-1742.

[25] 李荣平，刘研萍，李秀金. 厨余和牛粪混合厌氧发酵产气性能试验研究 [J]. 可再生能源，2008（02）：64-68.

[26] 姚猛. 牛粪和厨余垃圾混合厌氧消化实验研究 [D]. 成都：西南交通大学，2013.

[27] 郭香麟，左剑恶，史绪川，等. 餐厨垃圾与秸秆混合中温和高温厌氧消化对比 [J]. 环境科学，2017，38（07）：3070-3077.

[28] 陈丽琴. 餐厨垃圾和草坪草共混发酵制备沼气技术研究 [D]. 广州：华南农业大学，2016.

[29] Dan B, Li Y. Solid state anaerobic co-digestion of yard waste and food waste for biogas production [J]. Bioresour Technol，2013，127（1）：275-280.

[30] 聂永丰. 三废处理工程技术手册 [M]. 北京：化学工业出版社，2000.

[31] 李国鼎. 环境工程手册：固体废物污染防治卷 [M]. 北京：高等教育出版社，2003.

[32] 庄伟强. 固体废物处理与处置 [M]. 北京：化学工业出版社，2004.

[33] 杨国清，刘康怀. 固体废物处理工程 [M]. 北京：科学出版社，2000.

[34] 赵由才. 生活垃圾资源化原理与技术 [M]. 北京：化学工业出版社，2002.

[35] 赵由才. 实用环境工程手册：固体废物污染控制与资源化 [M]. 北京：化学工业出版社，2002.

[36] 国家环境保护总局污染控制司. 城市固体废物管理与处理处置技术 [M]. 北京：中国石化出版社，2000.

[37] 刘天齐. 环境保护. 2 版 [M]. 北京：化学工业出版社，2000.

[38] 王绍文，梁富智，王纪曾. 固体废弃物资源化技术与应用 [M]. 北京：冶金工业出版社，2003.

[39] 顾夏声. 水处理工程 [M]. 北京：清华大学出版社，1985.

[40] 陈复. 水处理技术及药剂大全 [M]. 北京：中国石化出版社，2000.

[41] 李国学，张福锁. 固体废物堆肥化与有机复混肥生产 [M]. 北京：化学工业出版社，2000.

[42] 国家环境保护总局政策法规司，国家环境保护总局. 中国环境保护法规全书 [M]. 北京：化学工业出版社，2004.

[43] 杨丽芬，李友琥. 环保工作者实用手册. 2 版 [M]. 北京：冶金工业出版社，2001.

[44] 中国标准出版社第二室. 中国环境保护标准汇编：环境质量与污染物排放 [M]. 中国标准出版社，2000.

[45] 吴文伟. 城市生活垃圾资源化 [M]. 北京：科学出版社，2003.

[46] William D. Robinson. The Solid Waste Handbook：A Practical Guide [M]. Willey-Interscience Publication,：John Wiley & Sons, Inc., 1986.

[47] Bergquist P L, Gibbs M D, Morris D D, et al. Molecular diversity of thermophilic cellulolytic and hemicellulolytic bacteria [J]. FEMS Microbiology Ecology, 1999, 28：99-110.

[48] 何燧源. 环境毒物 [M]. 北京：化学工业出版社，2002.

[49] 钱易，唐孝炎. 环境保护与可持续发展 [M]. 北京：高等教育出版社，2000.

[50] 李振基，陈小麟，郑海雷. 生态学. 4 版 [M]. 北京：科学出版社，2014.

[51] 冀天宝. 环境知识与工作问答 [M]. 北京：化学工业出版社，1987.

[52] 聂梅生，许泽美，唐建国，等. 水工业工程设计手册：废水处理及再用 [M]. 北京：中国建筑工业出版社，2002.

[53] 蔡载昌，张义生. 环境污染总量控制 [M]. 北京：中国环境科学出版社，1991.

[54] 李敏. 城市绿地系统与人居环境规划 [M]. 北京：中国建筑工业出版社，1999.

[55] 任效乾，王荣祥. 环境保护及其法规 [M]. 北京：冶金工业出版社，2005.

[56] 杨光忠. 基层环境保护工作者环境保护实用知识手册 [M]. 北京：中国环境科学出版社，2003.

[57] 李登新. 固体废物处理与处置 [M]. 北京：中国环境出版社，2014.

[58] 彭长琪. 固体废物处理与处置技术 [M]. 武汉：武汉理工大学出版社，2009.

[59] 钱茂. 生活垃圾卫生填埋场填埋气体产气量的计算 [J]. 环境与发展，2018，30（11）：96-97.

[60] 黄文雄，彭绪亚，阎利. 垃圾填埋场气体产生及其模型研究 [J]. 中国工程科学，2006（09）：74-79.

[61] 许晓杰. 城市固废资源化利用系列丛书：餐厨垃圾资源化处理技术 [M]. 北京：化学工业出版社，2015.

[62] 郝晓地，周鹏，曹达啓. 餐厨垃圾处置方式及其碳排放分析 [J]. 环境工程学报，2017，11（02）：673-682.

[63] 兰伟娜，青岛市餐厨垃圾收运处置管理现状及对策分析 [EB/OL]. http：//www.cn-hw.net/article/detail/18074，2016-06-10.

[64] 刘喆，西宁市餐厨垃圾处理模式的独到之处 [EB/OL]. http：//www.cn-hw.net/article/detail/41913，2011-04-29.

[65] 微生物合成的可降解塑料——聚羟基脂肪酸酯（PHA）百年历史 [DB/OL]. http：//www.360doc.com/content/21/1028/08/71804609_1001610288.shtml，2021-10-28.

[66] 陈心宇，李梦怡，陈国强，等. 聚羟基脂肪酸酯 PHA 代谢工程研究 30 年. 生物工程学报，2021，37（5）：1794-1811.

[67] 常燕青，黄慧敏，赵振振，等．餐厨垃圾资源化处理与高值化利用技术发展展望［J］．环境卫生工程，2021，29（01）：44-51.

[68] 陈建湘，方勇，杨友强．中国餐厨垃圾处理方式、存在问题及对策［J］．广东化工，2015，42（09）：175-176.

[69] 刘航骅，颜蓓蓓，林法伟，等．生命周期视角下2种餐厨垃圾资源化处理方案的对比分析［J］．环境工程，2021，39（09）：169-175.

[70] 杨德明，朱亮，周挺进．餐厨垃圾资源化处理技术研究进展［J］．广东化工，2020，47（22）：98-99.

[71] 许晓锋，林琦．我国餐厨垃圾资源化处理技术现状及建议措施［J］．环境与发展，2020，32（11）：73-74.

[72] 餐厨垃圾资源化处理技术［DB/OL］．https：//wenku.baidu.com/view/94630e186337ee06eff9aef8941-ea76e59fa4a1b.html，2021-04-21.

[73] 雷邦环保．知乎日本是如何进行餐厨垃圾的处理？［DB/OL］．https：//www.zhihu.com/question/45585233/an-swer/1527184731，2020-10-06.

[74] 程亚莉，毕桂灿，沃德芳，等．国内外餐厨垃圾现状及其处理措施［J］．新能源进展，2017，5（04）：266-271.

[75] CJJ 184—2012．餐厨垃圾处理技术规范［S］．

[76] 王凤香．餐厨垃圾资源化利用和无害化处理项目环境监理分析［J］．中国资源综合利用，2021，39（9）：107-109.

[77] DB62/T 4116—2020．餐厨垃圾厌氧消化处理技术规程［S］．

[78] 可再生能源发电价格和费用分摊管理试行办法．http：//www.gov.cn/ztzl/2006-01/20/content165910.htm.2006.

[79] 关于完善农林生物质发电价格政策的通知．http：//www.ndrc.gov.cn/fzgggz/jggl/zcfg/201007/t201007-28748271.html.2010.

[80] DB11/ 501—2007．大气污染物综合排放标准［S］．

[81] GB 14554—1993．恶臭污染物排放标准［S］．

[82] 张晓婷．国内城市餐厨垃圾资源化利用的管理模式经验启发［J］．现代营销（信息版），2019（08）：68.

[83] 周挺进．高温好氧发酵系统在餐厨垃圾就地处理中的应用［J］．广东化工，2021，48（08）：225-226.

[84] 孙楠，李勤．注册会计师开展公共产品和服务定价业务研究——基于餐厨垃圾收运及处理的实例分析［J］．中国注册会计师，2020，（08）：30-34.